Motorisiert auf zwei Rädern

Ein Handbuch für alle, die über ihr Moped, Mofa, Mokick, Kleinkraftrad oder ihren Leichtroller etwas mehr wissen möchten, als in der Betriebsanleitung steht.

SIEGFRIED RAUCH

Motorisiert auf zwei Rädern

MOTORBUCH VERLAG STUTTGART

Einband und Schutzumschlag: Siegfried Horn
unter Verwendung eines Farbfotos von Ulrich Schwab

ISBN 3-87943-207-4

5. Auflage 1977.

Satz und Druck: W. Kohlhammer.
Buchbinderische Verarbeitung: Großbuchbinderei Ernst Riethmüller & Co.,
7 Stuttgart.
Printed in Germany.

INHALTSVERZEICHNIS

VORWORT

Motorisierte Zweiradfahrzeuge erfreuen sich – vor allem bei der Jugend – seit Jahren steigender Beliebtheit. Schon ehe das sportliche, mit großvolumigerem Motor ausgerüstete Motorrad sein Comeback auch in Europa erlebte, hatten Hunderttausende in aller Welt erkannt, ein wie zweckmäßiges und anspruchsloses Gefährt doch ein solches wendiges Einspurfahrzeug sein könne – so leicht zu handhaben wie ein Fahrrad, aber eben doch noch viel müheloser (weil der kleine Motor die Tretarbeit erübrigt) – und dazu schneller, sicherer und – viel schicker!

Ob jung oder alt, ob Mädel oder Junge – jeder kommt sofort mit einem solchen modernen Flitzer zurecht, der Radfahren kann. Und ob für den Weg zur Schule oder ins Büro, ob für Stadtbesorgungen ohne Parkplatzsorgen oder auf der Fahrt zum Sportplatz, ob am Feierabend oder am Wochenende hinaus in die freie Natur, allein oder zu zweit oder mit einem ganzen Rudel Gleichgesinnter – es gibt nichts Praktischeres, nichts Fröhlicheres als solch ein zweirädriges Fahrzeug mit seinem kleinen, sauberen, leise schnurrenden Motor.

Und doch unterscheidet sich – wenigstens für viele seiner Benutzer – das motorisierte Zweirad von manchem anderen, was heute unser Leben angenehmer und interessanter macht – dem Tonbandgerät oder dem Farbfernseher etwa oder dem Fotoapparat: seitdem es Kraftfahrzeuge gab – Autos zuerst und Motorräder, später dann unsere kleinen motorisierten Einspurfahrzeuge –, interessierten sich die, die mit ihnen umgingen, auch für ihre Technik. Das ist bis heute so geblieben – und das ist gut so. Denn Fahrzeuge, gleich welcher Art, unterliegen Beanspruchungen, die ein bißchen Pflege und Kontrolle an manchen Stellen erfordern – die aber anderer-

seits auch, wenn man Pech hat, zu Betriebsstörungen führen können.
Im Gegensatz zu anderen technischen Geräten (bei denen man zur Störungsbehebung fast immer auf einen Fachmann angewiesen ist) kann man kleine Pannen an einem motorisierten Zweiradfahrzeug in vielen Fällen selbst beseitigen, ohne dazu ein gelernter Mechaniker sein zu müssen.
Gewiß – es geht nicht ohne Werkstätten für den Fall, daß einmal ein tiefergehenderer Schaden zu beheben oder eine Grundüberholung durchzuführen ist. Aber die Kleinigkeiten – Pflegearbeiten wie Fehlerbeseitigung –, die kann man in den meisten Fällen selbst meistern.
Eben dabei kommt es einem dann zugute, wenn man sich ein wenig für die Technik und die Funktion der Bauelemente, aus denen sich unser kleines Einspurfahrzeug zusammensetzt, interessierte. Dann weiß man eher, warum da und dort gelegentlich ein paar Pflegehandgriffe notwendig sind – und was zu tun ist, wenn der Motor mal nicht so will wie er soll.
Deshalb wurde dieses Büchlein geschrieben – als Ergänzung der Betriebsanleitung, die jedem Fahrzeug bei der Lieferung mitgegeben wird. Wer sich für die Technik und ihre Zusammenhänge nicht interessiert, wird mit seinem Mofa oder Moped oder Kleinkraftrad bestimmt auch alle Freude erleben und alle Vorteile genießen, die ein solches modernes Fahrzeug bieten kann. Wer aber ein bißchen mehr wissen will, als in der Betriebsanleitung steht – wer auch mal mitreden möchte, wenn irgendwo »gefachsimpelt« wird, der wird sich sein Wissen aus diesem Büchlein holen können.
Viel Spaß beim Lesen – vor allem aber: beim Fahren!

DIE RICHTIGE WAHL

Die Auswahl an motorisierten Zweiradfahrzeugen ist, nach Jahren des Tiefstands in allen Ländern der Welt, heute wieder riesengroß. Selbst wenn man einmal die Motorräder (und Motorroller) über 50 ccm ausklammert (weil sie uns ja hier zunächst nicht interessieren), so bleibt eine Vielzahl von technischen Varianten – und eine noch größere Zahl von Marken und Modellen, die dem Interessenten für ein motorisiertes Zweirad angeboten werden.

Das Mofa

Für welche Fahrzeugkategorie er sich entscheidet, wird im allgemeinen durch sein Alter bestimmt: wer noch keine 16 Lenze hat, sondern erst 15 Jahre jung ist, der muß sich mit einem Einspurfahrzeug begnügen, das bauartbedingt auf eine Höchstgeschwindigkeit von 25 km/h begrenzt ist. Der Gesetzgeber hat diesen Fahrzeugen den Gattungsbegriff »Mofa« gegeben. Dabei kann es sich sowohl um ein *mo*torisiertes *Fa*hrrad (daher der Name) handeln, ein Fahrrad mit Hilfsmotor, als auch um ein Minibike, das durch seine besonders kleinen Räder gekennzeichnet ist. Die Bedienung dieser Kleinstfahrzeuge ist meist noch dadurch besonders erleichtert, daß man bei ihnen nur Gas zu geben oder zu Bremsen braucht – sie haben kein Getriebe, das man schalten müßte, und die unumgängliche (warum unumgänglich, sehen wir später im technischen Teil) Kupplung arbeitet automatisch, um ihre Bedienung braucht man sich also auch nicht zu kümmern. Für Stadtwege, für die Fahrt zur Schule oder später zur Uni und für den täglichen Berufsweg, aber ebenso auf großen Werksgeländen sind Mofas und Minibikes durchaus brauchbare kleine Fahrzeuge, die anspruchlos, leicht und deshalb auch mühelos zu transportieren und überaus sparsam sind.

Das Moped

Wer größere Ansprüche stellt – und wer vor allem das 16. Lebensjahr erreicht hat und mit diesem Zeitpunkt den Führerschein 5 erwerben kann, für den bietet das Moped mit seiner höheren Motorleistung aus 50 ccm und seiner auf 40 km/h begrenzten Höchstgeschwindigkeit natürlich mehr Spaß und mehr Möglichkeiten. Mopeds gibt es auch in zweisitziger Ausführung: Mopeds gibt es nicht nur, wie die Mofas, mit automatischer Kupplung, sondern auch mit mehrgängigen handgeschalteten oder gar stufenlosen automatischen Getrieben. Der Fahrkomfort von Mopeds ist dank aufwendigerer Vorder- und Hinterradfederung nicht nur der erreichbaren höheren Geschwindigkeit, sondern auch den Ansprüchen ihrer Besitzer (und Besitzerinnen) besser angepaßt, als das im allgemeinen beim preiswerten und langsameren Mofa der Fall ist.

Der Mopedroller

Zudem gibt es in der Moped-Kategorie auch zwei interessante Varianten: einmal den 50 ccm-Mopedroller, auf 40 km/h gedrosselt, der alle Vorzüge des Motorrollers aufweist: den besonders bequemen, tiefen Durchstieg und die durchgehende Bodenplatte, die vorn zum Frontschild hochgeführt ist, das den Fahrer gegen aufspritzenden Straßenschmutz und leichten Regen natürlich besser schützt als es das einfache Schutzblech des motorradähnlichen Fahrzeugs kann. Dazu kommt der Vorteil, daß das ganze Triebwerk in der »Karosserie« eines solchen Rollers verkapselt ist und daß deshalb auch vom Motor her keine Beschmutzungen möglich sind, daß zudem die Geräusche besser gedämpft werden.

Und zu allem kommt der Vorteil, daß man unbesorgter auch mal auf eine etwas größere Strecke gehen kann, ohne sich eine Spezial-Regenbekleidung anziehen zu müssen: auf dem Roller fährt man in Straßenbekleidung bzw. mit dem normalen Straßenmantel.

Das Mokick

Die andere Sonderversion der Mopedklasse ist das Mokick. Das ist eigentlich ein bauartbedingt auf 40 km/h begrenztes Kleinkraftrad. Es hat demzufolge auch nicht die Pedale des Mopeds (so wenig wie der Leichtroller), sondern richtige Motorrad-Fußrasten, es hat einen Kickstarter zum Anwerfen des Motors – und es hat eben alle jene Attribute am Fahrgestell (einschließlich der aufwendigen Vorder- und Hinterradfederung, des großen Tanks, der Sitzbank usw.), die das Kleinkraftrad unserer Tage zum kleinen Motorrad machen. Es unterscheidet sich von diesem (sofern nicht auch das Getriebe in der Gangzahl entsprechend der Motorcharakteristik reduziert ist) durch die gedrosselte Leistung des 50 ccm-Kleinkraftradmotors. Manchmal sind Mokicks im Gegensatz zum parallelen Kleinkraftrad-Modell auch mit einem Kühlluftgebläse ausgestattet, damit auch bei den geringeren Fahrgeschwindigkeiten die Kühlung immer voll gewährleistet ist.

Das Kleinkraftrad

Die Krönung der 50 ccm-Fahrzeuge schließlich ist das Kleinkraftrad (und parallel zu ihm der ebenfalls nicht geschwindigkeitsbegrenzte 50 ccm-Leichtroller). Die heute angebotenen Kleinkrafträder haben mit Mopeds kaum mehr etwas gemein (im Anfang ihrer Entwicklung freilich waren ihre Motoren lediglich »aufgepumpte« und mit einem Kickstarter ausgerüstete Moped-Triebwerke – aber deren Bauteile waren der höheren Motorleistung nicht lange gewachsen). Kleinkrafträder sind echte, voll brauchbare kleine Motorräder mit erstaunlichen Motor- und Fahrleistungen: die Spitzenmodelle liegen über 6 PS, ihre Kataloggeschwindigkeit beträgt etwa 85 km/h – in Wirklichkeit gehen sie das sogar mit Sozius (-a), und solo rennen sie oft 90 km/h und manchmal sogar noch ein bißchen drüber.

Kleinkrafträder haben im allgemeinen fußgeschaltete Fünfganggetriebe, um die Motorleistung immer richtig einsetzen zu können, sie besitzen verwindungssteife Rahmen, ihr Vorderrad ist in einer langhubigen Teleskop- oder Schwingengabel gehalten und abgefedert, das Hinterrad liegt in einer Schwinge, die mit gedämpften Federbeinen gegen das Rahmenheck abgestützt bzw. abgefedert ist. Ein großer Tank gibt ihnen nicht nur das gewünschte »bullig-sportliche« Aussehen, es verleiht ihnen auch einen Aktionsradius, um den mancher Fahrer eines hubraumstärkeren Motorrads seinen Kleinkraftrad-Freund beneiden möchte. Mit dem Kleinkraftrad darf man überall fahren, wo Motorräder zugelassen sind – also auch auf Autobahnen. Alle Kleinkrafträder sind soziusfest und mit Bremsen ausgerüstet, die der Motorleistung und den erzielbaren Geschwindigkeiten auch bei Zweimannbelastung sicher gewachsen sind.

So braucht sich heute keiner, der ob der Tatsache, daß er noch nicht 18 ist, sich mit einem Kleinkraftrad »begnügen« muß, darum zu grämen. In die Entwicklung der modernen Kleinkrafträder ist mehr Arbeit und Geld und mehr Gehirnschmalz gesteckt worden als in viele großvolumige Motorradmodelle – sie repräsentieren den technischen Stand der Entwicklung. Und sie werden ja deshalb auch nicht nur von denen gefahren, die erst den Führerschein 4 haben können: mancher, der schon älter ist (und der vielleicht sogar was Größeres oder gar einen Wagen im Stall stehen hat) fährt zusätzlich eines der fixen Kleinkrafträder aus deutscher oder ausländischer Fertigung.

Der Leichtroller

Das Angebot an entsprechenden, also ebenfalls nicht geschwindigkeitsbegrenzten, Leichtrollern für Führerschein 4 ist demgegenüber zahlenmäßig gering. Diese Roller haben, ihrer ganzen Konzeption entsprechend, natürlich auch geringeren sportlichen Einschlag und sind in ihrer Motorleistung nicht so hochgezüchtet wie die Kleinkrafträder. Aber es gibt, wie die Absatzstatistiken beweisen, auch genügend Interessenten für einen solchen leichten, kleinen Roller, dessen Vorzüge weiter oben schon aufgezählt wurden und den neuerdings ein Hersteller sogar mit elektrischem Anlasser liefert.

MIT UND OHNE FÜHRERSCHEIN –

und anderer Behördenkram

Unter welchen Voraussetzungen darf man eigentlich motorisierte Zweiräder fahren? Diese Frage ist nicht mit ein paar Worten zu beantworten, denn leider gibt es eine ganze Anzahl von »Stufen« auf der Leiter zu jenem Dokument, mit dem man befugt ist, auch die schwersten und schnellsten »Brummer« im öffentlichen Straßenverkehr zu bewegen.

Keinen Führerschein

braucht man (ob Junge oder Mädel), wenn man mindestens 15 Jahre ist und ein Mofa (Fahrrad mit Hilfsmotor) mit nicht mehr als 25 km/h bauartbedingter Höchstgeschwindigkeit und maximal 50 ccm Motorhubraum fahren will.

Den Führerschein Klasse 5

(zu dessen Erwerb man freilich mindestens 16 Jahre alt sein muß) braucht man, um ein- oder zweisitzige Mopeds, Mokicks oder Mopedroller mit nicht mehr als 50 ccm Motorhubraum und einer bauartbedingt auf 40 km/h begrenzten Höchstgeschwindigkeit fahren zu dürfen.
Der Erwerb des Führerscheins Klasse 5 erfordert keinen Fahrschulbesuch und keine Fahrprüfung, sondern lediglich die Ablegung einer einfachen Fragebogenprüfung über Verkehrsfragen.
Führerscheinfreie Mofas und die mit dem Führerschein 5 zu fahrenden Mopeds, Mokicks und Mopedroller sind zulassungs- und steuerfrei. Sie unterliegen auch nicht der periodischen TÜV-Überprüfung nach § 29 StVZO. Sie müssen je-

doch zum Nachweis der erfüllten Versicherungspflicht (Haftpflichtversicherung) ein sogenanntes Versicherungskennzeichen an der Rückseite tragen, das jährlich mit Zahlung der Versicherungsprämie zu erneuern ist.

Den Führerschein Klasse 4

zu dessen Erwerb ebenfalls ein Alter von 16 Jahren genügt, braucht man zum Fahren von Kleinkrafträdern oder Motorrollern (Leichtrollern) mit nicht mehr als 50 ccm Motorhubraum, die nicht geschwindigkeitsbegrenzt sind.
Auch der Erwerb des Führerscheins Klasse 4 erfordert keinen Fahrschulbesuch und keine Fahrprüfung, sondern lediglich die Ablegung einer Fragebogenprüfung, hauptsächlich wieder über Verkehrsfragen. Allerdings gibt es heute schon mehr und mehr Fahrschulen, die sich zur Ausbildung von Aspiranten auf den Führerschein Klasse 4 anbieten und die dann den Unterrichtsteilnehmern nicht nur theoretisches Wissen vermitteln, sondern die sie auch fahrerisch auf einem Kleinkraftrad schulen. Im Hinblick darauf, daß moderne »losgelassene« Fünfziger Geschwindigkeiten um die 90 km/h erreichen können, also richtige, schnelle Motorräder sind, ist eine solche Schulung sehr zu empfehlen, auch wenn sie noch nicht vom Gesetzgeber vorgeschrieben ist.
Kleinkrafträder (und ihnen gleichzustellende Motorroller mit ungedrosselten 50 ccm-Motoren) sind zulassungs- und steuerfrei, wie Mopeds. Im Gegensatz zu diesen müssen sie jedoch ein kleines (240 × 130 mm) weißes Kennzeichen mit schwarzer Beschriftung tragen, das von der Zulassungsbehörde auf Antrag ausgehändigt wird. Dabei muß der Nachweis über den Abschluß einer Haftpflichtversicherung erbracht werden. Diese ist – entsprechend dem weitaus höheren Risiko des Kleinkraftradbetriebs gegenüber einem Moped – ganz erheblich teurer als für letzteres.
Kleinkrafträder (und die genannten Motorroller) unterliegen

der periodischen Überprüfung durch den TÜV nach § 29 StVZO.

Den Führerschein Klasse 1 (Motorrad-Führerschein)

(zu dessen Erwerb man mindestens 18 Jahre alt sein muß) braucht man, wenn man Motorräder oder Motorroller (auch mit Beiwagen) mit unbegrenztem Motorhubraum fahren will. Für die Prüfung muß man den Nachweis des Besuchs einer Fahrschule und eines Erste-Hilfe-Kurses erbringen, die Prüfung selbst erstreckt sich auf eine Fahr- und eine mündliche Prüfung, bei der es wieder hauptsächlich um Verkehrsfragen geht.
Motorräder und Motorroller über 50 ccm sind zulassungspflichtig (großes weißes Kennzeichen 280 × 200 mm mit schwarzer Beschriftung), sie sind steuer- und versicherungspflichtig (Haftpflichtversicherung), und sie unterliegen der periodischen TÜV-Überprüfung (alle zwei Jahre) nach § 29 StVZO.

Führerscheine, die mehrere Fahrzeugklassen einschließen

Führerscheine der Klasse 4 schließen die Klasse 5 ein, berechtigen also auch zum Fahren von Mopeds und Mokicks. Führerscheine der Klasse 1 schließen die Klassen 4 und 5 ein. Aber auch Besitzer von Wagen-Führerscheinen dürfen ohne weiteres motorisierte Zweiräder (wenn auch nicht alle) fahren: die Führerscheine der Klassen 2 (Lastkraftwagen) und 3 (Personenkraftwagen) berechtigen auch zum Fahren all der motorisierten Zweiräder, für die der Führerschein 4 oder 5 verlangt wird. Dagegen darf man mit ihnen keine Motorräder über 50 ccm fahren – dazu muß man zusätzlich den Führerschein Klasse 1 erwerben.

KTM-Mofa

Einzylinder-F-&-S-Zweitaktmotor ohne Getriebe, mit automatischer Fliehkraftkupplung, Einkettenantrieb. Preßstahl-Tankrahmen, Teleskopgabel vorn, federbeinabgestützte Schwinge hinten. Magnesiumguß-Speichenräder mit Trommelbremsen. Vertrieb: Deutsche KTM-Vertriebs-KG, Lagerhausstraße 7, 8265 Simbach a. Inn.

Mobylette-Mofa

Einzylinder-Motobecane-Zweitaktmotor ohne Getriebe, mit automatischer Fliehkraftkupplung, Primärantrieb mit endlosem Keilriemen, Hinterradantrieb Kette. Preßstahl-Tankrahmen, Teleskopgabel vorn, federbeinabgestützte Schwinge hinten. Trommelbremsen. Vertrieb: Mobylette GmbH, Aachener Straße 23, 4800 Bielefeld 14.

Peugeot-Mofa

Einzylinder-Peugeot-Zweitaktmotor ohne Getriebe, mit automatischer Fliehkraftkupplung, Primärantrieb mit endlosem Keilriemen, Hinterradantrieb Kette. Preßstahl-Tankrahmen, Teleskopgabel vorn, federbeinabgestützte Schwinge hinten. Trommelbremsen. Vertrieb: Peugeot-Zweirad-Vertriebs-GmbH, Postfach 1220, 5063 Overath.

Starflite-Mofa

Einzylinder-Laura-Zweitaktmotor mit Membran-Einlaßsteuerung, ohne Getriebe, mit automatischer Fliehkraftkupplung, Einkettenantrieb. Stahlrohrrahmen, Teleskopgabel vorn, federbeinabgestützte Schwinge hinten. Trommelbremsen. Vertrieb: Kaufhäuser Karstadt, Kaufhof, Hertie, Horten.

Velosolex-Mofa

Einzylinder-Velosolex-Zweitaktmotor ohne Getriebe, mit automatischer Fliehkraftkupplung, Reibradantrieb. Profilrohrrahmen. Vorn und hinten ungefedert. Felgenbremse vorn, Rücktrittbremse hinten. Vertrieb: Mobylette GmbH, Aachener Straße 23, 4800 Bielefeld 14.

Vespa Ciao-Mofa

Gebläsegekühlter Einzylinder-Vespa-Zweitaktmotor mit Drehschieber-Einlaßsteuerung, ohne Getriebe, mit automatischer Fliehkraftkupplung. Primärantrieb mit endlosem Keilriemen, Zahnrad-Hinterradantrieb. Preßstahlrahmen, Kurzschwingen-Federgabel vorn, hinten ungefedert. Trommelbremsen. Vertrieb: Vespa GmbH, Braunstraße 1, 8900 Augsburg-Haunstetten.

Hercules-Moped

Einzylinder-F-&-S-Zweitaktmotor mit handgeschaltetem Zweiganggetriebe. Einkettenantrieb. Rohrrahmen. Teleskopgabel vorn, federbeinabgestützte Schwinge hinten. Trommelbremsen. Hersteller: Nürnberger Hercules-Werke GmbH, Nopitschstraße 70, 8500 Nürnberg.

Kreidler-Moped

Einzylinder-Kreidler-Zweitaktmotor mit Zweigang-Automatik. Einkettenantrieb. Rohrrahmen. Teleskopgabel vorn, federbeinabgestützte Schwinge hinten. Trommelbremsen. Hersteller: Kreidler-Werke GmbH, Postfach 1640, 7014 Kornwestheim.

Solo-Moped (»Minibike«)

Einzylinder-Solo-Zweitaktmotor mit kombinierter Luft/Wasserkühlung und Membran-Einlaßsteuerung, Primärantrieb mit endlosem Keilriemen, Zweigangautomatik. Preßstahl-Tankrahmen, Teleskopgabel vorn, federbeinabgestützte Schwinge hinten. LM-Gußspeichenräder mit Trommelbremsen. Hersteller: SOLO Kleinmotoren GmbH, Postfach 20, 7032 Sindelfingen.

Starflite-Moped

Einzylinder-Laura-Zweitaktmotor mit Membraneinlaßsteuerung, ohne Getriebe, automatische Fliehkraftkupplung, Primärantrieb mit endlosem Keilriemen, Hinterradantrieb Kette. Rohrrahmen, Teleskopgabel vorn, federbeinabgestützte Schwinge hinten. Trommelbremsen. Vertrieb: Kaufhäuser Karstadt, Kaufhof, Hertie, Horten.

Vespa-Boxer-Moped

Gebläsegekühlter Einzylinder-Vespa-Zweitaktmotor mit Drehschieber-Einlaßsteuerung, stufenlose Vollautomatik, Primärantrieb mit endlosem Keilriemen, Zahnrad-Hinterradantrieb. Preßstahlrahmen, Teleskopgabel vorn, Hinterradfederung durch Triebsatzschwinge. Trommelbremsen. Vertrieb: Vespa GmbH, Braunstraße 1, 8900 Augsburg-Haunstetten.

Zündapp-Moped

Einzylinder-Zündapp-Zweitaktmotor, ohne Getriebe, automatische Fliehkraftkupplung, Einkettenantrieb. Rohrrahmen. Teleskopgabel vorn, federbeinabgestützte Schwinge hinten. Trommelbremsen. Hersteller: ZÜNDAPP-Werke GmbH, Anzinger Straße 1–3, 8000 München 80.

KTM-Mokick

Einzylinder-F-&-S-Zweitaktmotor mit fußgeschaltetem Vierganggetriebe mit Kickstarter. Rückgratrohrrahmen mit Rohrunterzügen. Teleskopgabel vorn, federbeinabgestützte Schwinge hinten, Magnesiumguß-Speichenräder mit hydraulischer Scheibenbremse vorn, Trommelbremse hinten. Vertrieb: Deutsche KTM-Vertriebs-KG, Lagerhausstraße 7, 8265 Simbach a. Inn.

Starflite Mokick

Einzylinder-F-&-S-Zweitaktmotor mit fußgeschaltetem Vierganggetriebe mit Kickstarter. Rückgratrohrrahmen, Teleskopgabel vorn, federbeinabgestützte Schwinge hinten. Trommelbremsen. Vertrieb: Kaufhäuser Karstadt, Kaufhof, Hertie, Horten.

Zündapp-Mokick

Einzylinder-Zündapp-Zweitaktmotor mit fußgeschaltetem Vierganggetriebe mit Kickstarter. Rückgratrohr-/Druckguß-Rahmen, Teleskopgabel vorn, federbeinabgestützte Schwinge hinten. Leichtmetall-Druckguß-Speichenräder mit Trommelbremsen. Hersteller: ZÜNDAPP-Werke GmbH, Anzinger Straße 1–3, 8000 München.

Hercules-Leichtroller

Gebläsegekühlter Einzylinder-F-&-S-Zweitaktmotor mit fußgeschaltetem Dreiganggetriebe mit Kickstarter. Preßstahl-Rohrrahmen. Federbeinabgestützte Schwinge vorn und hinten, Scheibenräder mit Trommelbremsen. Vertrieb: Nürnberger Hercules-Werke GmbH, Nopitschstraße 70, 8500 Nürnberg.

Vespa-Leichtroller

Gebläsegekühlter Einzylinder-Vespa-Zweitaktmotor mit Drehschieber-Einlaßsteuerung, handgeschaltetes Dreiganggetriebe mit Kickstarter, Zahnrad-Hinterradantrieb. Preßstahlrahmen. Federbeinabgestützte Kurzschwinge vorn, federbeinabgestützte Triebsatzschwinge hinten. LM-Gußräder mit abnehmbaren Felgen und Trommelbremsen. Vertrieb: Vespa GmbH, Braunstraße 1, 8900 Augsburg-Haunstetten.

Zündapp-Leichtroller

Gebläsegekühlter Einzylinder-Zündapp-Zweitaktmotor mit handgeschaltetem Dreiganggetriebe mit Kickstarter. Preßstahl-Rohrrahmen, Kurzschwingengabel vorn, federbeinabgestützte Triebsatzschwinge hinten. LM-Gußräder mit Trommelbremsen. Hersteller: ZÜNDAPP-Werke GmbH, Anzinger Str. 1—3, 8000 München 80.

Hercules-Kleinkraftrad »Ultra«

Auch mit Wasserkühlung lieferbarer Einzylinder-F-&-S-Zweitaktmotor mit fußgeschaltetem Fünfganggetriebe mit Kickstarter. Rückgratrohrrahmen mit Unterzugrohren, Teleskopgabel vorn, federbeinabgestützte Schwinge hinten. Leichtmetallguß-Speichenräder mit zwei hydraulisch betätigten Scheibenbremsen vorn und Trommelbremse hinten. Hersteller: Nürnberger Hercules-Werke GmbH, Nopitschstraße 70, 8500 Nürnberg.

Kreidler-Kleinkraftrad »RS Electronic«

Einzylinder-Kreidler-Zweitaktmotor mit fußgeschaltetem Fünfganggetriebe mit Kickstarter. Preßstahlrahmen, Teleskopgabel vorn, federbeinabgestützte Schwinge hinten. Leichtmetallguß-Speichenräder mit hydraulisch betätigter Scheibenbremse vorn, Trommelbremse hinten. Hersteller: Kreidler-Werke GmbH, Postfach 1640, 7014 Kornwestheim.

KTM-Kleinkraftrad »50 RSL«

Auch mit Wasserkühlung lieferbarer F-&-S-Einzylinder-Zweitaktmotor mit fußgeschaltetem Fünfganggetriebe mit Kickstarter. Rückgratrohrrahmen mit Unterzugrohren. Teleskopgabel vorn, federbeinabgestützte Schwinge hinten. Magnesiumguß-Speichenräder mit hydraulisch betätigten Scheibenbremsen vorn und hinten. Vertrieb: Deutsche KTM-Vertriebs-KG, Lagerhausstraße 7, 8265 Simbach.

Puch-Kleinkraftrad »M 50 Jet«

Einzylinder-Puch-Zweitaktmotor mit fußgeschaltetem Sechsganggetriebe mit Kickstarter. Rückgratrohrrahmen mit Unterzugrohren. Teleskopgabel vorn, federbeinabgestützte Schwinge hinten. Trommelbremsen. Vertrieb: Deutsche Steyr-Daimler-Puch GmbH, Postfach 140, 8228 Freilassing.

Starflite-Kleinkraftrad »GTS Electronic«

Einzylinder-F-&-S-Zweitaktmotor mit fußgeschaltetem Fünfganggetriebe mit Kickstarter. Rückgratrohrrahmen mit Unterzugrohren. Teleskopgabel vorn, federbeinabgestützte Schwinge hinten. Trommelbremsen. Vertrieb: Kaufhäuser Karstadt, Kaufhof, Horten.

Zündapp-Kleinkraftrad »KS 50 watercooled«

Wassergekühlter Einzylinder-Zündapp-Zweitaktmotor mit fußgeschaltetem Fünfganggetriebe mit Kickstarter. Rückgratrohr/LM-Druckgußrahmen mit Unterzugrohren. Teleskopgabel vorn, federbeinabgestützte Schwinge hinten. Leichtmetall-Druckguß-Speichenräder mit hydraulisch betätigter Scheibenbremse vorn, Trommelbremse hinten. Hersteller: ZÜNDAPP-Werke GmbH, Anzinger Str. 1–3, 8000 München 80.

WIE FUNKTIONIERT DAS EIGENTLICH?

DER MOTOR

Das »Kraftwerk«, das unser kleines motorisiertes Zweiradfahrzeug antreibt und uns, außer zum Ingangsetzen, aller Tretarbeit enthebt, die wir als Radfahrer aufwenden mußten, ist ein Verbrennungs- (nicht »Explosions«-!) Motor. In ihm findet eine Energieumwandlung statt: bei der Verbrennung des im Fahrzeugtank mitgeführten Kraftstoffs wird Wärme frei, die im Motor Druck erzeugt. Dieser Druck wird unter Zuhilfenahme mechanischer Übertragungsglieder dazu benutzt, das Fahrzeug-Hinterrad in Drehung zu versetzen und so das Fahrzeug vorwärts zu bewegen.

Verbrennungsmotoren gehören zur großen Gruppe der Wärmekraftmaschinen. Aber während bei anderen solchen Maschinen, beispielsweise der Dampfmaschine, die Wärmeerzeugung durch Verbrennung eines Kraftstoffs außerhalb der eigentlichen Kraftmaschine erfolgt (bei der Dampfmaschine unterhalb des Kessels, in dem Wasser erhitzt und der dabei entstehende Dampfdruck in die Kraftmaschine geleitet wird), während man also hier mit »äußerer Verbrennung« arbeitet, handelt es sich bei unserem Motor um eine Wärmekraftmaschine mit »innerer Verbrennung«: Alle Arbeitsvorgänge, die der Umwandlung der im Kraftstoff enthaltenen Energie dienen, spielen sich im Motor selbst ab. Deshalb ist unser »Kraftwerk« so klein und leicht – es ergänzt den Vorteil, den der von uns benutzte Kraftstoff hat: er enthält viel Energie in verhältnismäßig kleinem Volumen.

Deshalb auch hat sich bisher noch immer der Verbrennungsmotor als beste Kraftquelle für große wie kleine Straßenfahrzeuge erwiesen. Zwar hat er auch Nachteile (weil leider, wie wir später noch sehen werden, nicht alle im Kraftstoff enthaltene Energie bei der Verbrennung im Motor ausgenutzt werden kann, erwärmt er sich, macht er Radau – der gedämpft werden muß – und enthalten seine Abgase Schadstoffe); er läuft auch nicht von allein an – und er benötigt mindestens eine trennbare Kupplung in der Kraftübertragung zum Hinterrad – in vielen Fällen auch noch ein Getriebe mit veränderlichen Übersetzungen. Alle diese Nachteile hätte beispielsweise ein elektrischer Antrieb, also ein aus einer Batterie gespeister Elektromotor, nicht. Aber ein solcher Antrieb hat wieder andere, bisher noch sehr schwer wiegende Nachteile (vor allem den, daß sich die mitzuführende elektrische Energie nicht auf so winzigem Raum unterbringen läßt, wie die für die gleiche Fahrstrecke benötigte Energie der flüssigen Kraftstoffe) – und deshalb wird der Verbrennungsmotor gerade in unseren Kleinfahrzeugen noch viele, viele Jahre die bestgeeignete Kraftquelle darstellen.

Die Einzelteile des Motors

Um den Ablauf der Wärmeumsetzung und, daraus resultierend, die Funktion des Verbrennungsmotors verstehen zu können, muß man zunächst einmal die Haupt-Bauteile eines solchen Motors kennen.

In dem aus einem Spezial-Grauguß oder auch aus Leichtmetallguß bestehenden *Zylinder* kann mit geringem Spiel der heute durchweg aus Leichtmetall hergestellte (gegossene

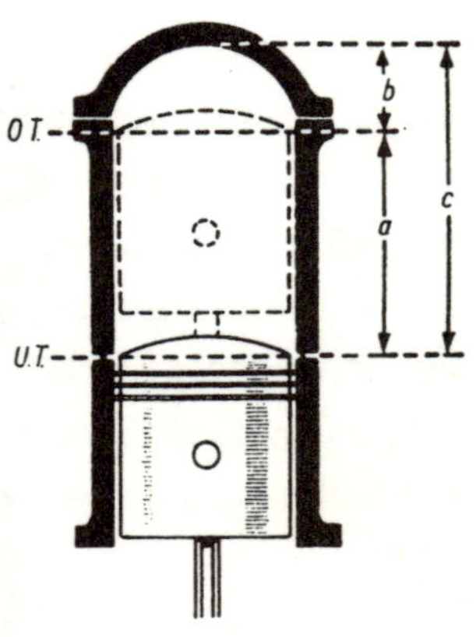

Bild 1: Der Kolben legt im Zylinder zwischen OT (oberem Totpunkt) und UT (unterem Totpunkt) den Weg des Hubs (a) zurück. Der Innen-Durchmesser des Zylinders ist die »Bohrung«, aus der sich der »Hubraum« (Inhalt des Zylinderstücks a) errechnet. b ist der bei Kolbenstellung im OT verbleibende »Brennraum« (Verdichtungsraum), auf den das zunächst den Raum c (Zylinderinhalt) füllende Gas bei der Verdichtung zusammengedrückt wird.

oder geschmiedete) *Kolben* hin und her gehen. Im Betrieb bewegt er sich zwischen dem unteren Totpunkt (UT) und dem oberen Totpunkt (OT). Handelt es sich um einen Leichtmetallzylinder, so ist dessen Bohrung (in der sich der Kolben bewegt) entweder mit einer verschleißfesten, aufgalvanisierten

Bild 2: Schematische Darstellung der Einzelteile eines Einzylinder-Verbrennungsmotors: 1 = Zylinder, 2 = Kolben, 3 = Zylinderkopf (Zylinderdeckel), 4 = Kolbenringe, 5 = Kolbenbolzen, 6 = Pleuelstange, 7 = obere Pleuelbuchse (Kolbenbolzen-Buchse), 8 = Wälzlager im unteren Pleuelauge (Pleuellager), 9 = Hubscheibe der Kurbelwelle, 10 = Wellenzapfen, 11 = Hubzapfen, 12 = Kurbelwellen-Hauptlager (Wälzlager), 13 = Kurbelgehäuse (zweiteilig).

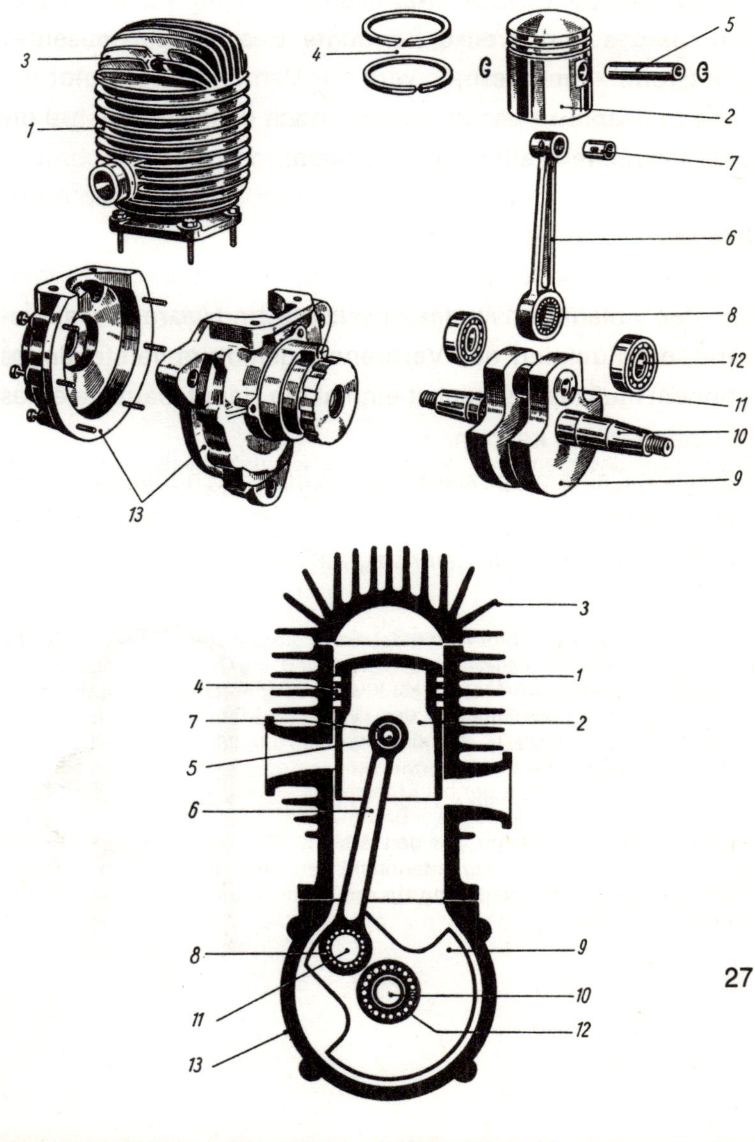

Hartchrom-Laufbahn oder mit einer eingesetzten (eingeschrumpften oder eingegossenen) Grauguß-Laufbuchse versehen.

Den Durchmesser der Kolbenlaufbahn im Zylinder bezeichnet man als dessen »Bohrung«, den Weg des Kolbens zwischen den beiden Totpunkten als den »Hub«.

Oben wird der Zylinder (der außen zwecks Abfuhr ungenutzter Verbrennungswärme mit *Kühlrippen* versehen ist) durch den *Zylinderdeckel (Zylinderkopf)* abgeschlossen. Auch dieser trägt zur Wärmeabfuhr außen Kühlrippen, eine halbkugelähnliche Ausnehmung an seiner Unterseite schließt an die Zylinderbohrung an und bildet den *Brennraum*, in den Kopf eingeschraubt ist die *Zündkerze*, deren Elektroden in den Brennraum ragen.

Mit Schrauben ist der Zylinderkopf auf dem Zylinder gehalten, in manchen Fällen halten lange durchgehende Schraubbolzen Kopf und Zylinder gemeinsam auf dem Motorgehäuse.

Der zwischen oberem und unterem Totpunkt vom Kolben durchlaufene Raum ist der *Hubraum* (das *Hubvolumen)* des Zylinders (bzw. des Motors, wenn dieser nur einen Zylinder aufweist).

Bei Mopeds und allen ihnen verwandten Einspurfahrzeugen (um die es in diesem Büchlein ja ausschließlich geht) darf (als eine Voraussetzung der diesen Fahrzeugen gewährten behördlichen Vergünstigungen) der Hubraum des Motors 50 ccm nicht überschreiten. Er errechnet sich aus den Werten von Hub und Bohrung nach der Formel

$$h \times r^2 \times \pi$$

In dieser Formel ist für h der Wert des Hubs einzusetzen, für r^2 der Radius der Zylinderbohrung, also deren halbierter Wert, ins Quadrat erhoben – und π ist die bekannte Zahl 3,1415 für die Kreisinhaltsberechnung. Die Werte für Hub und Bohrung sind bei den verschiedenen Motorenfabrikaten unterschiedlich; bekannt ist z. B. 42 mm für den Hub und 38 mm für die Bohrung. Setzt man diese Werte in die Formel ein, so erhält man

$$42 \times 361 \ (= 19^2) \times 3{,}1415 = 47{,}63$$

Ein Mopedmotor mit den genannten Werten für Hub und Bohrung hätte also 47,63 ccm Hubvolumen und entspräche demnach den Forderungen des deutschen Gesetzgebers hinsichtlich des maximal für diese Fahrzeuge zulässigen Hubraums.

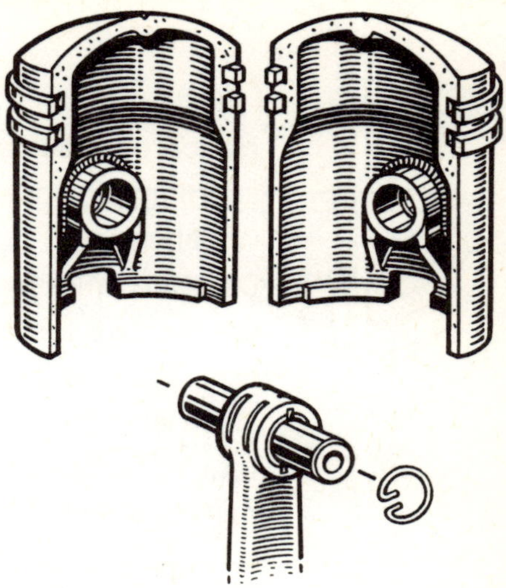

Bild 3: Aufgeschnittener Kolben; man sieht die (ebenfalls zertrennten) Kolbenringe in ihren Nuten sowie die Bolzenaugen im Kolben, in denen der Kolbenbolzen (darunter dargestellt, im Pleuelauge) gelagert ist. Gegen seitliche Verschiebung sichern ihn seitlich in Nuten der Bolzenaugen eingesetzte Drahtsprengringe, von denen einer gezeigt ist.

Im Zylinder ist der Kolben durch *Kolbenringe* (meist zwei) abgedichtet. Diese Ringe bestehen aus einem Spezialguß und haben meist rechteckigen Querschnitt; sie sind an einer Stelle auseinandergeschnitten, klaffen also dort leicht federnd auseinander. Zusammengedrückt entsprechen sie der Zylinderbohrung, die Ringenden schließen sich dann nahezu (es verbleibt dort, am *»Stoß«*, lediglich ein ganz geringfügiger Spalt), und die Ringe sind so bearbeitet, daß sie sich im eingebauten Zustand unter ihrer Eigenspannung ringsum dicht an die Zylinderlaufbahn anlegen. Andererseits liegen sie in den im oberen Kolbenteil eingestochenen *»Ringnuten«*, in denen sie ebenfalls nur ein ganz geringfügiges Spiel haben.

Bild 4: Hier liegt ein Kolbenring (ohne Kolben) unter Spannung in der Zylinderbohrung. Die Ringenden stoßen nicht zusammen, sondern lassen (zwecks Aufnahme der Wärmedehnung) einen geringen Spalt, den man den »Kolbenringstoß« nennt.

Bei den meisten der für uns in Frage kommenden Motoren sind – wir werden noch sehen warum – die Kolbenringe in den Ringnuten durch eingesetzte *Fixierstifte* gegen Verdrehung gesichert.

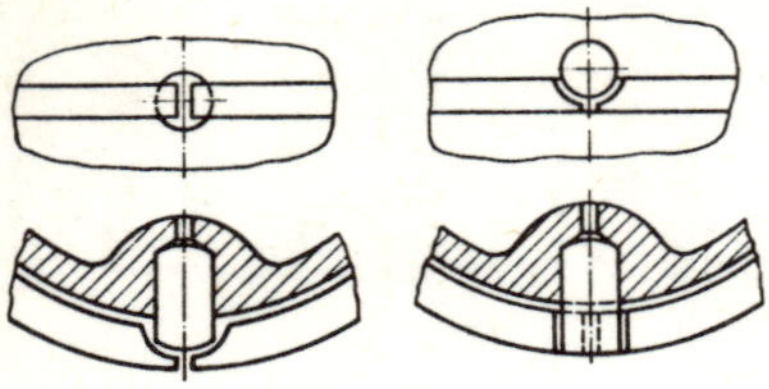

Bild 5: In Zweitaktmotoren müssen die Kolbenringe gegen Verdrehen in ihren Nuten gesichert werden, damit die Enden nicht in die Steuerschlitze des Zylinders geraten können und zerbrechen. Die beiden Skizzen zeigen zwei der verschiedenen Möglichkeiten, Ring-Fixierstifte im Kolben anzubringen.

Die Verwendung von Kolbenringen ist deshalb notwendig, weil sich im Betrieb durch die Verbrennungswärme der Kolben stärker ausdehnt als der Zylinder. Deshalb kann man den Kolben nicht, wie etwa bei einer einfachen Kolbenpumpe, »saugend« in den Zylinder einpassen, sondern man muß ihm im kalten Zustand »Spiel« geben. Haben dann Kolben und Zylinder ihre Betriebstemperatur erreicht, so ist das Spiel kleiner geworden; aber um die Kolbenfunktion auch schon bei kaltem Motor (vor allem beim Anwerfen) sicherzustellen, muß man die Abdichtung den Kolbenringen übertragen.

Der Kolben, der aus dem Schaft *(Kolbenhemd)* und dem *Kolbenboden* besteht und unten offen ist, trägt im Innern Augen *(Bolzenaugen)*, die zur Aufnahme des Kolbenbolzens bestimmt sind. Dieser – an der Oberfläche gehärtete und geschliffene – zylindrische, innen meist hohle Bolzen sitzt entweder fest oder gerade eben verschiebbar (mit *»Schiebe-*

Bild 6: Schemadarstellung des heute bei Hochleistungsmotoren viel verwendeten L-Rings, der unter Einwirkung des Verbrennungsdrucks zusätzlich zu seiner eigenen Federspannung gegen die Zylinderwand gedrückt wird.

sitz«) in den Bolzenaugen des Kolbens. Damit er seitlich nicht herausrutschen und die Zylinderlaufbahn beschädigen kann, wird er durch Sicherungsringe gehalten, die federnd in eingestochenen Nuten der Bolzenaugen sitzen.

Der Kolbenbolzen dient zur Verbindung des Kolbens mit der *Pleuelstange* (dem *Pleuel*), durch deren oberes »Auge« er gesteckt ist. Die Pleuelstange, aus Stahl oder Leichtmetall geschmiedet, trägt zur Aufnahme des Kolbenbolzens entweder eine Bronzebuchse (*Pleuelbuchse*) oder ein kleines Wälzlager (*Nadellager*, dessen lange, dünne Rollen – Nadeln

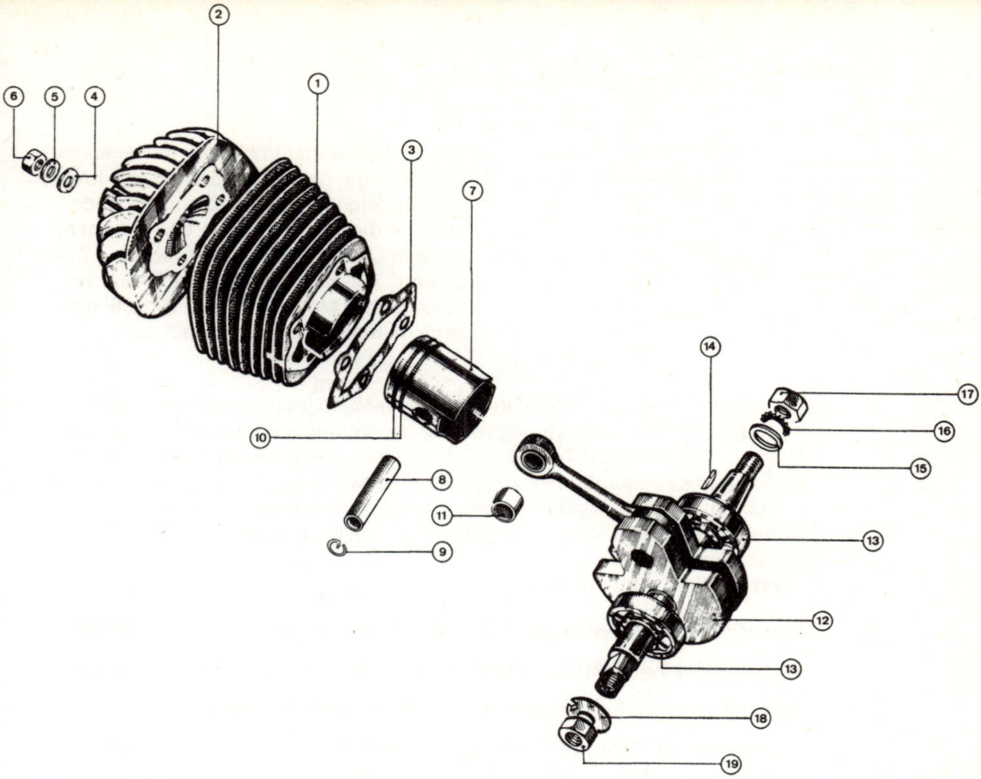

Bild 7: Zylinder und Kurbeltrieb eines kleinen Zweitaktmotors. 1 = Zylinder, 2 = Zylinderkopf, 3 = Fußdichtung, 4 = Unterlegscheibe zu 5 = Sicherungsring für 6 = Zylinderbefestigungsmutter, 7 = Kolben, 8 = Kolbenbolzen, 9 = Sicherungsring, 10 = Kolbenringe, 11 = Pleuelbuchse, 12 = Kurbelwelle, 13 = Hauptlager, 14 = Keil im Kurbelwellenzapfen (zur Fixierung des Schwungmagnetzünder-Rotors) 15–19 Kurbelwellenmuttern mit Sicherungen bzw. Unterlegscheiben für die Befestigung des Rotors und des Abtriebsritzels.

– meist in einem Käfig geführt sind). Am unteren Ende der Pleuelstange, am *Pleuelfuß*, ist ein größeres Auge vorgesehen, mit dem das Pleuel unter Zwischenschaltung eines Wälzlagers (Rollen- oder Nadellager, ebenfalls mit käfiggeführten Wälzkörpern) auf dem *Hubzapfen* der *Kurbelwelle* gelagert ist.

Vermittels Pleuelstange und Kurbelwelle wird die hin und her gehende (oszillierende) Bewegung des Kolbens in eine drehende (rotierende) umgewandelt. Die Kurbelwelle dieser kleinen Motoren ist stets aus mehreren, aus Stahl gefertigten Einzelteilen (die an wichtigen Stellen gehärtet sind) zusammengesetzt. Meist bilden eine der beiden *Hubscheiben* und ein *Wellenzapfen* ein Schmiedeteil. Die beiden Kurbelwel-

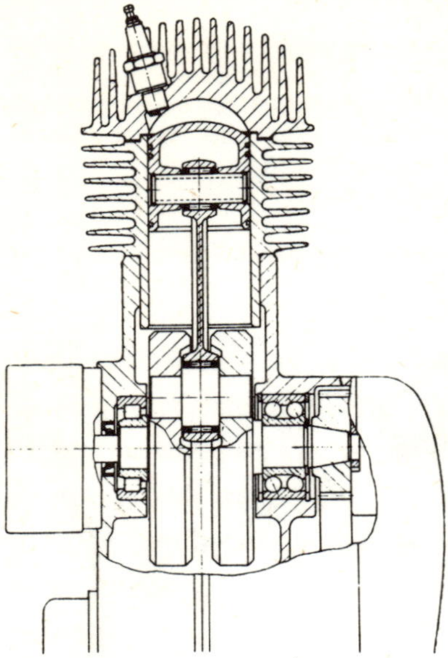

Bild 7a: Hier sieht man die drei verschiedenen Wälzlager-Bauarten, die bei unseren kleinen Motoren im Kurbeltrieb Verwendung finden: oben im Pleuelkopf (Kolbenbolzen) ein Nadellager (lange, dünne Wälzkörper), ebenso unten im Pleuelfuß. Links an der Kurbelwelle ein Rollen-, rechts ein doppelreihiges Kugellager.

lenhälften sind dann durch den – mit hohem hydraulischem Druck eingepreßten – Hubzapfen, auf dem das Pleuel gelagert ist, zur fertigen Kurbelwelle zusammengesetzt.

Die Hubscheiben zeigen entweder eine Form wie im Bild 2 oder sie sind als volle runde Scheiben ausgebildet, an denen man aber bei näherem Hinschauen auch unsymmetrische Materialanhäufungen (als sogenannte *»Gegengewichte«*) oder (manchmal durch Blechdeckel oder Leichtmetallstopfen verschlossene) *»Auswuchtbohrungen«* entdeckt. Gegengewichte und Auswuchtbohrungen dienen der notwendigen »Auswuchtung« des Kurbeltriebs, ohne die wegen des einseitigen Angriffs der Kräfte am Hubzapfen der Motor unerträglich vibrieren und ungeeignet zur Erreichung hoher Drehzahlen sein würde.

Die Kurbelwelle ist mittels der *Hauptlager* im *Kurbelgehäuse* gelagert. Diese Lager – meist zwei oder drei – sind wiederum Wälzlager, also Kugel-, Rollen- oder Nadellager, manchmal auch kombiniert. Eines der Lager mindestens ist immer ein Kugellager, weil mit seiner Hilfe die Welle axial festgelegt, d. h. gegen seitliche Verschiebung im Gehäuse gesichert ist.

Durch besondere Abdichtringe (*Manschettendichtungen, Lippendichtringe*) ist dafür gesorgt, daß die Kurbelwelle an den Lagerstellen, d. h. dort, wo sie durch die Gehäusewan-

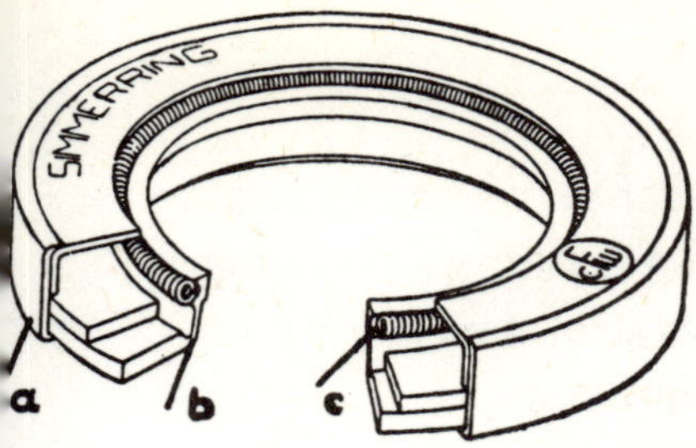

Bild 8: Manschettendichtung (Simmerring) für die Kurbelwellenabdichtung im Gehäusedurchtritt. Man erkennt deutlich die ringslaufende Feder, die die Abdichtlippe gegen die Welle drückt.

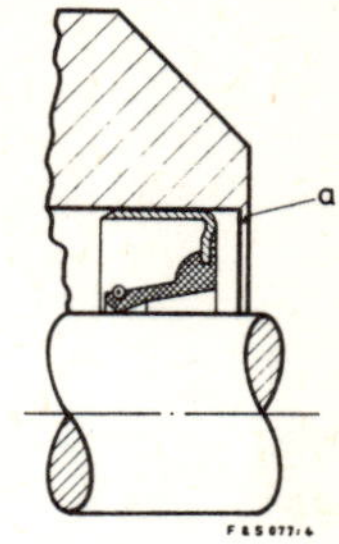

Bild 9: Und so sieht solch eine Manschettendichtung eingebaut im Schnitt aus.

dung nach außen geführt ist, abgedichtet im Gehäuse läuft. Die beiden *Gehäusehälften* (die uns interessierenden Zweiradmotoren sind überwiegend mit einem zweiteiligen, vertikal geteilten Gehäuse ausgerüstet, das auch das später zu besprechende Getriebe aufnimmt) bestehen durchweg aus Leichtmetallguß, sie werden, meist unter Zwischenlage einer Dichtung, mittels zahlreicher Schrauben miteinander verschraubt. Sie bilden dann rings um die Hubscheiben der Kurbelwelle das *Kurbelgehäuse*, im hinteren Teil das *Getriebegehäuse*. An der einen Seite bildet das Gehäuse (zusammen mit einem aufgeschraubten Deckel) ein weiteres Gehäuse, in dem sich die »Primärkraftübertragung« befindet, an der gegenüberliegenden Gehäuseseite befindet sich dann meist die – ebenfalls durch einen Deckel in einem gesonderten Raum abgekapselte – Zündanlage.

Der Zylinder sitzt – meist leicht schräg nach vorn geneigt, aber auch liegend angeordnet – auf einem Flansch des Kurbelgehäuses. Er trägt entweder einen *Fußflansch*, in dem die *Zylinder-Fußschrauben* bzw. -*Stehbolzen* sitzen und den Zylinder auf dem Gehäuse halten – oder das Gehäuse trägt, wie bereits einmal erwähnt, lange *Stiftschrauben* (Stehbolzen), die bis zum Zylinderkopf durchgehen und Kopf samt Zylinder gemeinsam auf dem Gehäuse halten. Zwischen Zylinder und Gehäuse befindet sich stets eine *Fußdichtung*, zwischen Zylinder und Kopf (nicht immer) eine zusätzliche *Kopfdichtung*.

Während, wie schon gesagt, der *Kurbeltrieb* (Pleuel und Kurbelwelle) dazu dient, die oszillierende Bewegung des Kolbens in eine rotierende zu verwandeln, bildet der im oberen Totpunkt stehende Kolben gewissermaßen die verschiebbare Wand eines Raums, in dem das zur Wärmeabgabe bestimmte

Gas verbrannt werden soll. Die bei der Verbrennung entstehende starke Erwärmung dehnt den Gasinhalt des Raums oberhalb des Kolbens (im Brennraum also) stark aus, der entstehende Druck treibt den Kolben abwärts.
Damit das geschehen kann, muß erreicht werden, daß das brennbare Gas

a) in diesen Raum hineingebracht,
b) in ihm in geeigneter Weise für die Verbrennung vorbereitet,
c) zur Entzündung gebracht,
d) nach der Ausdehnung (Expansion) aus dem Raum als verbranntes Restgas entfernt wird, um Platz für eine neue Gasladung zu machen.

Je nachdem, wie man diese Forderungen erfüllt, ergeben sich zwei verschiedene Arbeitsweisen von Verbrennungsmotoren: die *Viertakt-* und die *Zweitakt-Arbeitsweise*.

Die Viertakt-Arbeitsweise

Der Viertaktmotor hat seinen Namen von den vier »Takten«, die sich im Zuge eines Arbeitsspiels in seinem Innern nacheinander abwickeln. Denn entsprechend den oben fixierten vier Forderungen muß der Motor die zur Energieabgabe dienende Gasmenge
1. ansaugen, 2. verdichten, 3. entzünden und expandieren lassen, 4. als verbranntes Gas ausstoßen.
Jeden dieser vier Vorgänge bezeichnet man als einen »Takt«, daher also der Name Viertaktmotor. Kennzeichnend für ihn bzw. seine Arbeitsweise ist,
daß sich diese vier Takte oberhalb des Kolbens im Arbeitsraum (Brennraum) des Zylinders abspielen und daß sie so aufeinander folgen, daß für jeden Takt eine halbe Kurbelwellenumdrehung benötigt wird, für jeden Takt also ein voller Kolbenweg zwischen den Totpunkten zur Verfügung steht.
Um das frische, brennbare Gas in den Arbeitsraum des Zylin-

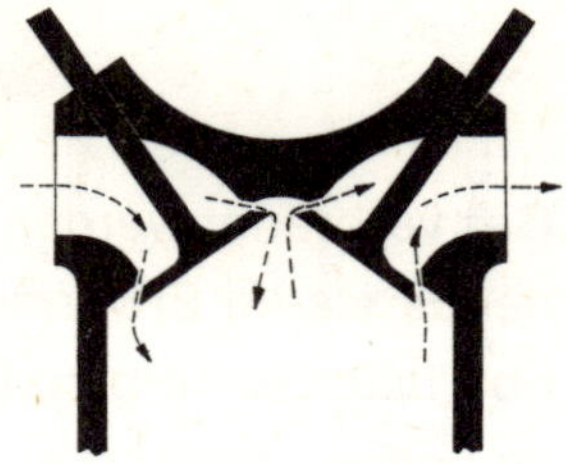

Bild 10: Anordnung der Ventile im Zylinderkopf eines Viertaktmotors – links das Einlaß-, rechts das Auslaßventil.

ders hinein und das verbrannte Gas wieder aus ihm hinausbringen zu können, sind im Zylinderdeckel, also im »Kopf« des Zylinders, *Ventile* angeordnet – ein Einlaß- und ein Auslaß-Ventil –, die durch Druck der *Ventilfedern* mit ihren *Ventiltellern* auf die *Ventilsitze* im Zylinderkopf gepreßt und somit geschlossen gehalten werden. Die geschlossenen Ventile sperren den *Einlaß-* und den *Auslaßkanal*, die im Zylinderkopf eingegossen sind, gegen den Brennraum ab.

Über Zahnräder oder eine Kette wird im Übersetzungsverhältnis 1:2 von der Kurbelwelle die *Nockenwelle* angetrieben, die demnach mit halber Kurbelwellendrehzahl rotiert und die zwei *Nocken* trägt, von denen über (je nach Motorkonstruktion verschieden ausgeführte) Steuerungs-Übertragungsglieder (*Stößel, Stoßstangen, Kipphebel*) die Ventile im geeigneten Zeitpunkt betätigt, also gegen den Federdruck geöffnet und dann durch diesen wieder geschlossen werden.

Verfolgen wir nun an Hand des Bildes 12 einmal den Ablauf des Arbeitsspiels der vier Takte in einem Viertaktmotor:

Beim Beginn des ersten Takts (Teilbild a) steht der Kolben im oberen Totpunkt. Über ihm befindet sich als freier Raum nur der im Bild 1 schon gezeigte *»Verdichtungsraum«*. Über die

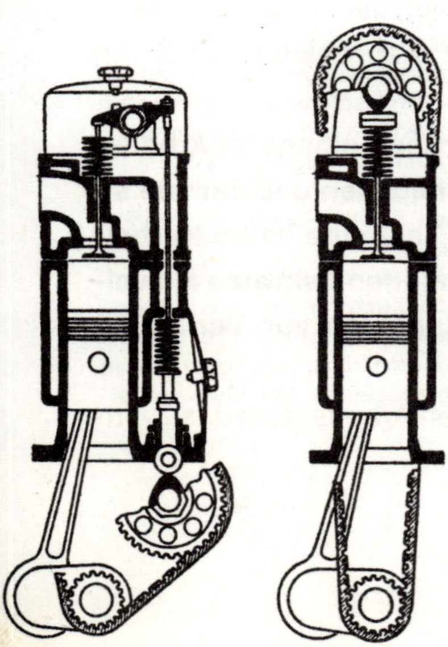

Bild 11: Betätigung der im Kopf (hier parallel, nicht im Winkel zueinander, wie im Bild 10 zeigt) hängenden Ventile eines Viertakters: links von der untenliegenden, mit kurzer Kette angetriebenen Nockenwelle über Stoßstangen und Kipphebel (über den Ventilen), rechts direkt von der oberhalb der Ventile liegenden Nockenwelle, die durch eine lange Kette von der Kurbelwelle angetrieben wird.

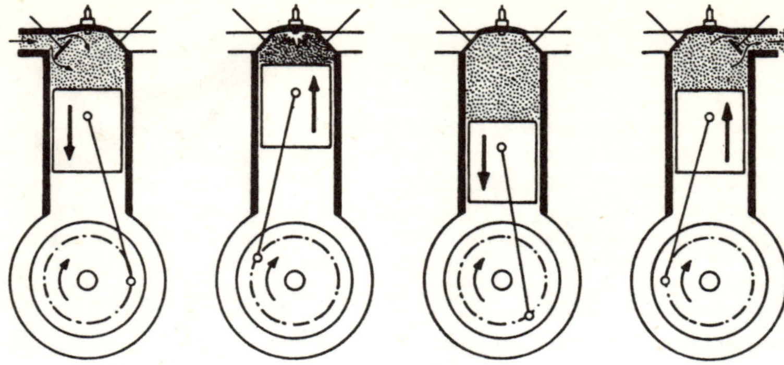

a) b) c) d)

Bild 12: Schematische Darstellung des Arbeitsablaufs in einem Viertaktmotor (alle Vorgänge oberhalb des Kolbens im Arbeitszylinder): a = Ansaugen, b = Verdichten, c = Verbrennen und Expandieren, d = Ausstoßen.

erwähnten Steuerungsglieder (Nockenwelle usw.) ist das Einlaßventil geöffnet und bleibt es auch während des ganzen Taktes. Deshalb kann der abwärts gehende Kolben durch den Einlaßkanal Frischgas in den Zylinderraum hineinsaugen. Das ist der erste Takt, der Ansaugtakt.

Beim zweiten Takt (b) geht der Kolben nach Überschreiten des unteren Totpunkts wieder nach oben. Da das Einlaßventil inzwischen geschlossen wurde, wird die beim ersten Takt angesaugte Frischgasladung im Zylinder zusammengedrückt (verdichtet), bis der Kolben im oberen Totpunkt angelangt ist. Damit ist also dann die ganze angesaugte Frischgasmenge auf das Volumen des Verdichtungsraums zusammengedrückt (komprimiert) worden. Dieser zweite Takt heißt deshalb Verdichtungstakt.

Für den Ablauf der nun folgenden Verbrennung bzw. für die Leistung des Motors ist der Verdichtungstakt außerordentlich wichtig. Je mehr nämlich vor der Entzündung das Kraftstoff/Luftgemisch zusammengedrückt wird, desto größer ist dann bei der Verbrennung der Druck auf den Kolben und damit die Leistung des Motors. Die allerersten »Gasmaschinen« in der zweiten Hälfte des vorigen Jahrhunderts arbeiteten praktisch ohne »Verdichtung«. Erst als Nikolaus Otto in das Arbeitsspiel den Verdichtungstakt einfügte (er kam durch Zufall auf dessen wichtige Auswirkung), gelang es, den leichten, leistungsfähigen Verbrennungsmotor zu bauen, den man deshalb – ob Vier- oder Zweitakter – seitdem auch »Otto-Motor« nennt.

Wie hoch der Konstrukteur seinen Motor verdichten kann, hängt vom Kraftstoff bzw. dessen Selbstzündungspunkt ab, aber auch von der konstruktiven Ausbildung des Brennraums und der Führung der Gasströme. Im Text zu Bild 54 wird erklärt, wie sich das *Verdichtungsverhältnis*, von dem oft in Technischen Tabellen von Motoren bzw. Fahrzeugen gesprochen wird, errechnet.

Bei der Verdichtung erwärmt sich die Gasladung im Zylinder – umso mehr, je höher die Verdichtung getrieben wird, je kleiner also der Raum ist, auf den im oberen Totpunkt des Kolbens die Gasladung zusammengedrängt wird. Deshalb kann man die Verdichtung auch nicht beliebig hochtreiben (um dadurch eine höhere Leistung zu erhalten), denn bei einer bestimmten Temperatur ist die »Selbstzündungstemperatur« des im Frischgas enthaltenen Kraftstoffs erreicht, und zu Selbstzündungen im Motor darf es nicht kommen, weil diese vor Erreichen des oberen Kolbentotpunkts erfolgen und deshalb zu Leistungsminderung und zu Motorschäden führen würden.

Schon gegen Ende des zweiten Taktes, des Verdichtungstaktes, erfolgt die Entzündung der Frischgasladung im Brennraum (mit Hilfe eines elektrischen Hochspannungsfunkens an den Elektroden der Zündkerze. (Wir kommen später zur Erklärung der Vorgänge, die diesen Zündfunken im richtigen Augenblick entstehen lassen.) Die gesamte verdichtete Frischgasladung im Brennraum soll »durchgebrannt« sein, wenn der Kolben im oberen Totpunkt seine Bewegungsrichtung umkehrt und nun den Verbrennungsdruck aufnehmen und über die Pleuelstange an die Kurbelwelle abgeben kann. Da aber vom Moment der Entzündung bis zur völligen Durchbrennung eine – wenn auch sehr kleine – Zeitspanne vergeht, muß dafür gesorgt werden, daß die Entzündung bereits *vor* Erreichen des oberen Totpunkts durch den Kolben erfolgt: der Motor erhält deshalb *Vorzündung.* Wieviel (in mm Kolbenweg oder in Kurbelgraden) – das richtet sich nach der konstruktiven Auslegung des Motors.

Nach diesen Zwischenbemerkungen verfolgen wir nun den Ablauf des Arbeitsspiels im Viertaktmotor weiter: im dritten Takt (c) – auch bei ihm bleiben, wie im vorhergehenden Verdichtungstakt, beide Ventile geschlossen – geht der Kolben, von der bei der Verbrennung sich stark ausdehnenden Gasladung getrieben, abwärts und gibt Kraft über den Kurbeltrieb ab, bis er den unteren Totpunkt erreicht hat (Expansions- oder Arbeitstakt).

Im vierten und letzten Takt (d) schließlich, dem Auslaßtakt, wird das Auslaßventil geöffnet, der Kolben geht nach oben und drückt die verbrannte Gasladung durch den Auslaßkanal (über die schalldämpfende Auspuffanlage) ins Freie.

Aus dieser Schilderung des Arbeitsablaufs im Viertaktmotor geht hervor, daß der Kolben nur in einem der vier Takte Kraft abgibt, in den übrigen drei Takten hat er lediglich kraftverzehrende »Pumpfunktionen«. Der Verbrennungsmotor kann deshalb auch nicht, wie Dampfmaschine oder Elektromotor, allein anlaufen, sondern muß angeworfen werden, damit er zunächst einmal ansaugen und verdichten kann. Um bei langsamem Lauf über die kraftverzehrenden Takte hinwegzuhelfen und im übrigen die Gleichförmigkeit des Motorlaufs zu erhöhen, müssen auf der Kurbelwelle *Schwunggewichte* (mit den Hubscheiben der Kurbelwelle kombiniert oder als gesonderte *Schwungscheibe*) vorgesehen werden, deren Aufgabe es ist, die im Arbeitstakt abgegebene Energie zu einem Teil zu speichern und dann bei den anderen drei Takten wieder abzugeben.
Zum Schluß der Viertakter-Erklärung nochmals zusammengefaßt: Beim Viertaktmotor spielen sich vier Takte nacheinander und ausschließlich im Zylinderraum oberhalb des Kolbens ab. Ein komplettes Arbeitsspiel bedarf zweier Kurbelumdrehungen. Die Steuerung des *»Gaswechsels«* im Zylinder (Einbringen der frischen und Hinausschaffen der verbrannten Gasladung) erfordert Ventile mit Steuerorganen.

Die Zweitakt-Arbeitsweise

Der Zweitaktmotor arbeitet ohne Ventile und ihre Steuerungsorgane, bei ihm wird das komplette Arbeitsspiel während nur einer Kurbelumdrehung abgewickelt. Er bringt also bei der gleichen Drehzahl wie der Viertaktmotor die doppelte Zahl von Arbeitstakten, und er ist mechanisch einfacher. Ein alter Werbeslogan sagt, er habe »nur drei bewegte Teile« – womit Kurbelwelle, Pleuel und Kolben gemeint sind.
Aber auch beim Zweitaktmotor müssen die eingangs aufgeführten vier Voraussetzungen für den Ablauf eines Arbeits-

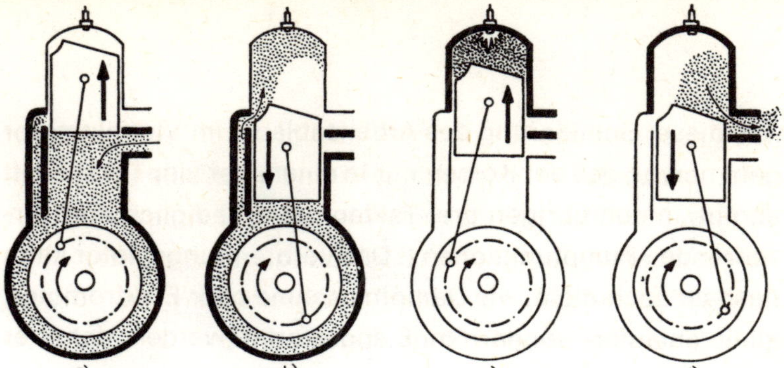

Bild 13: Schematische Darstellung des Arbeitsablaufs in einem Zweitaktmotor (die stark ausgezogenen Linien zeigen jeweils, in welchem Teil des Motors – unten oder oben – die beschriebene Funktion abläuft: a = Ansaugen in den Kurbelgehäuseraum, b = Vorverdichten des angesaugten Frischgases auf schwachen Überdruck, gegen Hubende Überströmen in den Raum oberhalb des Kolbens, c = Verdichten der übergeströmten Frischgasladung, d = Verbrennen und Expandieren, gegen Hubende Ausströmen des Altgases.

spiels erfüllt sein – auch er muß also ansaugen, verdichten, zünden (und expandieren) und anschließend ausstoßen. Daß man beim Zweitaktmotor trotzdem mit nur einer Kurbelumdrehung für ein Arbeitsspiel auskommt, hat seine Erklärung darin, daß sich bei ihm

a) die genannten vier Vorgänge nicht nur ober-, sondern zum Teil auch unterhalb des Kolbens abspielen;

b) diese Vorgänge sich teilweise stark überschneiden.

Die Steuerung des Gaswechsels übernimmt beim Zweitaktmotor der Arbeitskolben, der hier eine zusätzliche Funktion als »Steuerschieber« hat. Bei seinem Auf- und Abwärtsgehen im Zylinder legt er »Schlitze« (Steueröffnungen) in der Zylinderwand frei, durch die das Frischgas ein- und das Altgas austreten kann.

Im Bild 13 ist das Arbeitsspiel eines Zweitaktmotors gezeigt, ebenfalls in vier Teilbildern, wie vorher beim Viertaktmotor. Die stark gezeichneten Konturen deuten an, daß in den ersten beiden Teilbildern das Arbeitsspiel *unterhalb des Kolbens* zu betrachten ist, in den beiden weiteren Teilbildern *oberhalb des Kolbens*. Tatsächlich aber finden jeweils Teilvorgänge der Zweitaktarbeitsweise unter- und oberhalb des Kolbens gleichzeitig statt – zwei Arbeitsspiele »überlappen« sich.

Das Ansaugen des Frischgases erfolgt beim Zweitaktmotor nicht, wie beim Viertaktmotor, während des Kolben-Abwärtsganges. Man überläßt vielmehr hier einer »Ladepumpe« das Hereinschaffen der frischen Gasladung, und als Ladepumpe fungiert der Kolben mit seiner Unterseite bzw. der (druckdicht abgeschlossene) Kurbelbehäuseraum. Der aufwärts gehende Kolben (der oberhalb die Gemischladung des vorhergehenden Arbeitsspiels verdichtet) erzeugt im Kurbelraum einen Unterdruck (Saugwirkung), der dazu benutzt wird, um (Bild 13a) beim Freigeben des *Ansaugschlitzes* durch die Kolbenunterkante Frischgas in den Kurbelraum einströmen zu lassen. Geht anschließend der Kolben (von oben vom expandierenden Gas des vorhergehenden Arbeitstakts getrieben) wieder abwärts, so wird nach Verschließen des Ansaug (Einlaß-)schlitzes das im Kurbelraum befindliche Frischgas *»vorverdichtet«* (unter verhältnismäßig schwachen Druck gesetzt), und gegen Ende des Kolben-Abwärtsganges wird es mit Hilfe dieses Vorverdichtungsdrucks durch einen oder mehrere, von der Kolbenoberkante freigegebene *Überstromkanäle* in den Raum oberhalb des Kolbens gedrückt (s. Bild 13 b).

Dort ist dafür gesorgt (wie, werden wir noch sehen), daß das verbrannte Altgas vom vorhergehenden Arbeitsspiel durch den ebenfalls von der Kolbenoberkante freigelegten *Auslaßschlitz* abströmen und für das aus dem Kurbelraum nachströmende Frischgas Platz machen kann. Das Frischgas füllt also nun den Raum oberhalb des Kolbens.

Nach Überschreiten des unteren Totpunkts verschließt der Kolben die Überström- und die Auslaßöffnung und verdichtet nun (Bild 13 c) die Frischgasladung – genau wie beim Viertakt-Arbeitsverfahren. Kurz vor dem oberen Totpunkt (Vorzündung!) wird diese, wie beim Viertaktmotor, entzündet, sie brennt durch, expandiert durch die Verbrennungswärme und treibt den Kolben abwärts. Ein Stück vor Erreichen des unteren Totpunkts legt die Kolbenoberkante (Bild 13d) die Aus-

laßöffnung in der Zylinderwand (also den Auslaßschlitz mit dem anschließenden Auslaßkanal) frei – und das Altgas strömt – noch unter erheblichem Druck stehend – ab. Gleichzeitig strömt, wie bereits geschildert, schon wieder das inzwischen unterhalb des Kolbens im Kurbelraum vorverdichtete Frischgas nach und füllt den Zylinderraum aufs neue.
Ein Aufwärts- und ein Abwärtsgang des Kolbens genügen also beim Zweitaktmotor zur Abwicklung eines Arbeitsspiels: während beim Aufwärtsgehen unterhalb des Kolbens das Ansaugen des Frischgases erfolgt, wird oberhalb die vorhergehende Ladung verdichtet und zur Entzündung gebracht. Geht anschließend der Kolben abwärts, so verdichtet er unterhalb des Kolbens die Gemischladung vor, um sie am Ende des Abwärtsgangs nach oben überströmen zu lassen. Oberhalb erfolgt die Expansion der entflammten Gasladung, die den Arbeitsdruck auf den Kolben ausübt, bis gegen Hubende der Auslaßschlitz freigelegt wird, durch den das Altgas abströmt.
Wenn man sich diese Zusammendrängung bzw. Überschneidung der vier Einzelvorgänge eines Arbeitsspiels im Zweitaktmotor nochmals vergegenwärtigt, so kommt man zu zwei Feststellungen: einmal der, daß die Bezeichnung »Zweitakt«motor eigentlich gar nicht richtig ist – zum anderen der, daß für den ordnungsgemäßen Ablauf des Gaswechsels im Zweitaktmotor die Trennung von Frisch- und Altgas im Raum oberhalb des Kolbens entscheidend wichtig sein muß, damit sich das frische Gas nicht schon zur Unzeit etwa am heißen Altgas entzündet – und damit es nicht gleich mit diesem zu dem in derselben Höhe im Zylinder angeordneten Auslaßschlitz ungenutzt entweicht.
Tatsächlich liegt in der Beherrschung des *Gaswechsels* auch das Kernproblem des Zweitakters.
Viele Jahre hindurch baute man, um im Zylinder eine Trennung von abströmendem Alt- und einströmendem Frischgas zu erreichen, Fahrzeug-Zweitaktmotoren mit einem soge-

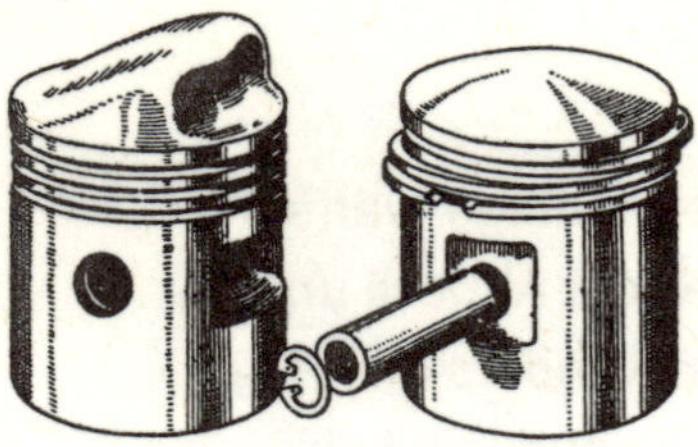

Bild 14: Alter und neuer Zweitakter-Kolben: links der alte, heute nicht mehr verwendete Nasenkolben, rechts ein moderner Flachkolben für die Umkehrspülung.

nannten *»Nasenkolben«*. Im Gegensatz zum Kolben des Viertakters, der (wenigstens in seiner Normalausführung) einen flachen bzw. leicht gewölbten Boden aufweist (s. Bild 14 rechts) gestaltete man den Kolbenboden des Zweitakterkolbens so, wie Bild 14 links zeigt: ein – in Richtung auf den Überströmschlitz verschobener – Höcker, eine »Nase«, war an der Überströmseite muldenförmig so ausgebildet, daß das aus dem Kurbelraum kommende Frischgas nach oben, in Richtung auf den Zylinderkopf, abgelenkt wurde. Auf der anderen Seite des Kolbenbodens begünstigte die flach abfallende Kontur das Abströmen des Altgases durch den gleichzeitig geöffneten Auslaßschlitz.
Freilich sind auch noch andere Faktoren wichtig, um eine unerwünschte Vermischung von Frisch- und Altgas, ein vorzeitiges Abströmen von Frischgas oder gar ein Entzünden von Frisch- am Altgas zu vermeiden. Deshalb wird beispielsweise bei jedem Zweitakter der Auslaßschlitz etwas früher geöffnet als der Überströmschlitz – zwischen beiden besteht eine *»Oberkantendifferenz«*, die ein Absinken des Drucks (und der Temperatur) des Altgases bewirkt, ehe das Frischgas mit dem verhältnismäßig schwachen Druck der Vorverdichtung ein-

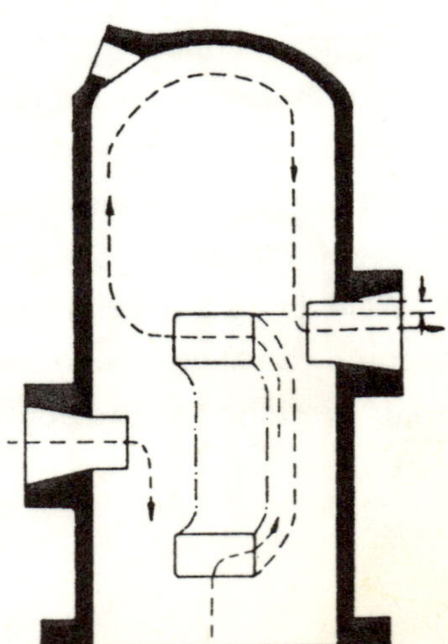

Bild 15: Die Anordnung der Steuerkanäle im Zylinder eines Zweitaktmotors: links der Einlaßschlitz, in der Mitte einer der beiden Überström-(Spül-)kanäle mit dem Überströmschlitz (oben), rechts der Auslaßschlitz. Zwischen ihm und den Überströmschlitzen besteht die angedeutete »Oberkantendifferenz« – der Auslaß muß stets eher öffnen als der Frischgasübertritt aus dem Kurbelgehäuse.

strömt. Auch die Ausbildung der Auspuffanlage war schon immer für ein »kontrolliertes« Abströmen der Altgase und damit für eine möglichst gute Füllung des Zylinders mit Frischgas wichtig (wenn auch nicht so entscheidend wie beim modernen Hochleistungs-Zweitaktmotor).

Aber der im Bild 14 dargestellte und viele Jahre hindurch ausschließlich verwendete Nasenkolben hatte, vor allem im luftgekühlten Fahrzeugmotor, beträchtliche Nachteile. Deshalb waren die Konstrukteure bestrebt, ihn auch im Zweitakter durch einen *Flachkolben*, wie man ihn von jeher im Viertakter verwendete, zu ersetzen. Prof. Schnürle zeigte dann den Weg, wie man einen Flachkolben-Zweitakter auch mit kleinen Zylinderdimensionen bauen könne (im Großgasmaschinenbau kannte man den Flachkolben in Zweitaktern bereits) – und seine »Schnürle-Umkehrspülung« war es, die einen ganz entscheidenden Fortschritt in der Zweitakter-Entwicklung brachte – höhere Leistung, größere Zuverlässigkeit und geringeren Öl- und Kraftstoffverbrauch.

Im Bild 16 ist das Prinzip der Umkehrspülung gezeigt (seit die Schnürle-Patente erloschen sind, wird sie praktisch von allen Marken, die es als Fahrzeug-Zweitakter gibt, angewandt). Im

Bild 16: Verschiedene Spülschlitz-Anordnungen: a = Gegenstromspülung (mit Nasenkolben), b = Umkehrspülung, c = Umkehrspülung mit drittem Kanal (Dreistromspülung), d = Vierkanal-Spülung (zählt man den Auslaß mit, so ist es eine Fünfkanal-Spülung).

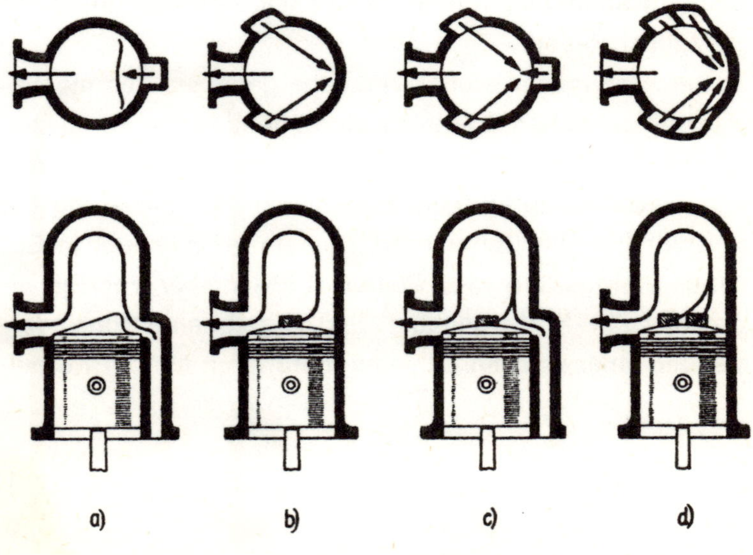

Gegensatz zur *Querstromspülung* des Nasenkolben-Motors, bei der ein einziger Überströmschlitz dem Auslaßschlitz im Zylinder genau gegenüberlag, weist der Zylinder des Motors mit Umkehrspülung zwei Überströmkanäle auf. Sie liegen seitlich, etwas nach vorn gerückt, symmetrisch zum Auslaßschlitz. Die zu ihnen führenden Überströmkanäle sind so angeordnet (man sieht es deutlich im Bild 16), daß die beiden gleichzeitig eintretenden Frischgasströme, vom Auslaß abgewandt, über den flachen Kolbenboden hinweg zur hinteren Zylinderwand gehen, sich an dieser aufrichten (wie früher an der Kolbennase!) und dann gemeinsam nach oben zum Brennraum geführt werden, während gleichzeitig an der gegenüberliegenden Zylinderseite das Altgas abströmt.

Wie im Bild 15 gezeigt, bedarf es auch hier einer Oberkantendifferenz zwischen Auslaß- und Überströmschlitzen, d. h. der Auslaß muß eher freigegeben werden als der Übertritt des Frischgases aus dem Kurbelraum.

Es hat viele Versuche gegeben, die Patente der Umkehrspülung zu umgehen – und man hat auch vielfach versucht, diese mit nur zwei Überströmschlitzen arbeitende Spülung noch zu verbessern. Auch heute werden vereinzelt Zweitakter, vor allem solche mit sehr hoher Hubraumleistung, manchmal mit einem *»dritten Kanal«* (s. Bild 16) ausgeführt – ebenso gibt es Ausführungen mit vier Überströmkanälen (ebenfalls im Bild 16 skizziert) – aber die einfache Umkehrspülung überwiegt im Serienbau von kleinen Fahrzeugzweitaktern doch ganz entschieden.

Es hat auch immer wieder Versuche gegeben, den mechanisch so einfachen Zweitakter durch technische Komplizierungen zu noch höherer Leistung bzw. günstigeren Verbrauchswerten zu bringen. Eine solche Komplizierung hat sich, vor allem bei Rennmotoren, vereinzelt aber auch im Serienbau, eingeführt: der *Platten-Drehschieber* zur Einlaßsteuerung ins Kurbelgehäuse. Bild 17 zeigt eine Prinzipdarstellung einer solchen Schieberanordnung: auf der Kurbel-

Bild 17: Anordnung eines Plattendrehschiebers auf der Kurbelwelle zur Einlaßsteuerung.

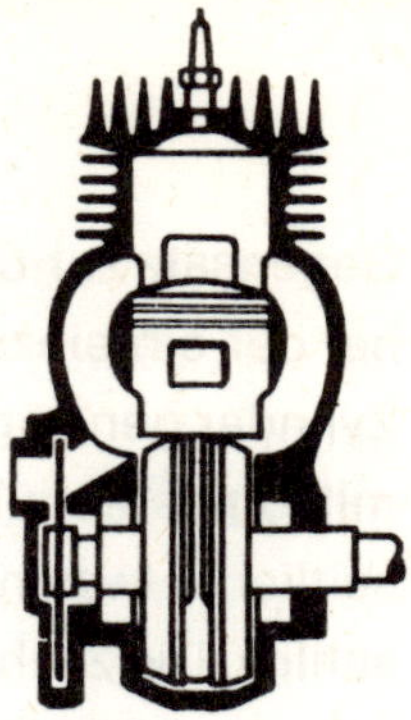

welle sitzt eine Platte (aus dünnem Stahlblech oder Kunststoff) und dreht sich mit der Welle. Sie verschließt normalerweise eine Öffnung in der Kurbelgehäusewand bzw. einem zusätzlich angesetzten Deckel vor der flachen Kam-

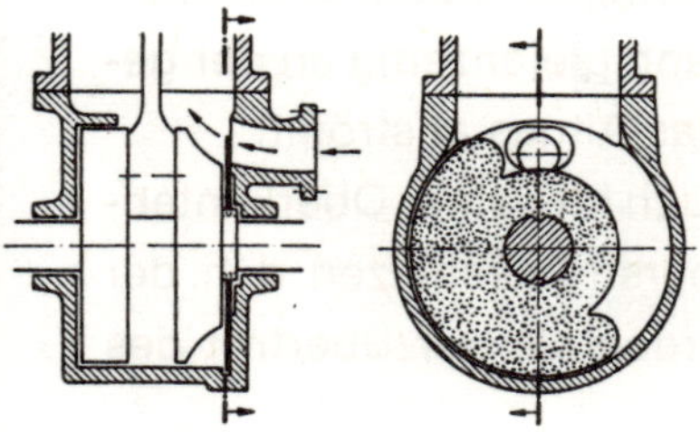

Bild 18: Nochmals die Anordnung eines Plattendrehschiebers in zwei Darstellungen gezeigt: links im Schnitt, rechts in Draufsicht – in beiden Bildchen erkennt man deutlich den Einlaßkanal, den die Schieberplatte verdeckt bzw. freigibt.

mer, in der der Schieber rotiert. Diese Schieberplatte hat (s. Bild 18) einen Ausschnitt über einem größeren Teil des Kurbelkreises, und solange dieser Ausschnitt an den genannten Einströmöffnungen vorbeiläuft, sind diese unverschlossen, d. h. der Kurbelgehäuseraum steht über den am Kammerdekkel angesetzten Vergaser mit der Außenluft in Verbindung. In dieser Stellung der Schieberplatte geht der Kolben aber nach oben – also wird Frischgas ins Kurbelgehäuse hineingesaugt. Durch den Schieber gesteuert (der nach Überschreiten des oberen Kolbentotpunkts die Einlaßöffnung wieder verschließt) – nicht, wie beim normalen Zweitakter, durch den Arbeitskolben. Man kann auch eine entsprechend ausgeschnittene Hubscheibe der Kurbelwelle als Einlaßdrehschieber benutzen.

Bild 19: Schemadarstellung von Zweitaktern mit kolbenunabhängig gesteuertem Einlaß: links Membranventil im Überströmkanal, rechts Walzenschieber – an dieser Stelle kann ebenfalls ein Membranventil sitzen (s. Bild 20).

Man erkennt deshalb einen *Drehschieber-Zweitakter* meist daran, daß der Vergaser nicht am Zylinder sitzt, sondern irgendwo am Gehäuse.
Aber eine solche Vergaseranordnung (am Gehäuse) braucht dennoch nicht unbedingt zu bedeuten, daß man einen Drehschiebermotor vor sich hat. Es gibt auch Zweitakter, bei denen der Einlaßvorgang durch ein *Membranventil* gesteuert wird, das sich (meist als Zwischenflansch, s. Bild 20 zwischen Ansaugstutzen und Kurbelgehäuse, befindet. Der Unterdruck im Kurbelgehäuse hebt die Membran an – das Frischgas kann einströmen, solange Unterdruck herrscht. Verschwindet dieser (nach Umkehr des Kolbens im OT), so schließt das Membranventil automatisch.

Bild 20: Zweiteiliges Kurbelgehäuse eines Mofa-Motors, zwischen beiden Gehäuseteilen sieht man die Dichtung (2), 9 und 15 sind Manschettendichtungen für die Kurbelwelle. 4 ist der Einsatzflansch, der die Membranzungen trägt, unter Beilage der Dichtung 3 wird der Flansch zusammen mit einer weiteren Dichtung 3 und dem Saugstutzen 5 an der vorgesehenen Gehäuseöffnung mit den Schrauben 6 befestigt. Das kleine Teilbildchen links zeigt nochmals deutlicher die heute gebräuchliche Anordnung der Membranzungen auf dem dachförmigen Einsatzflansch. a = Membranzungen; b = Einsatzflansch; c = dachförmiger Einsatz mit vier Ansaugöffnungen; d = Begrenzungsanschläge für Membranzungen.

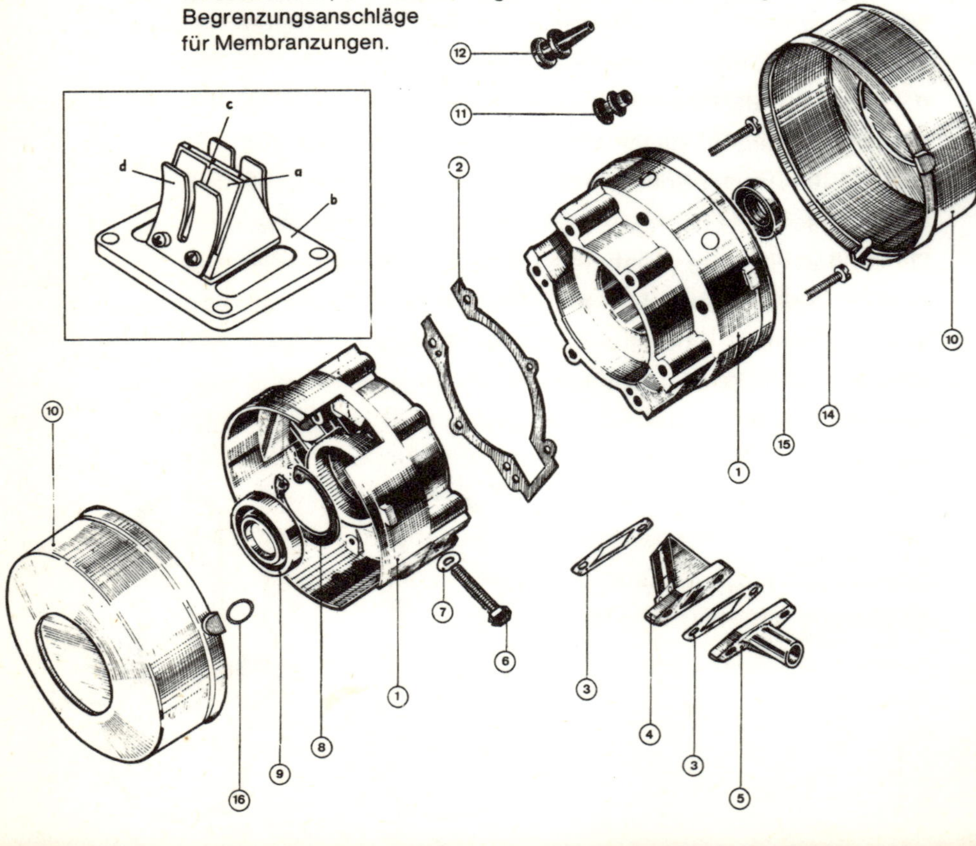

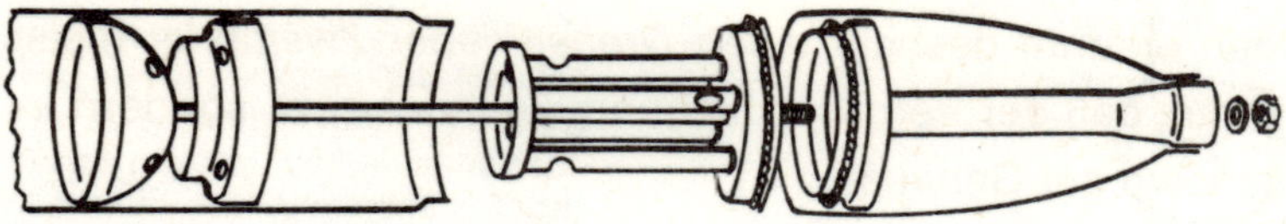

Bild 21: Zwecks Reinigung demontierbares Endstück eines Auspufftopfs, die Einsatzteile bewirken die Schalldämpfung. Links schließt sich eine schlanke, konische »Expansionskammer« an, die typisch für moderne Zweitakt-Auspuffanlagen ist und deren Zweckbestimmung im nächsten Bild erläutert wird.

Die Auspuffanlage

Es wurde schon gesagt, daß eine »Kontrolle« des Abströmens der verbrannten Altgase mit Hilfe einer Auspuffanlage gerade bei einem Zweitakter sehr wichtig ist. Die Auspuffanlage hat beim Zweitakter, viel entscheidender noch als beim Viertaktmotor, nämlich außer ihrer Aufgabe, das Auspuffgeräusch auf den vom Gesetzgeber zugelassenen Wert (Kleinkrafträder 79 Phon, Mopeds 73 Phon, Mofas 70 Phon) herunterzudrükken noch eine ebenso wichtige andere Funktion: sie gehört mit zur *Steuerung des Gaswechsels*, d. h. mit ihrer Hilfe wird erreicht, daß der Motor die bestmögliche Füllung erhält und damit seine beste Leistung abgibt. Zwar steigt diese Leistung, wenn auf die Geräuschvorschriften keine Rücksicht genommen werden muß (bei Rennmotoren also, die nicht zum öffentlichen Straßenverkehr zugelassen werden) – aber es geht nicht etwa an, daß man den Auspuff durch ein glattes Rohr ins Freie gehen läßt, in dem falschen Glauben, damit erreiche er seine höchste Leistung. Es ist vielmehr so, daß – bei Serien- wie bei Rennmotoren – die Auspuffanlage eine ganz bestimmte Formgebung erhalten muß, damit die Strömungsenergie, die der den Motor durchlaufenden Gassäule innewohnt, zur Füllung des Zylinders mit ausgenutzt werden kann.

Bild 22 zeigt in drei Teilbildern schematisch, wie raffiniert beim modernen Zweitakter die »Gasdynamik« zur Leistungssteigerung ausgenutzt wird.

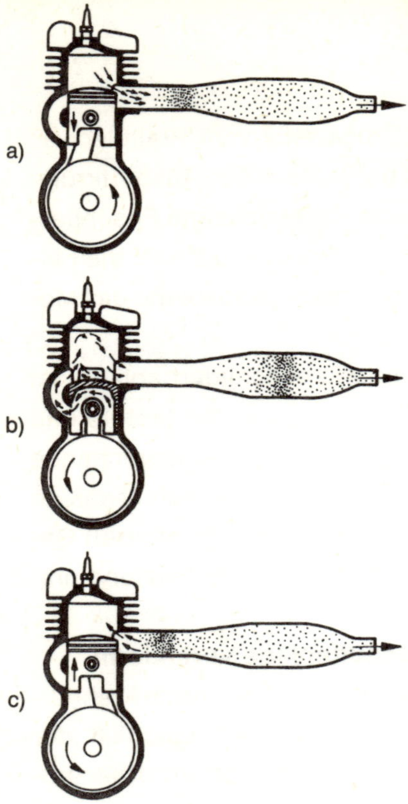

Bild 22: Drei Skizzen, die das Geheimnis der »schwingenden Gassäule« erklären sollen: a = das noch unter verhältnismäßig hohem Druck stehende Altgas strömt in die Expansionskammer des Auspufftopfes; b = bei Kolbenstellung im UT sind auch die Überströmschlitze geöffnet, die Energie der abströmenden Altgassäule reißt auch Frischgas mit in den Auspufftopf, c = beim Hochgehen des Kolbens (Überströmschlitze bereits verschlossen) kommt vom Prallblech im Auspufftopf eine Druckwelle zurück, die das in den Topf gelangte Frischgas in den Zylinder zurückschiebt, wodurch ohne alle mechanischen Komplizierungen des einfachen Zweitakters eine früher nicht mögliche, leistungserhöhende und verbrauchssenkende gute Füllung erreicht wird. Sofern der Motor – beim Lufteintritt in den Vergaser angefangen – richtig »abgestimmt« ist!

Wenn beim Niedergehen des Kolbens (Bild 22a) durch dessen Oberkante der Auslaßschlitz freigelegt wird, steht das verbrennende Gas noch unter beträchtlichem Druck. Infolgedessen strömt die Altgassäule als Druckwelle durch das Auslaßsystem gegen das Ende der Expansionskammer und gegen ein Prallblech. Während die Druckwelle sich dem Kammerende zu bewegt (Bild 22 b), bildet sich zwischen ihr und dem Auslaßschlitz des Zylinders eine Unterdruckzone, die das Einströmen des Frischgases durch die ja gleichzeitig geöffneten Überströmschlitze unterstützt. Dabei wird nun freilich eine bestimmte Gasmenge, nachdem der Zylinder schon weitgehend gefüllt ist, in den Anfang der Auspuffanlage mit hinausgerissen.

Noch ehe dann der inzwischen wieder hochgehende Kolben, der den unteren Totpunkt überschritten und schon die Überströmschlitze verschlossen hat (Bild 22 c), auch den Auslaßschlitz absperrt, kommt eine Druckwelle vom Prallblech in der Auspuffanlage zurück und preßt die in den Auspuffkrümmer (den Anfangsteil der Auspuffanlage) gelangte Frischgasmenge in den Zylinder zurück. Auf diese Weise wird die Füllung des Zylinders und damit die Leistungsausbeute des Motors erhöht.

Voraussetzung dafür, daß das so wie geschildert abläuft, ist natürlich eine ganz genaue »Abstimmung« des Motors und seiner Auspuffanlage aufeinander und eine entsprechende Ausführung der Auspuffanlage. Wird nachträglich etwas an dieser verändert, so bringt das nicht nur eine (strafbare!) Geräuscherhöhung, sondern verschlechtert auch Leistung und Verbrauch des Motors.

Deshalb: nie etwas an der Auspuffanlage verändern!

Wenn auch das (unzulässige) höhere Geräusch eine Mehrleistung vortäuscht – das ist in jedem Fall ein Trugschluß, der so »frisierte« Motor hat eine geringere statt der erhofften höheren Leistung! Bei Rennmotoren ist das etwas anderes: da hat der im Auspuff viel lautere Motor tatsächlich eine höhere Leistung als der Serienmotor – aber nicht einfach durch eine Änderung, ein »Ausräumen« schalldämpfender Innenteile, aus der Auspuffanlage. Beim Rennmotor sind zahlreiche andere Faktoren auf die spezielle (für Straßenverkehr nicht zugelassene!) Auspuffanlage abgestimmt, und nur das alles zusammen bringt die höhere Leistung.

DER VERGASER

Zweck und Grundprinzip

Im Motor soll Kraftstoff verbrannt werden, bei der Verbrennung entsteht Wärme, die zu erheblicher Volumenvergrößerung der im Zylinder befindlichen »Füllung« bzw. zu jenem Druck im Zylinderinneren führt, der den Kolben abwärts treibt. Das wissen wir schon aus der Funktionsbeschreibung von Vier- und Zweitaktmotor.
Zu jeder Verbrennung ist Sauerstoff unbedingt erforderlich, also auch zu der im Motor. Sauerstoff ist bekanntlich in der Luft enthalten – und deshalb muß dafür gesorgt werden, daß beim Ansaugtakt ein Gemisch aus Kraftstoff und Luft (als »Frischgas«) in den Motor gelangt.
Bei unseren kleinen Verbrennungsmotoren für Zweiradfahrzeuge wird das Verbrennungsgemisch in einem besonderen Apparat aus Kraftstoff und Luft zusammengemixt – im *Vergaser*.

Diese Bezeichnung trifft genaugenommen nicht zu. Denn bei den hohen Drehzahlen, mit denen moderne Motoren arbeiten, bleibt gar nicht genug Zeit, um den Kraftstoff zu »vergasen« und mit dem zur Verfügung stehenden Gas (der Luft) zum brennbaren Frischgas für den Motor zu mischen. Man muß sich vielmehr damit begnügen, im Vergaser den flüssigen Kraftstoff möglichst fein zu zerstäuben (damit er mit der Luft einen »Kraftstoff/Luft-Nebel« bilden kann) – und man muß außerdem dafür sorgen, daß der angesaugten Luftmenge genau die richtige Menge Kraftstoff beigegeben wird.

Nur wenn nämlich genau die richtige Menge Sauerstoff (Luft) für die Verbrennung einer bestimmten Kraftstoffmenge zur Verfügung steht, brennt das Gemisch, wenn es entzündet wird, sofort an und verbrennt dann schnell in seiner ganzen Menge. Das theoretisch richtige *Gemischverhältnis* besteht aus 15 Gewichtsteilen Luft und 1 Gewichtsteil Kraftstoff.

Es handelt sich bei diesem Verhältnis Luft : Kraftstoff also um *Gewichts*teile; wollte man es nach *Raum*teilen angeben, so sähe es ganz anders aus. Denn wegen des niedrigen spezifischen Gewichts der Luft ergeben etwa 10000 Liter Luft und 1 Liter Kraftstoff das richtige Verbrennungsgemisch! Was deshalb nicht ganz uninteressant zu wissen ist, weil daraus hervorgeht, daß in der Zeit, in der der Motor 1 Liter Kraftstoff verbraucht, nicht weniger als rund 10000 Liter Luft durch ihn hindurchgehen – mit allem in dieser Menge enthaltenen Staub, sofern wir ihn nicht vor dem Vergaser sorgfältig aus der Ansaugluft »herausgefiltert« haben. Darauf kommen wir dann später bei der Besprechung der Filter noch.

Theoretisch also sollte das Verhältnis Luft:Kraftstoff im Frischgas 15:1 betragen. In der Praxis wird die beste Leistung des Motors, je nach dessen Konstruktion, bei einem Gemischverhältnis 13–14:1 erzielt. Mit diesem »fetteren« (kraftstoffreicheren) Gemisch steigt aber dann bereits der Verbrauch etwas an – eine weitere »Überfettung«, also noch mehr Kraftstoff, bringt keine Mehr-, sondern Minderleistung bei weiter steigendem Verbrauch. Eine Abmagerung des Gemischs dagegen, etwa bis auf ein Verhältnis 17:1, bringt zwar niedrigere Verbrauchswerte, jedoch wieder abfallende Leistung. Bei noch weiterer Abmagerung (also noch weniger Kraftstoff im Gemisch) verschlechtert sich nicht nur die Leistung, durch unzulässige Erwärmung wird auch der Motor gefährdet.

Wenn hier von Gemischtverhältnissen (15:1 u.a.) gesprochen wurde, dann betraf das immer das Verhältnis von *Luft* und *Kraftstoff* in dem Gemisch, das im Vergaser hergestellt wird. Wie wir später noch sehen werden, werden kleine Zweitakter fast ausnahmslos durch Ölzugabe zum Kraftstoff im Tank geschmiert. Die »Mixtur« aus Kraftstoff und Öl aber nennt man *»Mischung«* – nicht Gemisch. Gemisch ist immer das, was aus Luft und Kraftstoff im Vergaser produziert wird!

Das Hereinbringen des brennbaren Gemischs in den Zylinder, aber auch die Zusammenführung der richtigen Gewichtsanteile von Luft und Kraftstoff sowie die Zerstäubung des letzteren, besorgt der bei der Kolbenbewegung während des Ansaugtakts im Zylinder entstehende »Unterdruck«, die »Saugwirkung«, wie man landläufig sagt.
Grundsätzlich besteht deshalb jeder Vergaser zunächst ein-

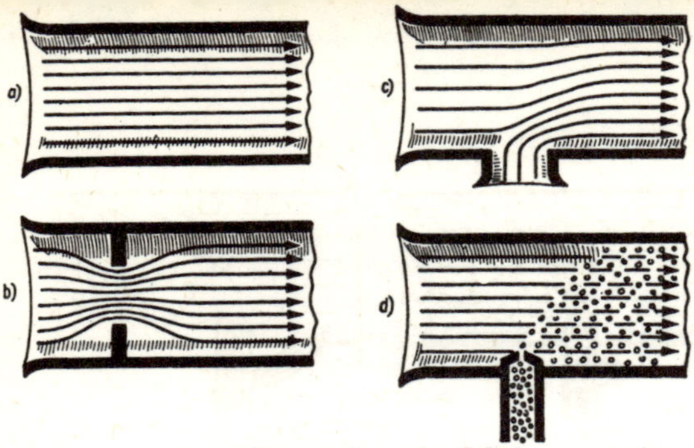

Bild 23: Strömungen im Ansaugrohr (der »Mischkammer«) eines Vergasers (s. Haupttext).

mal aus einer Luftführung, dem *Saugrohr*, das die Verlängerung des im Motor befindlichen Ansaugkanals darstellt. Durch dieses Ansaugrohr des Vergasers (man nennt es, zusammen mit dem Vergaserhauptstück, in dem es liegt, die *»Mischkammer«*) strömt während des Ansaugvorgangs die Luft (Bild 23 a).

Wird der Saugrohrquerschnitt im Vergaser an einer Stelle etwas verengt (Bild 23 b), so muß an dieser Stelle die Luft (bei gleichem Unterdruck im Motor, also gleichstarker Saugwirkung) schneller strömen – die *Luftgeschwindigkeit steigt*, wie man sagt –, damit die gleiche Luftmenge durchkommt. Aber diese Geschwindigkeitserhöhung des Luftstroms erfolgt nur bis zu einer bestimmten Grenze: wenn nämlich die *»Drosselung«* an der Engstelle zu stark, das in den Motor gelangende Luftquantum »gedrosselt« wird, dann wird die Zylinderfüllung geringer, und damit sinkt die Leistung des Motors. So hat man es also mit einer entsprechenden *Drosselvorrichtung* in der Hand, die Motorleistung zu regulieren.

Brächte man im Saugrohr seitlich eine Bohrung an, die ebenfalls, wie das Saugrohr selbst, ins Freie mündet (Bild 23 c), so würde auch durch diese Bohrung angesaugt werden, und zwar ebenfalls Luft. Wenn man nun aber an die seitliche Bohrung ein Zuflußröhrchen für den Kraftstoff anschlösse (Bild 23 d), so würde der Motor durch die große Saugrohröffnung Luft, aus der kleinen, seitlichen, Kraftstoff ansaugen, und das Verhältnis von Luft und Kraftstoff könnte man durch das Verhältnis der beiden Bohrungen zueinander bestimmen.

Der Kraftstoff allerdings soll ja bei seinem Eintritt in die Ansaugluft zerstäubt, vernebelt werden, damit sich im Vergaser ein »homogenes« (gleichmäßig zusammengesetztes) Ge-

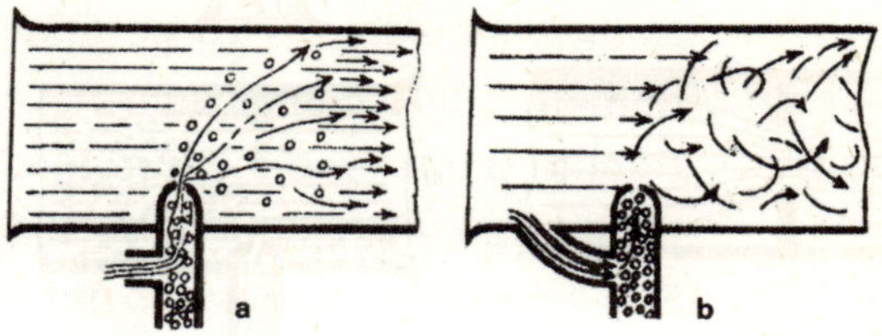

Bild 24: Zwecks besserer Zerstäubung läßt man nicht reinen Kraftstoff aus der Düse in den Hauptluftstrom eintreten, sondern eine »Emulsion« aus Kraftstoff und der sogenannten »Vorluft« (schematisch links), die man (ebenso schematisch rechts) bei modernen Vergasern der gefilterten Hauptluft entnimmt.

misch ergibt. Dazu bedient man sich einmal der Ausbildung des Kraftstoffaustritts, zum anderen der sogenannten »Vorluft«. Diese setzt man bei den meisten modernen Vergasern dem Kraftstoff vor dem Eintritt in den Hauptluftstrom zu (s. Bild 24), und erreicht damit, daß an der Austrittstelle eine »Emulsion« (ein ganz fettes Gemisch von Kraftstoff und Luft anstelle reiner Kraftstofftröpfchen) herausgerissen wird. Die mischt sich dann besser und gleichmäßiger mit der Hauptluft.

Konstanthaltung des Kraftstoffstands im Vergaser

So wie am Saugrohreingang stets Luft unter atmosphärischem Druck zur Verfügung steht, um auf den im Motor entstehenden Unterdruck zu reagieren und einzuströmen, so muß auch der Kraftstoff an der Eintrittstelle in die Mischkammer, also den Hauptluftstrom – unabhängig vom jeweiligen Kraftstoffbedarf des Motors, von der Höhendifferenz zwischen Kraftstoffbehälter und Motor sowie vom Tankinhalt – stets auf gleichem *»Niveau«* und unter gleichem Druck zum Absaugen zur Verfügung stehen. Um das zu gewährleisten, baut man fast alle Vergaser für unsere kleinen Zweiradmotoren als »Schwimmervergaser«.

Bei diesem ist außer der erwähnten *Mischkammer* noch eine

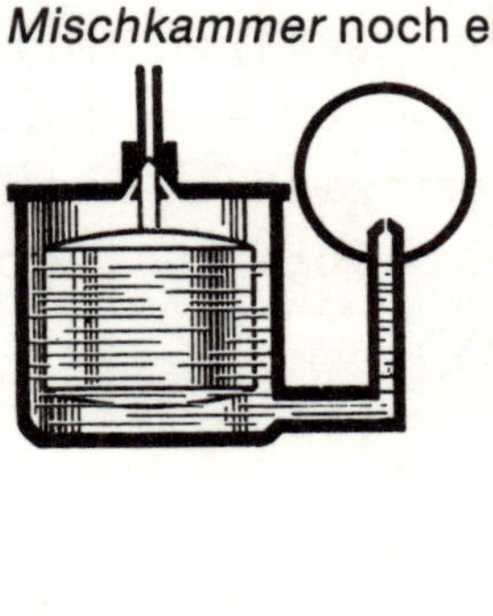

Bild 25: Konstanthaltung des Kraftstoffniveaus im Vergaser mit Hilfe der Schwimmervorrichtung mit Nadelventil.

Schwimmerkammer vorgesehen. Beide liegen entweder innerhalb eines gemeinsamen Gußstücks oder es sind getrennte Bauteile, die dann durch eine Übergangs- (Zufluß-)Bohrung miteinander in Verbindung stehen. Man kann die Schwimmerkammer neben der Mischkammer anordnen (wie im Bild 25 schematisch gezeigt), man kann sie auch konzentrisch zum Düsensystem in der Mischkammer legen (Bild 26). In jedem Fall bildet der Raum der Schwimmerkammer und das System der Bohrungen, in denen der Kraftstoff zur Mischkammer und in den Ansaugluftstrom gerät, ein System sogenannter »kommunizierender Röhren«. In einem solchen System (s. Bild 25) steht die Flüssigkeit immer gleich hoch. Damit sie stets die richtige Höhe, kurz vor der Austrittsstelle in die Ansaugluft, hat, befindet sich in der Schwimmerkammer ein *Schwimmer*. Das ist ein leichter Körper – aus kraftstoffbeständigem Kunststoff oder aus dünnem Messingblech –, der ein *Nadelventil* (s. Bild 25) betätigt, direkt oder über ei-

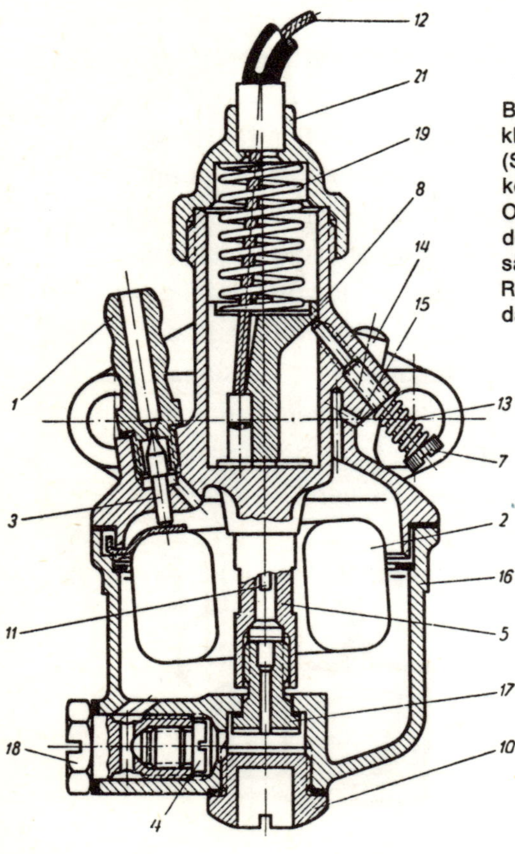

Bild 26: Querschnitt durch einen kleinen Zentralschwimmervergaser (Schwimmer nicht neben, sondern konzentrisch zum Düsensystem). Oberhalb des Nadelventils (3) befindet sich bei diesem Vergaser ein zusätzliches kleines Sieb, das bei der Reinigung nicht vergessen werden darf!

1 = Kraftstoffzulauf, 2 = Schwimmer, 3 = Nadelventil, 4 = Hauptdüse, 5 = Nadeldüsenträger, 7 = Schieberanschlagschraube, 8 = Gasschieber, 10 = Verschlußschraube, 11 = Düsennadel, 12 = Bowdenzugseil, 13 = Feder für Anschlagschraube, 14 = Tupfer, 15 = Entlüftungsbohrung, 16 = Schwimmerkammer, 17 = Nadeldüse, 19 = Gasschieberfeder, 21 = Mischkammerkopf.

nen Zwischenhebel (s. Bild 26). Durch dieses *Schwimmernadelventil* läuft der Kraftstoff aus dem Tank in den Vergaser. Hebt sich mit steigendem Flüssigkeitspegel in der Schwimmerkammer (und entsprechend im ganzen »kommunizierenden« Bohrungssystem!) der Schwimmer, so sperrt er bei Erreichen des richtigen (bei der Justierung des Vergasers im Werk sorgfältig eingestellten) *»Niveaus«* den weiteren Zulauf ab. Wird dann bei laufendem Motor Kraftstoff an der Düse in der Mischkammer abgesaugt, so sinkt der Kraftstoffstand und mit ihm der Schwimmer, der nun das Nadelventil freigibt. Kraftstoff kann wieder zulaufen, das Niveau steigt, der Schwimmer sperrt das Nadelventil wieder ab – und dieses Spiel wiederholt sich, solange der Motor läuft.

Auch im Stillstand sperrt das Nadelventil den Kraftstoffzulauf – trotzdem soll man bei abgestelltem Fahrzeug immer den Kraftstoffhahn am Tank schließen, damit sich nicht – etwa durch Erschütterungen oder kleine Schmutzpartikelchen im

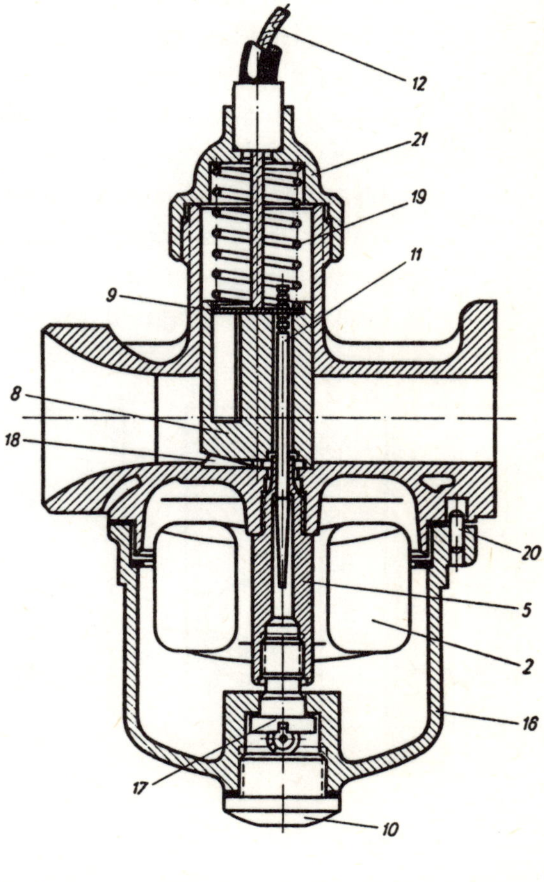

Bild 27: Längsschnitt durch den gleichen Vergaser. Man erkennt gut die Düsennadel, die im Kolbenschieber hängt und in der Nadeldüse steckt, welche unten die Hauptdüse trägt.
2 = Schwimmer, 5 = Nadeldüsenträger, 8 = Gasschieber, 9 = Nadel-Haltefeder, 10 = Verschlußschraube, 11 = Düsennadel, 12 = Bowdenzugseil, 16 = Schwimmerkammer, 17 = Nadeldüse, 18 = Schieberausschnitt, 19 = Schieberfeder, 20 = Paßstift, 21 = Mischkammerkopf.

Schwimmerventil – der Kraftstoff doch einen Weg bahnt und der Vergaser auf diese Weise überläuft und »sabbert«.

Der Drosselschieber

Um die im Bild 23 b schematisch dargestellte Verengung im Ansaugquerschnitt und damit die Drosselung der Zylinderfüllung sowie die Leistungsminderung des Motors je nach den Erfordernissen des Fahrbetriebs erreichen zu können, gibt es verschiedene konstruktive Möglichkeiten. Die Vergaser unserer kleinen Zweiradmotoren arbeiten fast durchweg als sogenannte *Schiebervergaser.*

Bei diesen wird ein im Mischkammergehäuse geführter Schieber (entweder als *Flachschieber*, s. Bild 28, ausgebildet oder als *Rund-* bzw. *Kolbenschieber*, s. Bild 27), den eine eingebaute Feder nach unten drückt, über einen vom Fahrer bedienten Seilzug nach oben gezogen. Je mehr das geschieht, desto größer ist der freigegebene Ansaugquerschnitt im Vergaser (s. Bild 28), desto größer ist die Frischgasmenge, die Füllung, die der Motor erhält – und desto größer eben seine Leistung. Bild 28 zeigt nur drei der möglichen Schieberstellungen – dazwischen gibt es unzählige weitere, wie nicht schwer einzusehen ist. Nun gehört aber zum Luftquerschnitt, d. h. zur jeweils angesaugten Luftmenge, wie wir früher schon sahen, die genau passende Kraftstoffmenge, wenn das für die Verbrennung und das Verhalten des Motors günstig-

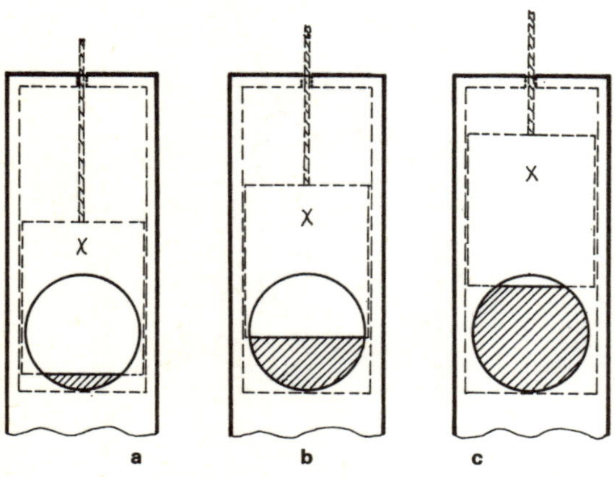

a b c

Bild 28: Drei verschiedene Schieberstellungen – a = Leerlauf, b = Halbgas (Teillast), c = Vollgas.

Bild 29: Schnitt durch einen älteren Schiebervergaser, der aber schon genauso funktionierte wie unsere modernen Vergaser auch. Man sieht die Abzweigung der Vorluft aus dem (gefilterten) Hauptluftstrom. Links das Leerlaufsystem mit Leerlauf-Kraftstoffdüse und Luftstellschraube.
4 = Düsennadel, 5 = Nadeldüse, 6 = Hauptdüse, 7 = Gegenmutter für 8 = Leerlauf-Luftstellschraube, 9 = Leerlauf-Kraftstoffdüse, 10 = Verschlußschraube.

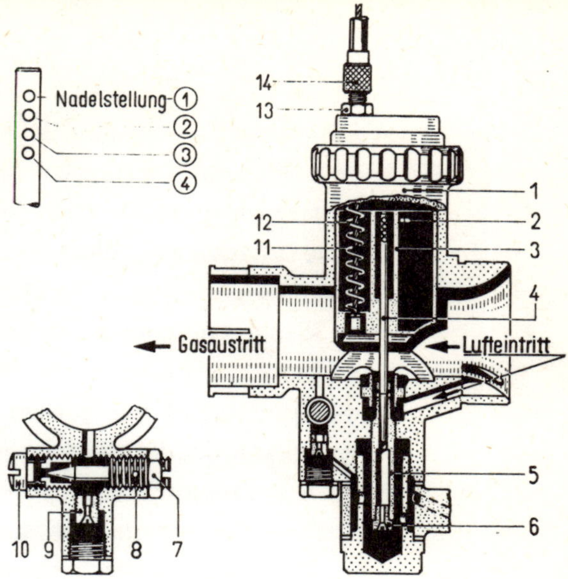

ste Gemisch gebildet werden soll. Würde man es für alle Schieberstellungen bei einer Bohrungsgröße für den Kraftstoffzutritt belassen, so würde, zumal ja (auch das wissen wir von Schemabild 23b her) an der »Engstelle« im Vergaser die Luftgeschwindigkeit zunimmt und damit die Saugwirkung an der Kraftstofföffnung stärker wird, das in den Motor gelangende Gemisch bei kleiner Schieberöffnung (Bild 28 a) zu reich an Kraftstoff (zu »fett«) sein, bei Mittelstellung etwa (Bild 28 b) würde es vielleicht gerade stimmen – und bei Stellung wie im Bild 28 c würde zu wenig Kraftstoff angesaugt und beigemischt, das Gemisch also zu mager, zu »arm« an Kraftstoff sein.

Nadeldüse, Düsennadel und Hauptdüse

Um für jede Schieberöffnungsstellung die richtige Kraftstoffmenge beizugeben, bedient man sich bei den meisten Zweiradvergasern einer automatischen Anpassung bzw. Regulierung der Kraftstoffmenge mit Hilfe einer *Düsennadel.*

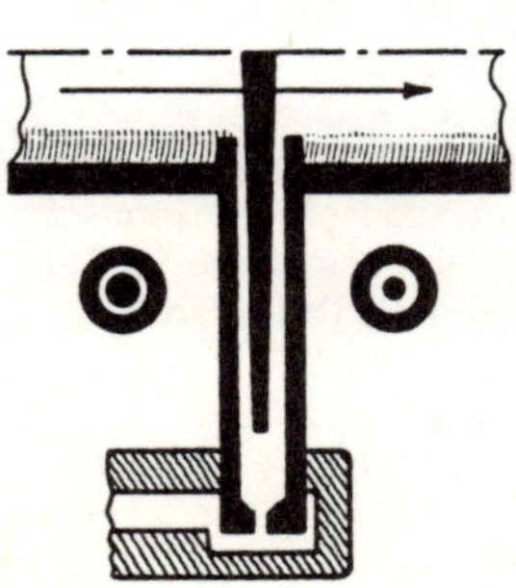

Bild 30: Schema der Düsennadel in der Nadeldüse (unten sitzt die Hauptdüse!) – je weiter die Nadel angehoben wird, desto größer wird der freigegebenen Ringquerschnitt für den Kraftstoffaustritt aus der Nadeldüse.

Was darunter zu verstehen ist, sieht man im Bild 30 schematisch dargestellt. Da ragt von unten in das Ansaugrohr des Vergasers (dort, wo von oben der Schieber sich hereinschiebt und die Drossselstelle bildet) ein Röhrchen hinein, in dem die Schwimmervorrichtung den Kraftstoff immer auf dem gleichen Niveau hält (wie wir es schon wissen). In dieses Röhrchen taucht von oben ein konischer Stift, die Düsennadel, hinein und bildet am oberen Röhrchenrand einen freien Ringquerschnitt, durch den der Kraftstoff beim Ansaugvorgang in den Hauptluftstrom hineinsprühen kann. Diesen Stift nennt man *Düsennadel,* das Röhrchen *Nadeldüse.* Die neben ihr rechts und links gezeichneten konzentrischen Kreise zeigen, wie sich der freigegebene Ringquerschnitt vergrößert, wenn die Düsennadel weiter aus der Nadeldüse herausgezogen wird.

Besagte Düsennadel nun ist im Gasschieber mittels einer Klemmbefestigung so gehalten, daß sie die Bewegungen des Schiebers mitmacht: wird der hochgezogen, so geht auch die Nadel mit nach oben. Auf diese Weise entspricht jeder Vergrößerung des Luft-Durchgangsquerschnitts im Ansaugrohr eine Vergrößerung des Ringquerschnitts oben am Austritt des Nadeldüsen-Röhrchens: je mehr Luft, desto mehr Kraftstoff – und umgekehrt.

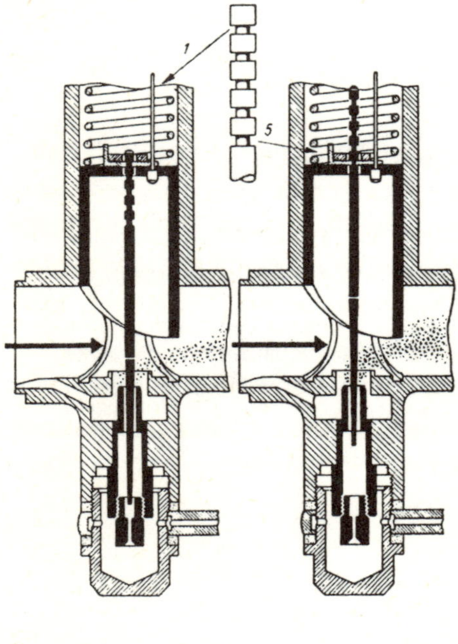

Bild 31: Darstellung der Möglichkeit, die Düsennadel im Gasschieber höher oder tiefer zu hängen und dadurch die Gemischzusammensetzung im Teillastbereich zu verändern.

Etwas weniger schematisch ist das in den beiden Darstellungen des Bildes 31 gezeigt: da sieht man, wie die im Rundschieber aufgehängte Düsennadel in die – oben verengte – Nadeldüse eintaucht, und man sieht auch, wie die Nadeldüse noch zusätzlich von einem Ringraum umgeben ist, in den die Vorluft eindringt, so daß oben am »Kragen« dieses Ringraums die früher erwähnte »Emulsion«, das fette »Vorgemisch« aus Vorluft und Kraftstoff, in die Hauptluft eintritt.
Man sieht in diesen beiden Bildern aber auch, daß die Düsennadel oben mehrere Kerben trägt, mit deren Hilfe sie im Gasschieber höher oder tiefer gehängt werden kann. Auf diese Weise (Unterschied zwischen Bild links und rechts) kann man den Ringquerschnitt oben an der Nadeldüse verändern und die Einstellung des Vergasers im wichtigsten Betriebsbereich regulieren. Nadel höher = Gemisch kraftstoffreicher, Nadel tiefer = Gemisch kraftstoffärmer.
Man erkennt in diesen beiden Bildern außerdem das, was schon im Schemabild 30 angedeutet ist: unten in der Nadeldüse sitzt eine weitere Verengung, durch die der Kraftstoff, der aus der Schwimmerkammer kommt, durchfließen muß. Das ist die *Hauptdüse* – ihre Größe bestimmt das maximale Kraftstoffquantum, das der Ansaugluft zugesetzt wird. Sie wirkt praktisch nur, wenn der Schieber ganz geöffnet wird, also bei Vollgas. Bei geringeren Schieberöffnungen bestimmt die Nadeldüse die Gemischzusammensetzung.

Leerlaufeinrichtung

Soll der Motor im »Leerlauf« laufen, d. h. nur soviel Kraft abgeben, wie gerade eben benötigt wird, damit er die Eigenreibung überwindet, ohne stehenzubleiben (im Stand, aber auch auf Gefällstrecken, wo der »Schwung«, d. h. das Gewicht des Fahrzeugs genügt, um die gewünschte Geschwindigkeit zu halten), braucht der Zylinder nur eine ganz geringe Frischgasfüllung. Deshalb wird für den Leerlauf der Gas-

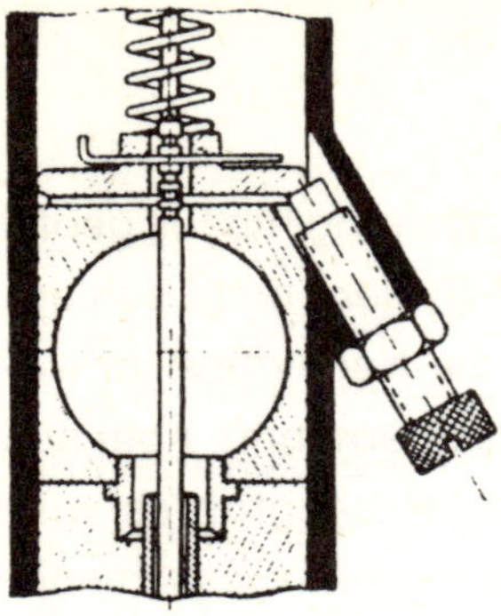

Bild 32: Gasschieber-Anschlagschraube (zur Regulierung der Leerlauf-Drehzahl).

schieber bis auf einen geringen verbleibenden Spalt geschlossen. Die Höhe dieses Spalts wird mit der *Gasschieber-Anschlagschraube,* die von außen in die Mischkammer führt, eingestellt – und damit die *Leerlauf-Drehzahl.* Je weiter die Schraube hineingedreht wird, desto schneller läuft der Motor im Leerlauf.

In dieser Schieberstellung ist jedoch – von ganz kleinen Vergasern abgesehen – die Saugwirkung an der Nadeldüse zu gering, um das benötigte minimale Kraftstoffquantum abzusaugen. Man muß deshalb eine zusätzliche Austrittsstelle für den Leerlauf-Kraftstoff in die Nähe der vorderen Schieberkante legen, wie das im Bild 29 gezeigt ist. Der hierher führende Kanal für den Kraftstoff ist irgendwo vom Hauptkraftstoff abgezweigt, meist ist eine *Leerlauf-Kraftstoffdüse* vorgesehen, die das Maximal-Quantum des Leerlaufkraftstoffs bestimmt. Um jedoch – ohne Auswechseln dieser Düse – die *Zusammensetzung des Leerlaufgemischs* regulieren zu können, macht man die Menge der Vorluft, die man auch im Leerlauf dem Kraftstoff zusetzt, veränderlich. Dazu dient eine – ebenfalls von außen bedienbare – *Leerlaufluft-Stellschraube* an der Mischkammer, wie sie schematisch im Bild 33 gezeigt ist. Hineindrehen dieser Schraube drosselt die Vorluftmenge, macht also das Leerlaufgemisch fetter (kraftstoffreicher) und umgekehrt.

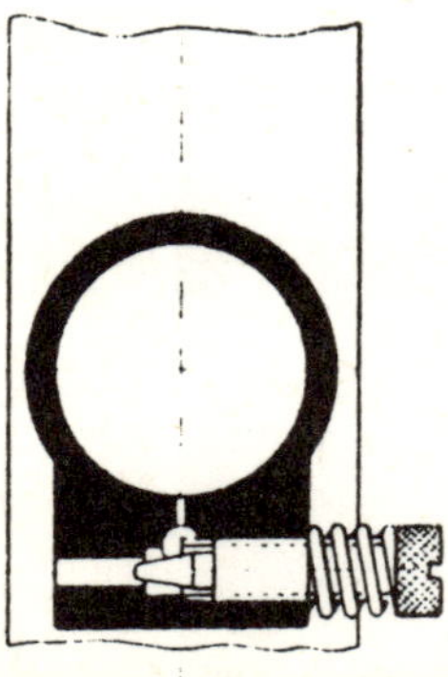

Bild 33: Leerlauf-Luftstellschraube (wie im Bild 29) zur Regulierung der Leerlauf-Gemischzusammensetzung (nicht der Leerlauf-Drehzahl!).

Wird der Gasschieber über die Leerlaufstellung hinaus geöffnet, so wird das geschilderte *Leerlauf-System* nicht schlagartig abgeschaltet – wenn auch nun die Nadeldüse im wesentlichen die Lieferung des Kraftstoffs übernimmt. Aber aus der Leerlaufbohrung in der Wand des Ansaugrohres wird auch noch bei verhältnismäßig weit geöffnetem Gasschieber etwas Kraftstoff mit herausgerissen – und beeinflußt die Gemischzusammensetzung. Das ist vom Konstrukteur beabsichtigt, manchmal ordnet er sogar hinter der Leerlaufbohrung noch eine zweite, eine sogenannte »Übergangsbohrung« an, um mit Hilfe der Leerlaufluft-Stellschraube die Vergasereinstellung im Übergangsbereich zwischen Leerlauf- und Nadeldüse »feinregulieren« zu können.

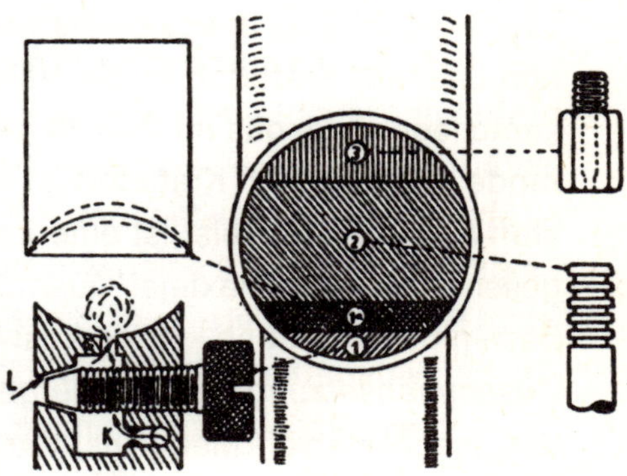

Bild 34: Die Einstellfaktoren eines Nadeldüsen-Motorradvergasers: 1 = Bereich, in dem die Leerlaufeinstellung wirksam ist, 2 = Übergangsbereich, Wirksamkeit eines veränderlichen Gasschieber-Ausschnitts (Hinterkante unten), 3 = Teillastbereich, Wirkungsbereich der Düsennadel, 4 = Vollast – hier bestimmt nur die Hauptdüse die Gemischzusammensetzung. Diese Bereiche muß man wissen, wenn man an der Vergasereinstellung etwas ändern will!

Kaltstarthilfen

Der Motor braucht sein optimales Kraftstoff/Luft-Gemisch (im Mittel, sagten wir, 15:1) bei allen Betriebsbedingungen, d. h. bei allen Drehzahlen und Belastungen. Er braucht es auch, um sicher anzuspringen.

Da nun aber bei kaltem Motor (und vor allem auch bei niedri-

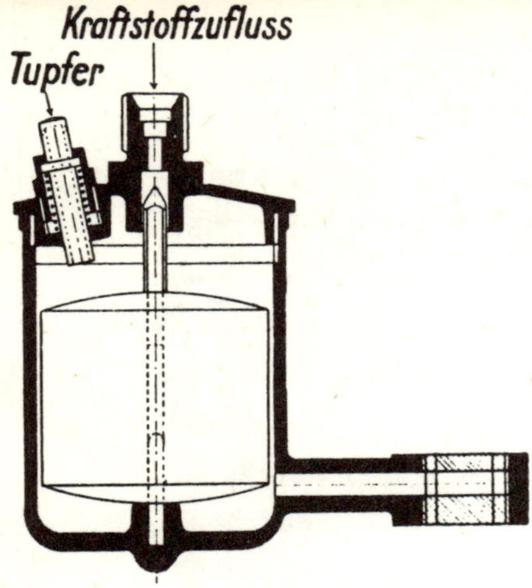

Bild 35: Kaltstarthilfe Nr. 1: Schwimmertupfer.

gen Außentemperaturen) die Gefahr besteht, daß der Kraftstoff nicht so willig wie die Luft dem Unterdruck folgt, daß außerdem die Gefahr besteht, daß sich an den kalten Ansaugrohrwandungen bis in den Motor aus dem im Vergaser gebildeten Kraftstoff/Luft-Nebel Kraftstoffteilchen absondern (»auskondensieren«), muß man für den *Kaltstart* des Motors der Ansaugluft etwas mehr Kraftstoff beigeben. Nicht also, weil der Motor unter diesen Betriebsbedingungen mehr Kraftstoff braucht – sondern gerade eben, weil er auch jetzt genau dasselbe Gemischverhältnis haben muß wie unter normalen Betriebszuständen.

Es gibt verschiedene solcher *Kaltstarthilfen*. Die einfachste ist im Bild 35 skizziert: es ist der *Schwimmer-Tupfer*. Er sitzt im Schwimmerkammerdeckel bzw. im Mischkammergehäuse oberhalb des Schwimmers. Drückt man ihn – gegen Federdruck – hinein, so hält er den Schwimmer unten, so daß dieser auch nach Erreichen des eingestellten Kraftstoff-Niveaus den Zufluß am Nadelventil nicht absperren kann. Die Folge ist, daß der Kraftstoffspiegel steigt – und daß schließlich sogar Kraftstoff am Düsensystem überläuft. Dieses »Überfluten« reichert das Kraftstoff/Luft-Gemisch für den Kaltstart an.

Es geht auch anders: nämlich mit Hilfe einer *Luftdrossel*, die (wie in Bild 36 schematisch gezeigt) irgendwo vor dem Dü-

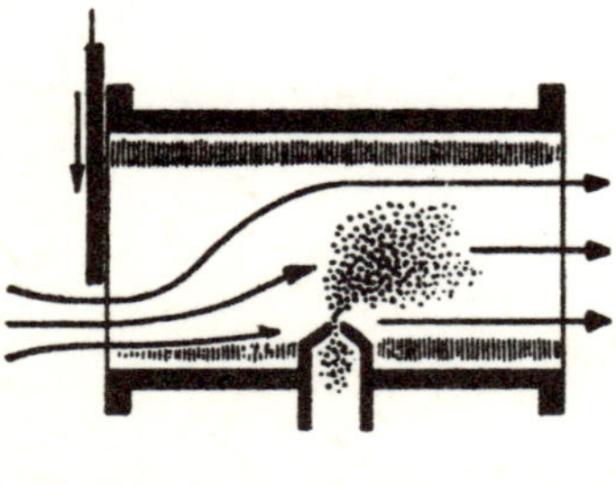

Bild 36: Kaltstarthilfe Nr. 2: Luftdrossel.

Bild 37: Kaltstarthilfe vornehmer: Startvergaser, am Hauptvergaser seitlich angebaut und mit kleinem Hebel am Lenker zuzuschalten (Hauptgashahn = Drehgriff) muß dabei geschlossen sein, sonst funktioniert's nicht!

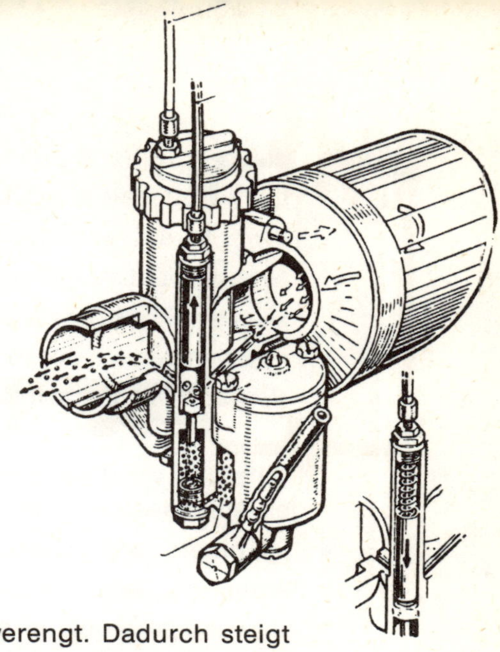

sensystem den Ansaugquerschnitt verengt. Dadurch steigt die Saugwirkung (der Unterdruck) an der Nadeldüse – es wird mehr Kraftstoff hier herausgerissen, so, wie man es für den Kaltstart benötigt.

Etwas ganz Feines ist ein sogenannter *Startvergaser*, wie ihn Bild 37 zeigt. Da ist ein kleiner Zusatzvergaser in der Mischkammer vorgesehen, der einen eigenen Drosselschieber aufweist und eine eigene Kraftstoffdüse, die freilich von der Haupt-Schwimmerkammer beliefert wird. Dieser Startvergaser liefert (vorausgesetzt, daß der Haupt-Drosselschieber in der Mischkammer geschlossen ist, so daß der Motor-Unterdruck nur auf die Düse des Startvergasers wirkt) ein überfettetes Gemisch – nur für den Kaltstart.

Alle diese Kaltstarthilfen haben eins gemeinsam: sie dienen nur zur Erleichterung bzw. Ermöglichung des Starts bei kaltem Motor bzw. niedrigen Außentemperaturen. Ist der Motor noch warm, oder herrschen normale Außentemperaturen, so braucht man diese Starthilfen nicht – ja man darf sie gar nicht benutzen. Denn für den warmen Motor wäre die Überfettung, die ihm angeboten wird, viel zu reichlich – das in den Zylinder gelangende Kraftstoff/Luft-Gemisch (aus dem ja jetzt nichts »auskondensiert«!) würde nicht zündfähig sein, der Motor würde, statt anzuspringen, in Kraftstoff »ersaufen«, wie man das sehr treffend nennt. Also: Kaltstarthilfen nur beim Start des kalten Motors betätigen und dann, wenn er sich ein wenig erwärmt hat, sofort wieder ausschalten! Manche Vergaser sind deshalb so gebaut, daß beim Öffnen der Drosselschiebers ein Stück über Leerlaufstellung hinaus die Kaltstarthilfe automatisch ausgeschaltet wird. Aber das ist nicht bei allen Vergaser so – deshalb muß man das von Fall zu Fall beachten.

Filterung von Kraftstoff und Luft

Kraftstoff und Luft müssen, ehe sie in den Vergaser gelangen, gefiltert werden. Es ist leicht einzusehen, daß eventuell im Kraftstoff enthaltener Schmutz die feinen Düsenbohrungen, darüberhinaus aber auch die sonstigen Bohrungen für den Kraftstoff im Vergasergehäuse ganz oder teilweise zusetzen würde, wenn man ihn nicht zurückhielte. Und wenn bei völligem Verstopfen einer solchen Bohrung der Motor zwar stehenbleibt, so sind die Folgen bei nur teilweise verengten Durchtrittquerschnitt u. U. viel unangenehmer: es entsteht nämlich dadurch die Wirkung einer zu kleinen Düse. Die aber bedeutet zu mageres Kraftstoff/Luft-Gemisch im Motor und damit Überhitzungsgefahr. Zu starke Erwärmung des Kolbens kann diesen *»festgehen«* und *»fressen«* lassen – kann u. U. den ganzen Motor zerstören.

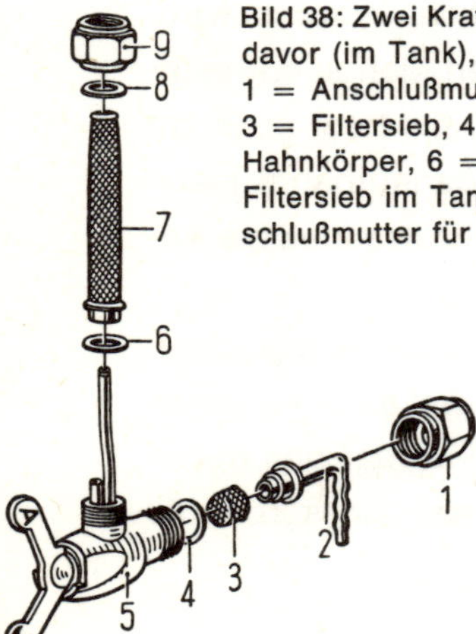

Bild 38: Zwei Kraftstoffsiebe am Hahn: eines davor (im Tank), das andere dahinter.
1 = Anschlußmutter, 2 = Schlauchstutzen, 3 = Filtersieb, 4 = Dichtring für Sieb, 5 = Hahnkörper, 6 = Dichtring für 7 = großes Filtersieb im Tank, 8 = Dichtring, 9 = Anschlußmutter für Hahn an Tankstutzen.

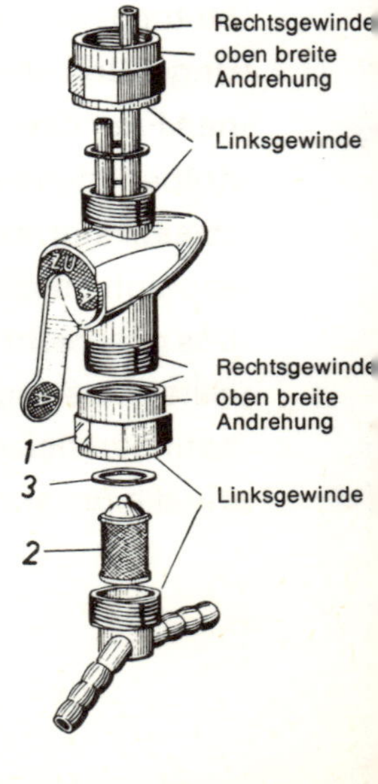

Bild 39: Kraftstoffhahn mit nachgeschaltetem Reinigungssieb.
1 = Differentialmutter, 2 = Kraftstoffsieb, 3 = Dichtring.

Deshalb filtert man heute auch beim kleinsten Motor den Kraftstoff vor seinem Eintritt in den Vergaser mindestens einmal. Ein solches Filter kann als Sieb bereits vor dem Hahn im Tank sitzen, manchmal ist es auch unterhalb des Hahns in einem abnehmbaren (und durchsichtigen) »Wassersack« eingebaut (so benannt, weil sich hier außer Schmutz auch evtl. im Kraftstoff enthaltenes Wasser absetzen soll). Manche Vergaser weisen ein weiteres Filter unmittelbar am Kraftstoffanschluß im Schwimmerkammerdeckel auf.
Es ist leicht einzusehen, daß man wissen muß, wo bei dem eigenen Motor ein solches Filter sitzt, damit man es bei den regelmäßigen Wartungsarbeiten kontrollieren und gegebenenfalls reinigen kann. Die Betriebsanleitung der einzelnen Motortypen gibt hier (hoffentlich – sonst der Händler!) den notwendigen Hinweis.
Filtern aber muß man auch die Ansaugluft, und hier handelt es sich um erheblich größere Schmutzmengen, die ausgesondert werden müssen, als beim Kraftstoff, der ja normalerweise weitgehend sauber ist und in verschlossenem Tank aufbewahrt wird. Die Luft dagegen wird frei angesaugt – und nicht nur ihre (je nach den herrschenden Betriebsbedingungen mehr oder weniger starke) Verschmutzung ist wichtig, sondern vor allem die insgesamt den Motor durchlaufende Luftmenge – wir hatten ja schon gesehen, daß rund 10000 Liter Luft, ein ganzer Kesselwagen voll, durch unseren kleinen Motor gehen, wenn darin nur 1 Liter Kraftstoff verbrannt wird. Ungefiltert würden die in dieser immensen Menge enthaltenen Fremdkörperchen an den Gleitstellen im Motor (z. B. am Kolben, den Kolbenringen und der Zylinderlaufbahn) rasch zu sehr starkem Verschleiß führen. Deshalb also muß die Ansaugluft sorgfältig gefiltert werden.
Das geschieht bei modernen Kleinmotoren überwiegend mit Hilfe eines sogenannten »Naß-Luftfilter«. Bei einem solchen befinden sich innerhalb der eigentlichen *Filterpatrone*, durch die die Ansaugluft strömen muß, viele Lagen eines über die

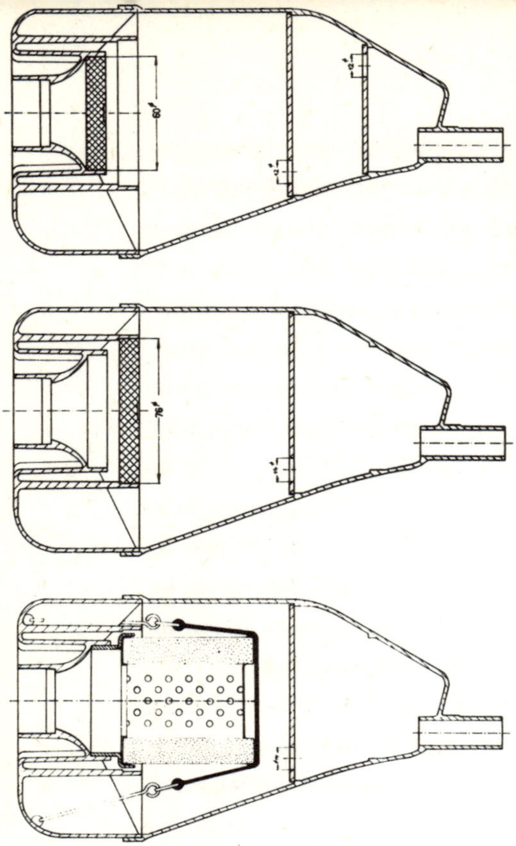

Bild 40: Drei verschiedene Luftfilter-Ausführungen (im Ansauggeräuschdämpfer-Gehäuse): oben kleines, Mitte größeres Naßluftfilter, unten großflächiges Trockenfilter (Papier- oder Kunststoff-Feinfilter, sogenanntes Micronic-Filter).

ganze Fläche eigenartig geschlitzten und an den Schlitzen aufgebördelten Blechs. Beim Durchströmen wird die Luft zu dauernden Richtungsänderungen gezwungen, wobei die Schmutzpartikelchen abgeschleudert werden.

Damit sie nun aber nicht vom nachfolgenden Luftstrom gleich wieder mitgerissen werden, sind die Filteroberflächen mit Öl benetzt. Dadurch wird der Schmutz, ähnlich wie beim alten Fliegenfänger, festgehalten.

Weil auf diese Weise jedoch die Filterdurchgänge mit steigender Verschmutzung enger werden, im Filter demnach eine Drosselwirkung ähnlich der der geschilderten Kaltstarthilfe auftreten würde, muß ein solches Naßluftfilter regelmäßig gereinigt, d. h. in Benzin ausgewaschen und anschließend wieder mit Öl benetzt werden. Dann hat es wieder seine ursprüngliche Filterwirkung.

Eine noch bessere Wirkung haben, weil sie noch feinere Staubteilchen mit Sicherheit zurückhalten, sogenannte

»Trocken-Luftfilter«, wie man sie bei kleinen Hochleistungszweitaktern (z. B. in Kleinkrafträdern) schon häufig verwendet. Hier muß die Ansaugluft die Poren einer vielfach gefalteten Papierpatrone durchströmen – und man kann sich vorstellen, daß da nicht mehr viel an unerwünschten Fremdkörperchen mit durchkommt. Entsprechend verschmutzt natürlich auch ein solches Filter nach einiger Betriebszeit, und die entstehende Luftdrosselung läßt ein überfettes Gemisch in den Motor gelangen. Reinigen ist bei diesen Filtern, wenn überhaupt, keinesfalls durch Auswaschen möglich – wie überhaupt ein solches Papierfilter sorgfältig gegen alle Nässe geschützt werden und dementsprechend eingebaut sein muß. Man kann es ausklopfen und dann noch eine Zeitlang benutzen. In Abständen muß jedoch die Patrone (der Papier-Filtereinsatz) gegen eine neue ausgetauscht werden, wenn man sicher sein will, daß der Motor einwandfrei gefilterte Luft, aber auch das richtig zusammengesetzte Kraftstoff/Luftgemisch erhält.

Ansauggeräuschdämpfung

Mit dem Luftfilter kombiniert ist bei allen modernen Fahrzeugmotoren ein Ansauggeräuschdämpfer. Denn so, wie mittels des Auspuff-Schalldämpfers das Auspuffgeräusch auf die vom Gesetzgeber vorgeschriebene Maximal-Lautstärke heruntergebracht werden muß, so ist es notwendig, auch das Ansauggeräusch zu dämpfen. Das geschieht im allgemeinen dadurch, daß das Luftfilter in einen größeren, möglichst in seinem Material »schallschluckenden« Dämpfungsraum eingeschlossen wird, zu dem die Luft, die man vorteilhaft an einer staubgeschützten Stelle des Fahrzeugs (etwa unter dem Sitz) eintreten läßt, durch Labyrinthführungen Zugang erhält.
Sowenig wie es zulässig ist, die werksseitig vorgesehene Auspuffdämpfung zu ändern (oder gar ganz zu entfernen!),

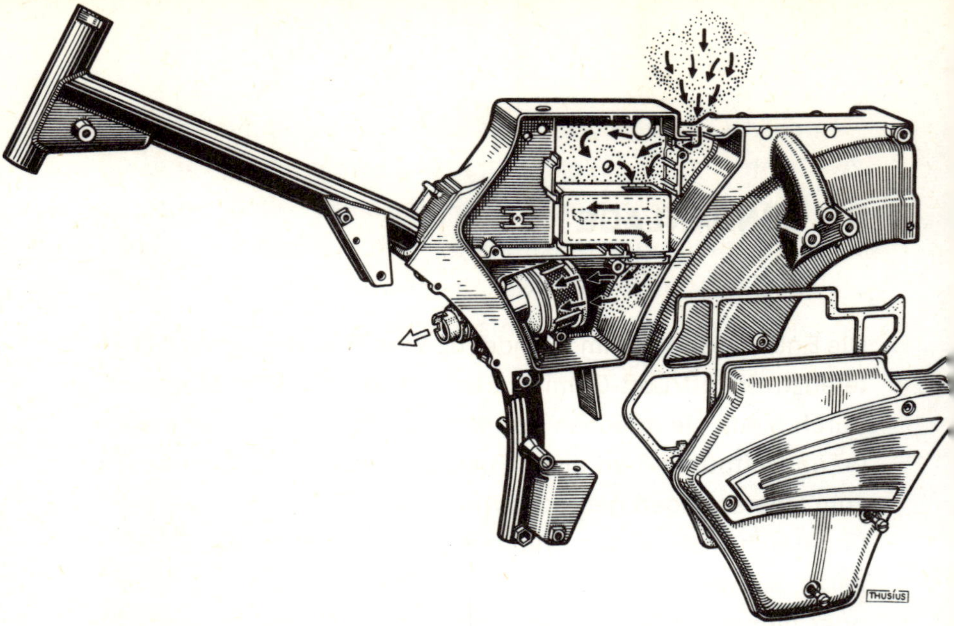

Bild 41: Druckguß-Leichtmetallheckteil als Ansauggeräuschdämpfer und Filtergehäuse ausgebildet – die Vergaserluft wird an weitgehend staubgeschützter Stelle unterhalb der Sitzbank angesaugt.

so ist es auch unzulässig (und ebenso strafbar), Änderungen an der Ansauggeräuschdämpfung vorzunehmen und dadurch die zulässige Geräuschgrenze zu überschreiten (die Dämpfung des Ansauggeräuschs ist übrigens, vor allem bei kleinen Zweitaktern mit hoher Hubraumleistung, wie sie sich in Kleinkrafträdern finden, oft schwieriger als die Dämpfung des Auspufflärms – und deshalb glauben auch manche Fahrer, die die Ansaugdämpfung verändert haben und nun das »sonore« Röhren im Ansaugtrakt hören, ihr Motor hätte jetzt eine höhere Leistung).

Auch hier ist das Gegenteil richtig: nicht nur, daß man sich mit einer so geänderten Maschine strafbar macht (u. U. sogar den Versicherungsschutz verliert!) – wie die Auspuffanlage ist auch das ganze Ansaugsystem (Vergaser, Filter Ansaugdämpfung) sorgfältig auf die Motorcharakteristik abgestimmt. Änderungen müssen also zwangsläufig eine verminderte Leistung und höheren Verbrauch bringen. Deshalb wie bei der Auspuffanlage: Hände weg von eigenmächtigen Änderungen, die letztlich nur Ärger bringen!

DIE ZÜNDANLAGE

Die Entzündung des im Zylinder bzw. im Brennraum verdichteten Kraftstoff/Luft-Gemischs erfolgt bei allen Otto-Motoren durch einen elektrischen Funken, der im richtigen Moment (»Zündzeitpunkt«) an einer Funkenstrecke im Zylinderkopf zum Überspringen gebracht wird. Diese Funkenstrecke befindet sich an der in den Zylinderkopf eingeschraubten Zündkerze, sie wird von der isolierten Mittelelektrode und einer oder mehreren Seitenelektroden (Masse-Elektroden) gebildet, zwischen denen ein Luftspalt (*Elektrodenabstand*) von 0,4–0,5 mm bestehen muß.

Die Zündkerze

Die Zündkerze, sozusagen das »Kernstück« der Zündanlage, besteht aus dem mit einem Einschraubgewinde (für unsere Motoren durchweg 14 mm ∅) und Schlüsselsechskant 21 mm SW versehenen *Kerzenkörper*, in den der aus hochwertigem Isoliermaterial hergestellte *Isolierkörper* (»Kerzenstein«) eingesetzt ist. Dieser Isolator umschließt, durch spezielle Maßnahmen zuverlässig abdichtend, die *Mittelelektrode*, die nach oben herausgeführt ist (Bild 42).

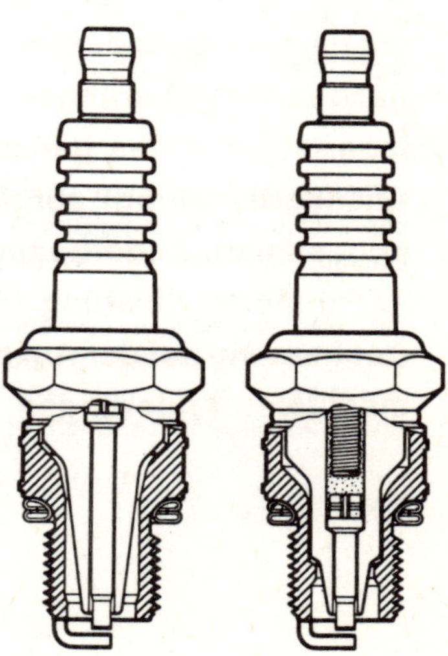

Bild 42: Zwei verschiedene Zündkerzen im Schnitt: links Kerze mit großem »Atmungsraum« rings um den Isolatorfuß – ölfest, aber niedriger Wärmewert (verträgt nicht viel Hitze, kommt bald zum Glühen). Rechts Kerze mit höherem Wärmewert dank kleinem Atmungsraum – verölt aber leichter. Für Stadtverkehr weniger geeignet als die linke Kerze.

Dort oben wird die Zündleitung angeschlossen (wobei zwischen dieser und der Mittelektrode auf Grund gesetzlicher Vorschriften ein Entstörstecker zwischengeschaltet sein muß, damit von dieser Stelle keine die Ton- und Bildwellen von Rundfunk und TV störenden Frequenzen ausgestrahlt werden können). Der Isolierkörper samt Mittelelektrode ist unter Zwischenschaltung von Dichtringen durch Bördelung (nur in Ausnahmefällen noch durch Verschraubung) druckdicht in den Kerzenkörper eingesetzt.

Die auf dem Kerzenkörper eingeschlagene Buchstaben/Zahlen-Gruppe bezeichnet den *Kerzentyp* und insbesondere den sogenannten *Wärmewert der Kerze*, der maßgeblich durch die Form des *Atmungsraumes* (Kerzeninneres zwischen Isolatorfuß und Gewindeteil) bestimmt wird. Je höher der Wärmewert einer Kerze ist, desto kleiner ist dieser Atmungsraum – desto mehr Wärme kann sie vertragen, ohne zum Glühen zu kommen. Desto empfindlicher ist sie allerdings auch gegen Verölen. Je niedriger der Kerzen-Wärmewert ist, desto ölfester ist die Kerze – dafür verträgt sie dann auch weniger Wärme im Betrieb.

Der richtige Kerzentyp und vor allem der passende Wärmewert wird für jeden Motortyp in sorgfältigen Fahr- und Prüfstandversuchen vom Motorenhersteller ermittelt und dann in der Betriebsanleitung vorgeschrieben. Er muß auch bei Ersatz der Kerze unbedingt genau nach Vorschrift wiederverwendet werden, andernfalls sind Funktionsstörungen und als deren Folge u. U. schwere Motorschäden (Kolbendurchbrenner!) unvermeidlich.

Damit an den Elektroden der Zündkerze ein Funkenübergang stattfinden kann, ist eine sehr hohe Spannung erforderlich. Wesentlich höher, als zum Überspringen des vorgeschriebenen Luftspalts von 0,4–0,5 mm in freier Atmosphäre notwendig wäre. Denn da der Funkenübergang durch die verdichtete Gasladung im Zylinder erfolgen muß, ergibt sich für den Funken ein zusätzlicher Widerstand, der etwa der zehnfachen Länge der Funkenstrecke in der freien Atmosphäre entspricht (deshalb wird auch eine sogenannte Prüffunkenstrecke auf 6–8 mm Abstand eingestellt!).

Die Erzeugung der benötigten hohen Zündspannung kann auf verschiedene Weise erfolgen. Die hier zur Betrachtung stehenden Kleinmotoren für Zweiräder (bis zu den Kleinkrafträdern) arbeiten ausnahmslos mit Magnetzündung, die deshalb hier ausführlicher beschrieben werden soll.

Der Schwungrad-Magnetzünder

Die Erzeugung der für den Funkenübergang an der Kerze erforderlichen Spannung (die mehrere 1000 Volt betragen muß) erfolgt unter Ausnutzung der *Magnetinduktion*.

Bild 43: Unsichtbar gehen vom Nord- zum Südpol eines jeden Magneten »Kraftlinien« und bilden ein »magnetisches Kraftfeld«.

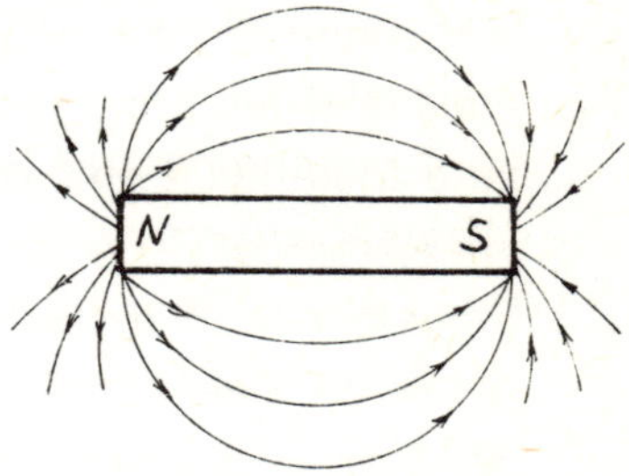

Schneiden nämlich die Windungen einer Drahtspule (s. Bilder 43 und 44) die *Kraftlinien* eines Dauermagneten (*Permanentmagneten*), so wird in der Spule eine elektrische Spannung erzeugt (»induziert«), die einen Stromfluß bewirkt, sofern die Enden der Spule zu einem Stromkreis geschlossen sind. Die induzierte Spannung ist umso höher, je mehr Kraftlinien geschnitten werden und je mehr Windungen die Spule aufweist. Damit ein »Schneiden« erfolgt, muß (weil bei einem Dauermagneten die Kraftlinien sich in ihrer Lage zum Magnet bzw. zur Spule nicht ändern, sondern ein konstantes *»Kraftfeld«* bilden) entweder die Spule gegenüber dem Magneten

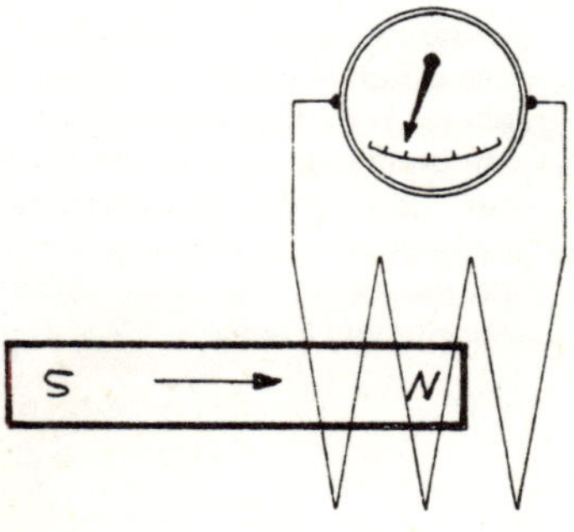

Bild 44: Schneiden die Kraftlinien eines Magneten die Windungen einer Spule, so wird in ihnen eine elektrische Spannung erzeugt (induziert) bzw. es fließt ein Strom, wenn die Spulenenden zum Stromkreis geschlossen sind.

oder dieser gegenüber der Spule (und dem *Eisenkern*, auf den sie zur Erhöhung des Induktionseffektes aufgewickelt ist) bewegt werden.

Beim Schwungrad-Magnetzünder macht man das so, daß man mehrere Permanentmagnete (die man heute bei großer magnetischer Energie sehr klein ausführen kann) in der auf das Kurbelwellenende aufgesetzten *Schwungscheibe* anbringt, so daß sie sich mit dieser drehen. Die außerdem benötigte *Spule* dagegen ordnet man auf einer mit dem Motorgehäuse verschraubten *Grundplatte* an. Um günstige Verhältnisse für den Fluß der Kraftlinien durch die Spulenwindungen und dadurch eine verstärkte induktive Wirkung zu bekommen, ist die aus isoliertem Draht bestehende Spule um einen (aus gegeneinander isolierten Eisenblechen aufgebauten) *Weicheisenkern* gewickelt, den »*Anker*«, der an seinen beiden Enden »*Polschuhe*« trägt, die sich in ihrer Form den in der Schwungscheibe sitzenden *Magnet-Polschuhen* anpassen.

Aus verschiedenen Gründen kann man in der eben erwähnten Spule (Ankerwicklung) nun aber nicht jene hohe Spannung erzeugen, die man zum Funkenübergang an den Kerzenelektroden braucht. Man unterteilt deshalb den Induktionsvorgang nochmals in folgender Weise:

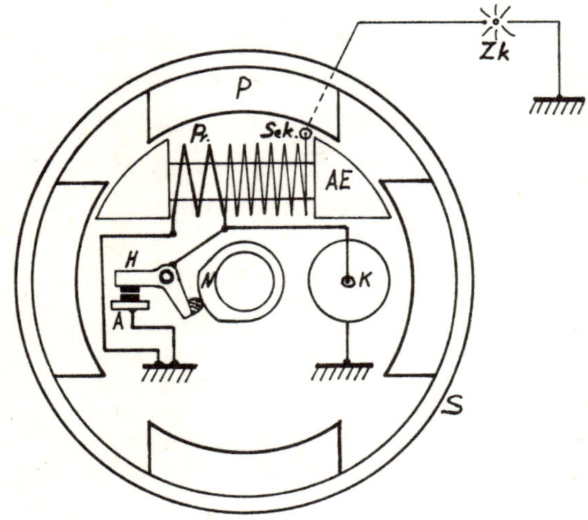

Bild 45: Schema eines Schwungradzünders: P = Polschuhe der Permanentmagneten in der Schwungscheibe S, AE = Ankereisen mit den Wicklungen der Primär- und der Sekundärspule, deren freies Ende zur Zündkerze Zk führt. H ist der Hammer, A der »Amboß« (der feststehende Teil des Unterbrechers, auf der Grundplatte, N ist der den Unterbrecher im Zündzeitpunkt öffnende Nokken, und K der den Unterbrecherkontakten parallel geschaltete Kondensator, der den Unterbrecherfunken löscht.

Bild 46: Unterbrecher mit Nocken, stark schematisiert.

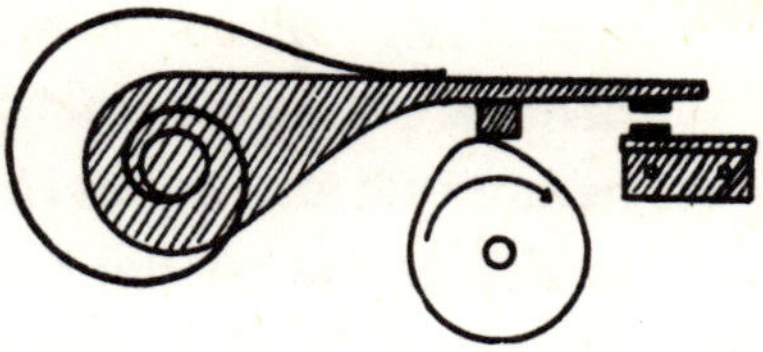

In der bisher erwähnten Spule, die nur aus wenigen Lagen eines dicken Drahtes mit verhältnismäßig wenigen Windungen besteht, induziert man zunächst einen Strom geringerer Spannung, den *»Primärstrom«* (primus, lateinisch = der erste). Es war weiter oben schon erwähnt worden, daß ein elektrischer Strom nur dann fließen kann, wenn ein geschlossener Stromkreis vorhanden ist. Deshalb werden die beiden Spulenenden miteinander verbunden, d. h. sie werden beide an Masse gelegt. Jedoch ist in diesem Primärstromkreis eine Unterbrechungsmöglichkeit vorgesehen: ein *Schalter*, dessen Kontakte normalerweise unter Federdruck aufeinanderliegen, die aber mittels eines auf der Schwungscheibennabe sitzenden *»Nockens«*, der den beweglichen Schalterteil anhebt, getrennt werden können.

Diesen Schalter nennt man *»Unterbrecher«*. Er besteht aus dem Träger des festen Kontakts (*»Amboß«*) und dem Unterbrecherhebel (*»Hammer«*), der den anderen Kontakt trägt und der, gegen Masse isoliert, drehbar auf der Grundplatte bzw. einer kleinen Zwischenplatte gelagert ist, die auf der Grundplatte befestigt, aber ihr gegenüber verstellbar ist.

Ein verschleißarmes *Klötzchen* an diesem Unterbrecherhebel wird vom Unterbrechernocken zu einem genau bestimmten Zeitpunkt erreicht. Wenn das Klötzchen auf dem Nocken aufläuft, werden die Kontakte getrennt und der Primärstromkreis unterbrochen.

Um die Primärwicklung herum ist nun eine zweite Wicklung aus sehr vielen Windungen und Lagen eines haarfeinen (natürlich auch isolierten) Drahtes gelegt (die zweite, lateinisch sekunda = deshalb heißt sie *Sekundärwicklung*). Das eine Ende dieser Wicklung liegt – an die Primärwicklung angeschlossen – wiederum an Masse, das andere ist (gut isoliert, denn es soll ja die Hochspannung führen) aus dem Zünder heraus und als *»Zündkabel«* zur Zündkerze geleitet. Der Anschlußstecker auf der Kerze ist als *Entstörstecker* ausgebildet, der verhindern soll (gesetzliche Vorschrift!), daß durch hochfrequente Wellen der Zündanlage Rundfunk-Empfangsgeräte u. a. gestört werden. Über die Funkenstrecke der Kerzenelektroden wird dann auch der Sekundärkreis geschlossen, denn auch die Kerze liegt ja, im Zylinderkopf eingeschraubt, an Masse.

Die Erzeugung der Hochspannung in der Sekundärwicklung erfolgt wiederum durch Induktion. Wenn nämlich – durch Drehung der magnetbestückten Schwungscheibe – in der Primärwicklung *bei geschlossenen Unterbrecherkontakten* ein niedergespannter Strom induziert wird, so wird die stromdurchflossenen Primärspule zum *Elektromagneten.* Dessen Kraftlinien verstärken die Wirkung des vom Permanentmagneten erzeugten Kraftfeldes, und in dem so verstärkten magnetischen Kraftfeld (Permanentmagnet plus Elektromagnet!) liegt die Sekundärspule.

Wird nun durch den Unterbrechernocken der Primärstrom unterbrochen, so kommt es zum »Zusammenbrechen« des Kraftfeldes, das der Stromfluß in der Primärspule aufgebaut hatte. Gleichzeitig ist – durch entsprechende gegenseitige Anordnung der Magnetpolschuhe in der Schwungscheibe und der Anker-Polschuhe – dafür gesorgt, daß der Kraftlinienfluß durch das Ankereisen in die Gegenrichtung um-

Bild 47: Schwunglichtmagnetzünder (Zünder mit Lichtspulen); auf der Grundplatte (die am Motorgehäuse verschraubt ist) oben die Zündspule, unten die Lichtspulen (gesonderte Bremslicht-Spule!), links der Unterbrecher, rechts der Kondensator. In der Schwungscheibe vier Permanentmagnete, auf der Nabe der aufgeschliffene Nocken.

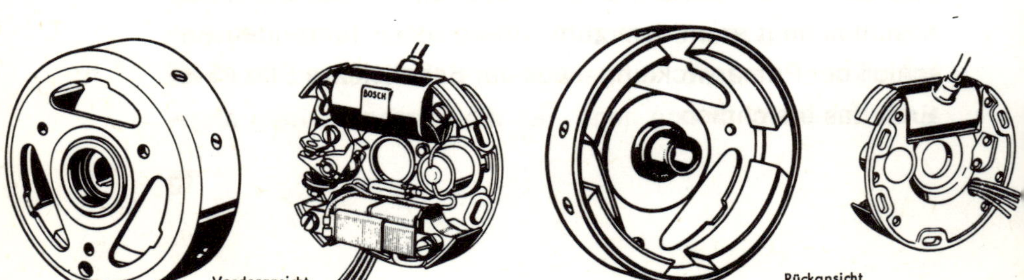

springt (die Kraftlinien zwischen den Magnetpolen laufen immer vom Nord- zum Südpol, s. Bild 45).

Bei diesem *»Flußwechsel«* ändert sich auch das vom Permanentmagnet um das Ankereisen aufgebaute Kraftfeld; die beiden geschilderten Vorgänge zusammen bewirken – Kraftlinien schneiden die Windungen einer Spule, siehe oben – eine sehr starke Induktion in den Windungen der Sekundärwicklung. Sie erzeugen nun tatsächlich die erforderliche hohe Spannung, die zum Funkenübergang an den Kerzenelektroden erforderlich ist.

Daraus geht hervor:

1. Die Unterbrecherkontakte müssen genau in dem Augenblick getrennt werden, in dem an der Zündkerze der Zündfunke überspringen soll – im »Zündzeitpunkt«;
2. Im Augenblick der Unterbrechung müssen Magnet- und Ankerpolschuhe eine bestimmte günstigste Stellung zueinander haben, damit das »Umspringen« des Kraftlinienflusses erfolgen kann (die Polschuhkanten müssen sich in diesem Augenblick um das Maß des *»Abrisses«*, das in manchen technischen Tabellen angegeben ist, voneinander entfernt haben);

Außer den bereits erwähnten Bauteilen – Schwungscheibe mit Permanentmagneten sowie Unterbrechernocken auf der Nabe, Grundplatte mit Ankereisen, das die Primär- und Sekundärwicklung trägt (Zündanker) sowie dem Unterbrecher – braucht man aber zur Funktion der Zündanlage in der beschriebenen Ausführung noch ein weiteres wichtiges Bauteil: den *Kondensator*. Er ist den Unterbrecherkontakten parallel geschaltet, d. h. er liegt mit dem einen seiner beiden Anschlüsse wiederum an Masse (deshalb ist er mit seinem Gehäuse in eine Aufnahmebohrung der Grundplatte eingepreßt bzw. durch eine Schelle an ihr befestigt), mit seinem freien Anschluß liegt er an dem zum Unterbrecher führenden Anschluß der Primärwicklung – aus der Schaltskizze Bild 45 ist auch das ersichtlich.

Aufgabe des Kondensators ist es, beim Öffnen der Unterbrecherkontakte einen *»Öffnungsfunken«* zu *»verschlucken«*. Dieser Funke (den man als »Öffnungsfeuer« bei laufendem Motor dann beobachten kann, wenn der Kondensator oder seine Anschlüsse nicht mehr ganz einwandfrei sind) würde nicht nur die Kontaktoberflächen verbrennen, sondern auch die Unterbrechung, die möglichst schlagartig erfolgen soll, durch Induktionsverzögerung schwächen.
Der Kondensator besteht aus zwei gegeneinander isolierten Lagen einer Metallfolie, die zu einer Rolle zusammengewikkelt und in ein Metallgehäuse gesteckt sind.
Da man außer zum Zünden Strom – wenn auch viel niedrigerer Spannung – für die Scheinwerfer- und Rücklichtbirne braucht, ist auf der Grundplatte des Schwungradmagnetzünders noch ein zweites Ankereisen angeordnet. Das trägt wiederum eine Wicklung aus isoliertem Draht – ähnlich der Primärwicklung des Zündankers –, und auch hier wieder ist der Einfachheit halber das eine Ende an Masse gelegt (die ja eben im gesamten »Bordnetz) zur Leitung des Stroms benutzt wird). Das andere Ende ist isoliert heraus und zu den Verbrauchern geführt. In dieser zweiten Ankerwicklung *(»Lichtspule«)* wird also die etwa 6 Volt betragende Spannung für die Beleuchtung erzeugt – auf die gleiche Weise durch Induktion, wie beim Zündystem (Primärstrom) beschrieben. Bei manchen Anlagen ist auf dem Lichtanker eine zweite Spule vorgesehen, von der das Rücklicht unabhängig von der Scheinwerferbirne versorgt wird.
Bei Schwungradzündanlagen für Kleinkrafträder, bei denen außer einer (abblendbaren) Bilux-Birne und der Schlußleuchte auch noch eine Bremsleuchte gespeist werden soll, ist der auf der Grundplatte unter der Polradglocke zur Verfügung stehende Raum zu knapp bemessen, um dort außer einem Lichtstromanker auch noch einen eigenen *Bremslichtanker* unterzubringen. Deshalb beläßt man bei diesen Anlagen auf der Grundplatte anstelle des Zündankers mit Primär-

und Sekundärwicklung nur einen *»Generatoranker«*. In diesem wird in der bereits geschilderten Weise bei der Drehung des Polrads mit seinen Magneten ein niedergespannter Strom (Primärstrom) induziert. Diesen leitet man einer außerhalb des Schwungradzünders an geeigneter Stelle des Fahrwerks angebrachten Spezial-Zündspule *(Zündtransformator)* zu. In diesem durchläuft der im Generatoranker erzeugte Strom die auch hier wieder vorgesehene Primärwicklung, bei der Unterbrechung des Primärstroms (wie geschildert) induziert das zusammenbrechende Kraftfeld um die Primärwicklung im Zündtrafo den hochgespannten Zündstrom in dessen Sekundärwicklung. Der Eisenkern, auf dem die beiden Wicklungen des Zündtrafos aufgebracht sind, ist in sich geschlossen (auch bei Trafos anderer Verwendungszwecke üblich).

Kontaktlose Zündanlagen

Zwar überwiegen bei den kleinen Zweitaktmotoren in Mofas und Mopeds noch immer Zündanlagen herkömmlicher Bauart mit Kontaktunterbrecher; aber mehr und mehr finden sich, vor allem auch bei Kleinkrafträdern, kontaktlose Zündanlagen, die – weil sie nicht mehr »induktiv«, sondern »kapazitativ« arbeiten – keinen Unterbrecher mehr aufweisen. Dadurch entfallen bei diesen kontaktlosen Zündanlagen alle Wartungs- und Einstellarbeiten am Unterbrecher, aber auch diesbezügliche Verschleiß- und Störungsmöglichkeiten. Außerdem bringen diese neuartigen Zündanlagen einen intensiveren Zündfunken, so daß besseres Anspringen ebenso gewährleistet ist wie verminderte Gefahr von Betriebsstörungen durch verschmutzte Zündkerzen.
Die Funktion solcher »Hochspannungs-Kondensator«- oder »Thyristor«-Zündanlagen beruht darauf (s. Schemabild 48), daß auf der Grundplatte des Schwungradzünders eine »Generatorwicklung« vorgesehen ist, in der durch die mit der Schwungscheibe rotierenden Permanentmagnete ein

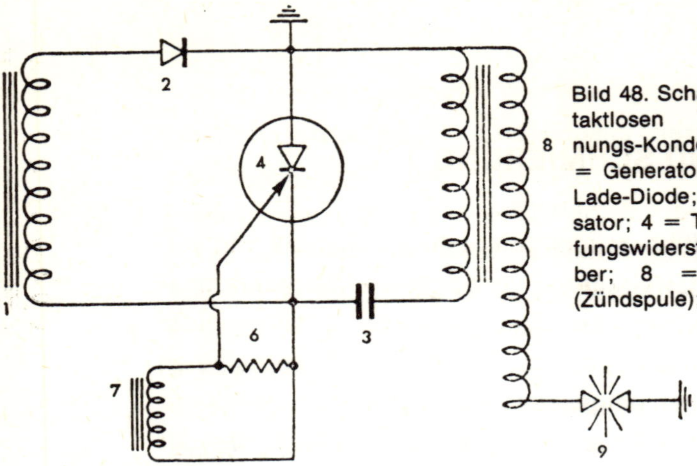

Bild 48. Schaltschema einer kontaktlosen Thyristor-(Hochspannungs-Kondensator-)Zündung. 1 = Generator-Ladewicklung; 2 = Lade-Diode; 3= Speicherkondensator; 4 = Thyristor; 6 = Dämpfungswiderstand; 7 = Impulsgeber; 8 = Zündtransformator (Zündspule); 9 = Zündkerze.

Wechselstrom erzeugt wird. Dieser wird in einer »Lade-Diode« (einem Halbleiter-Bauteil) gleichgerichtet und dient zur Ladung des »Speicherkondensators«, der in einem Stromkreis mit der Primärwicklung des »Zündtransformators« (Zündspule) liegt. Im Zündzeitpunkt wird, wieder durch einen der rotierenden Permanentmagnete in der Schwungscheibe, in der kleinen Spulenwicklung eines »Gebers« auf der Magnetzünder-Grundplatte ein Impulsstrom erzeugt, der dem »Thyristor« (einem Halbleiter-Bauelement ähnlich der Diode, jedoch mit drei Anschlüssen) zugeführt wird. Dadurch wird der bisher den Stromdurchgang sperrende Thyristor »durchlässig«, und über ihn (der einen masselosen elektronischen Schalter darstellt) kann sich die Ladung des Speicherkondensators über die Transformator-Primärwicklung entladen. Dadurch wiederum wird in der Sekundärwicklung des Transformators, wie von der herkömmlichen Zündanlage bekannt, der hochgespannte Stromstoß induziert, der zum Funkenübergang an den Kerzen-Elektroden führt.

Noch einfacher im Aufbau (und deshalb heute schon bei verschiedenen Mofa/Moped-Motoren zu finden) sind sogenannte Magnet-Transistor-Zündungen (MTZ). Sie arbeiten, wie herkömmliche Unterbrecher-Magnetzündungen, »induktiv«, d.h. ohne Speicherkondensator und Thyristor, jedoch ist der Unterbrecher durch Transistoren (wiederum elektronische Halbleiter-Bauelemente) ersetzt.

KÜHLUNG UND SCHMIERUNG

Alle heute in Kraftfahrzeugen (nicht nur in Mopeds und verwandten kleinen Zweirädern!) verwendeten Wärmekraftmaschinen, seien es nun Vier- oder Zweitakter, arbeiten leider recht unökonomisch. Von der im Kraftstoff enthaltenen Energie, die in ihnen umgesetzt wird, nutzen sie nämlich nur zwischen 25 und 35% aus – der ganze schöne Rest, den der Fahrzeugbesitzer ja mit jedem Liter Kraftstoff bezahlt, geht ungenutzt davon. Etwa 10% werden für die Überwindung der unvermeidlichen Eigenreibung im Motor verbraucht, je etwa 30% (ziemlich genau soviel, wie dann zum Schluß als Nutzleistung herausschaut!) verteilen sich auf die Strahlungswärme des Auspuffs und die Wärmemenge, die vom Zylinder abgeführt werden muß, damit der Motor nicht wegen Überhitzung stehenbleibt oder gar unbrauchbar wird.
Aus dieser recht ungünstigen »Wärmebilanz« des Motors ergeben sich einige Notwendigkeiten: einmal muß der Zylinder (samt dem Zylinderkopf) so gekühlt werden, daß die für den Arbeitsprozeß nicht genutzte Wärme abgeführt und schädliche Überhitzung vermieden wird. Zum anderen muß natürlich auch die der Schalldämpfung dienende Auspuffanlage so ausgelegt sein, daß sie ihre Wärme an den Fahrtwind abgeben kann – und schließlich muß durch Schmierung aller reibenden und gleitenden Innenteile des Motors dafür gesorgt werden, daß die Reibung und damit die entstehende Reibungswärme gering bleiben, d. h. der Eigenkraftbedarf des Motors muß möglichst gering gehalten und die Reibungswärme von den Gleitstellen abgeführt werden.
Zur Erfüllung dieser Forderungen braucht jeder Verbrennungsmotor Kühlung und Schmierung.
Die *Kühlung* erfolgt bei allen Kraftfahrzeugmotoren durch den Fahrtluftstrom, also durch Luft. Man kann deshalb mit

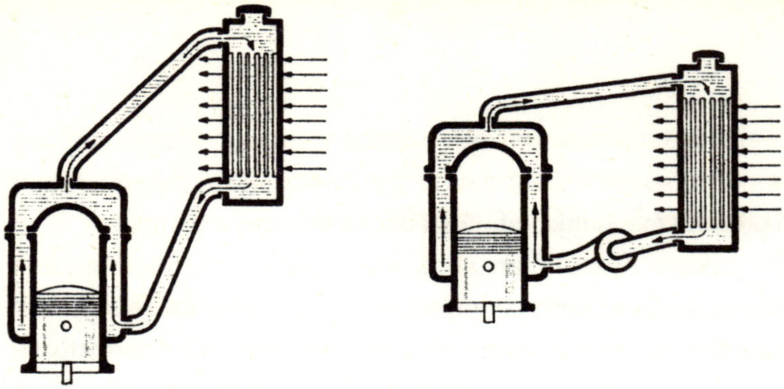

Bild 49: Wasserkühlung im Prinzip: links nach dem Thermosyphon-Prinzip (der Wasserumlauf erfolgt selbsttätig bei entsprechend hoch angeordnetem Kühler durch das »Wärmegefälle«), rechts mit Wasserpumpe, die den Umlauf zwangsläufig bewirkt – Kühler kann tiefer liegen und kleiner sein.

vollem Recht sagen, daß alle Kraftfahrzeugmotoren *luftgekühlt* sind – auch die, bei denen man Zylinder und Zylinderkopf mit einem »Mantel« umgeben hat, der zur Aufnahme von Wasser oder einer anderen Kühlflüssigkeit dient. Dieses Kühlmittel dient jedoch selbst gar nicht zum Kühlen – es ist lediglich ein Übertragungsglied: weil man nämlich, vor allem in Automobilen, den Motor nur schwer dem kühlenden Fahrtluftstrom direkt aussetzen kann, läßt man zunächst die Kühlflüssigkeit die überschüssige Wärme aufnehmen und zu einem »Kühler« transportieren, der sich am Fahrzeug an günstigerer Stelle befindet und an dessen Wandungen nun der Fahrtluftstrom die Wärme abnehmen kann. Durch eine Wasserpumpe oder auf andere geeignete Weise (Wärmegefälle – Thermosiphon) wird dafür gesorgt, daß ein Kühlmittelkreislauf erfolgt, daß also das im Kühler abgekühlte Wasser wieder in den Kühlmantel um den Zylinder zurückkehrt, während das erwärmte zum Kühler fließt.

Wenn sich heute bei einigen 50 ccm-Modellen (Kleinkrafträdern wie Mofas) Wasserkühlung findet, dann hat das seinen Grund nicht darin, daß anders die freiwerdende Wärmemenge von Zylinder und Kopf nicht zuverlässig abzuführen wäre (wie das bei

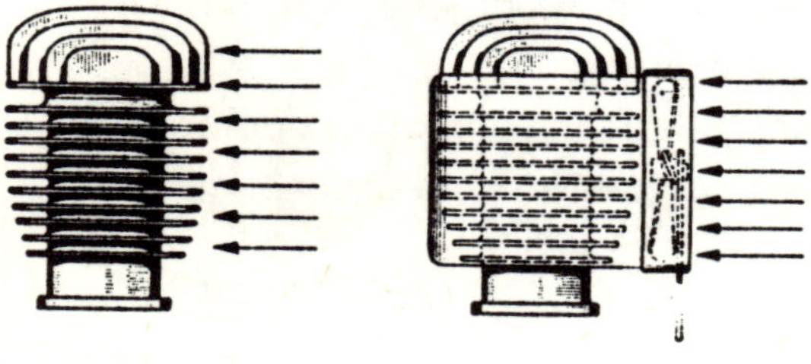

Bild 50: Echte Luftkühlung: links direkt durch den Fahrtluftstrom, rechts unterstützt durch Ventilator.

Zweitakt-Rennmotoren den Konstrukteur zur Wasserkühlung zwingt). Vielmehr dient die Ummantelung dazu, die vom Motor erzeugten mechanischen Geräusche besser zu dämpfen.
Von diesen Ausnahmen abgesehen werden die Motoren von Mofas, Mopeds und allen anderen 50 ccm-Fahrzeugen mit Luftkühlung gebaut, wobei also der Fahrtwind die überschüssige Wärme direkt von Zylinder und Kopf abnehmen kann. Allerdings muß der Konstrukteur ihm seine Aufgabe ein bißchen erleichtern: er bietet ihm eine möglichst große Oberfläche zum Bestreichen – und die wird durch die *Kühlrippen* gebildet, mit denen Zylinder und Zylinderkopf ausgestattet sind. Form, Anordnung und Größe dieser Rippen werden bei der Konstruktion des Motors sorgfältig ermittelt, wobei die spezifische Leistung des Motors, die normale Geschwindigkeit des Fahrzeugs, die Lage des Motors im Rahmen und nicht zuletzt das für Zylinder und Kopf gewählte Material wichtig sind.
Um jedoch eine ausreichende Kühlung eines solchen luftgekühlten Motors auch dann zu gewährleisten, wenn der Fahrtluftstrom nicht sehr stark ist, wenn es also beispielsweise länger bergan geht, werden kleine luftgekühlte Motoren, besonders solche in Mofas und Mopeds (ebenso wie in karossierten Leichtrollern) mit »Zwangskühlung«, d. h. mit Gebläsekühlung gebaut. In diesem Fall trägt die Schwungscheibe (das Polrad des Schwungradzünders) einen Kranz von *Ventilatorflügeln* (angegossen oder angeschraubt), und der bei

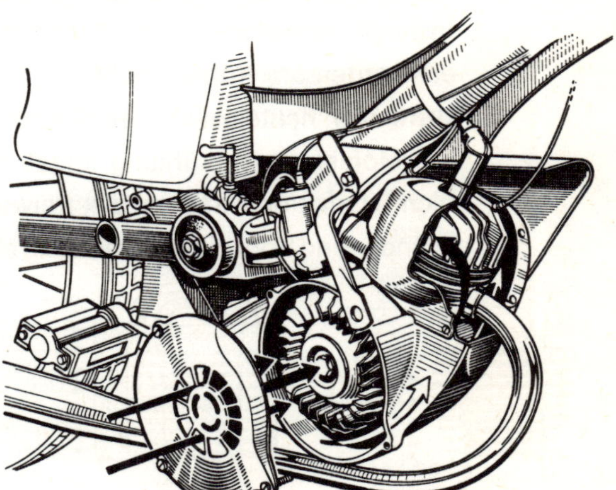

Bild 51: Ventilatorflügel auf der Schwungscheibe – Kühlluftführung zu den Zylinder- und Kopf-Rippen.

der Schwungscheibendrehung erzeugte Luftstrom wird in einer *Kühlluftführung* aus Blech, Leichtmetall oder Kunststoff zusammengefaßt und zwischen die Kühlrippen geleitet. Dadurch ist die Kühlung nun weitgehend unabhängig von der Fahrgeschwindigkeit, sie nimmt mit steigender Motordrehzahl an Intensität zu – und das entspricht durchaus den Forderungen der Praxis, weil ja der höher drehende Motor im allgemeinen auch mehr leistet und dabei mehr Wärme entwickelt, die abgeführt werden muß.
Die Verwendung großflächig verrippter Leichtmetallzylinder und -köpfe (mit ihrer besseren Wärmeleitfähigkeit) hat erst in jüngster Zeit bei manchen Modellen die frühere Zwangskühlung überflüssig gemacht – für geschwindigkeitsbegrenzte Ausführungen erweist sie sich aber nach wie vor oft als notwendig.

★

Die *Schmierung* erfolgt bei der überwiegenden Mehrzahl der hier in Rede stehenden Motoren, soweit sie Zweitakter sind, als sogenannte *Mischungsschmierung*, d. h. dem Kraftstoff wird vor dem Betanken des Fahrzeugs die vom Hersteller vorgeschriebene Ölmenge beigemischt. Das »Mischungsverhältnis« für Zweitaktmotoren hat sich im Lauf der Entwicklung ständig verändert, d. h. verringert. Konstruktive Änderungen der Motoren machten das möglich und notwendig, ebenso wie wesentliche Verbesserungen der verwendeten Öle. Ursprünglich einmal durchweg mit 1:10 vorgeschrieben, ging das Mischungsverhältnis später auf 1:15, dann auf 1:20

Bild 52: Schema der Mischungsschmierung.

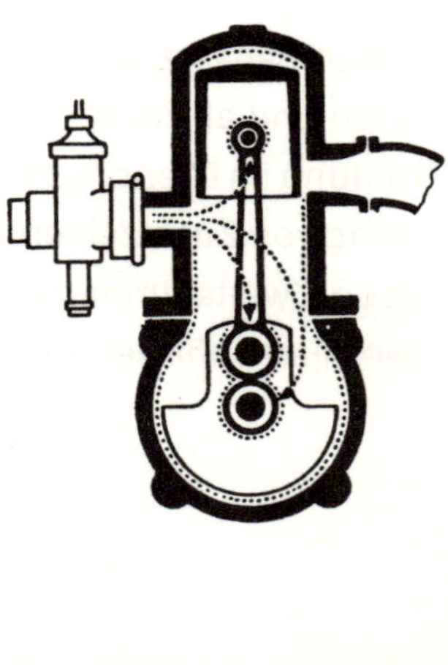

– und heute überwiegend auf 1:25, wenigstens nach der Einfahrzeit, herunter. Es gibt sogar Sonderfälle mit 1:50, bedingt durch die konstruktive Auslegung des Motors.
1:25 bedeutet, daß auf 25 Liter Kraftstoff 1 Liter Öl zugemischt werden muß bzw. 200 ccm auf 5 Liter Kraftstoff.
Zum Herstellen von 5 Liter Zweitakt-Mischung kann man also 0,2 Liter eines geeigneten Zweitaktöles (SAE 40) verwenden, man kann aber auch eine Dose des bekannten »Selbstmischeröls« zugeben, das sich deshalb leichter mit dem Farbstoff mischt, weil sich in der Dose zusätzlich zu den 0,2 Liter Öl noch ein Quantum eines »Lösers« (eine kraftstoffähnliche, wie diese brennbare Flüssigkeit) befindet. Die Schmierfähigkeit des Selbstmischeröls ist keinesfalls geringer als die normaler Zweitaktöle (wie manchmal behauptet wird). Trotzdem empfiehlt es sich, auch bei Verwendung von Selbstmischeröl die Mischung in einer *Mischkanne* herzustellen und gut durchzumischen. Notfalls geht es aber auch gleich im Fahrzeugtank, sofern sich nur auf dessen Boden noch ein kleiner Rest Kraftstoff befindet, dem dann der Doseninhalt und darauf der ganze zu tankende Kraftstoff zugegeben wird.
Der Mopedfahrer freilich ist all dem meist enthoben: er tankt seine geringe Literzahl aus einer »Moped-Tanksäule«, in der sich fertige Mischung 1:25 befindet, hergestellt mit speziellem Zweitakter-Öl, und aus der in einzelnen Litern abgegeben werden kann, wie es die oft sehr kleinen Tanks notwendig machen.
Die erwähnten Zweitakter-Spezialöle enthalten eine Anzahl von Zusätzen (Additives), die insbesondere eine Korrosionsbildung (Rostansatz) im Motor verhindern, aber auch dem Ölkohleansatz entgegenwirken, angesetzte Ölkohle erweichen und abtransportieren lassen sowie schädlicher Säurebildung im Brennraum entgegenarbeiten sollen. Die Verwendung von Zusätzen erübrigt sich deshalb heute für alle Fahrzeug-Zweitaktmotoren, die Spezial-Zweitaktöle der bekannten Markenfirmen geben alle Sicherheiten.

Bild 53: Schema einer Druckumlauf-Schmierung mit »Trockensumpf« für Viertaktmotoren. Hier fördert eine Pumpe das Öl aus dem Öltank und drückt es zu den Schmierstellen im Motor, eine zweite führt das im »Sumpf« (Gehäuseunterteil) sich sammelnde Öl zu neuer Verwendung in den Öltank zurück. Man kann aber auch das Gehäuseunterteil als Ölreservoir verwenden und erspart sich dann den gesonderten Öltank.

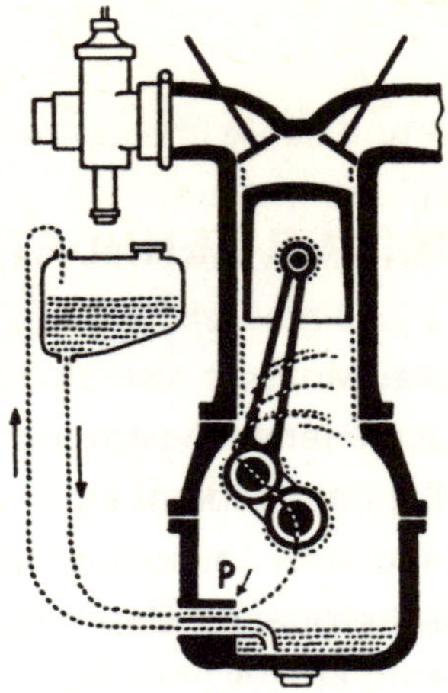

Die Mischungsschmierung ist, so wie sie unerreicht einfach und »narrensicher« für den Fahrzeugbesitzer ist, auch technisch eine der besten. Denn sie gewährleistet die Versorgung des Motorinneren mit Schmierstoff schon mit dem ersten Tropfen Kraftstoff, der in den Motor gelangt, sie bringt ihm immer Frischöl, sie bringt es ihm dazu belastungsabhängig (je mehr Gas und dadurch Leistung, desto mehr automatisch auch Öl!) – sie ist witterungsunabhängig, erfordert keinen Ölwechsel – und sie ist eben auch »narrensicher«, d. h. man kann sie nicht vergessen (sofern man nur stets Mischung und nicht etwa versehentlich blankes Benzin tankt!).

Viertakter (die freilich bei 50 ccm-Fahrzeugen zu den Ausnahmen zählen) brauchen eine vom Kraftstoff unabhängige Schmierung, weil ja bei ihnen das Frischgas nicht an Triebwerkslager und Kolbengleitbahn kommt. Viertaktmotoren haben deshalb ein gesondertes Ölreservoir, eine (manchmal zwei) vom Motor angetriebene Ölpumpen, um das Öl an alle Schmierstellen zu bringen, Ölleitungen, ein Ölfilter und eine Ölstandskontrolle.

Man kann, um das Mischen an der Tankstelle zu vermeiden, auch für Zweitaktmotoren eine solche »Getrenntschmierung« vorsehen. Technische Vorteile ergeben sich damit aber nicht – und 50 ccm-Zweitakter werden deshalb fast ausnahmslos mit der an Einfachheit unübertroffenen Mischungsschmierung gebaut.

MOTOR-KENNDATEN

Um Motoren verschiedener konstruktiver Gestaltung, verschiedener Typen und Marken miteinander vergleichen zu können, bedient man sich der verschiedensten *Kenndaten*, die meist in einer »Technischen Tabelle«, welche der Prospekt oder die Betriebsanleitung der Motoren und Fahrzeuge enthält, zusammengefaßt sind.
Diese Daten ergeben sich teils als geometrische Meßgrößen (wie z. B. Bohrung und Hub und daraus der Hubraum), teils aus der Funktion und den Voraussetzungen, unter denen diese Werte am im Betrieb befindlichen Motor gemessen wurden (z. B. Drehzahl, Leistung und Verbrauch). Von einigen solcher Kenndaten, die auch für den Nichtfachmann beim Umgang mit Motoren wichtig sein – mindestens aber ihm ermöglichen können, sich an fachlichen Gesprächen zu beteiligen und Fachartikel besser zu verstehen, soll im Folgenden gesprochen werden. Wir werden dann gleich in den späteren Kapiteln (die von der Kraftübertragung handeln) bemerken, daß wir von unserem neuen Wissen recht gut Gebrauch machen können.

Hubraum

Am häufigsten wird beim Vergleich von Verbrennungsmotoren der Begriff des »Hubraums« verwendet. Das besonders auch deshalb, weil der Hubraum der Motoren weitgehend auch bei ihrer fiskalischen Bewertung zugrunde gelegt wird, also z. B. bei der Besteuerung – aber auch bei der Versicherung von Zweiradfahrzeugen –, und weil schließlich im Sport die teilnehmenden Maschinen nach Hubraumklassen unterteilt werden, um eine einigermaßen gerechte Bewertung der erzielten Ergebnisse zu ermöglichen.

Der Hubraum (auch die Bezeichnung »Hubvolumen« ist richtig, nicht jedoch »Zylinderinhalt«) ist, wie wir bereits am Anfang unserer Betrachtungen sahen (s. Seite 26), der vom Kolben zwischen oberem und unterem Totpunkt durchlaufende Zylinderraum. Man kann diesen Raum unschwer berechnen, wenn man die Grundfläche dieses Zylinderraums (die ja eine Kreisfläche ist) mit Hilfe der Formel $r^2 \times \pi$ ausrechnet (wobei r der *Radius* dieses Kreises, also die Hälfte der Zylinderbohrung, und π die bekannte Zahl 3,1415 zur Errechnung des Kreisumfangs ist). Multipliziert man dann die für die Kreisfläche erhaltene Zahl mit dem Kolbenhub, so erhält man aus $r^2 \times \pi \times h$ den Inhalt (das Volumen) des in Rede stehenden zylindrischen Raums, das heißt den Hubraum. Für *einen* Zylinder, wohlgemerkt. Bei Mehrzylindermotoren muß man noch mit der Zylinderzahl multiplizieren, um den Gesamthubraum des Motors zu bekommen.

Verdichtungsraum und Verdichtungsverhältnis

Bild 54 zeigt nochmals die schematische Darstellung des Motorzylinders mit Kopf und Kolben – diesen einmal im oberen, zum anderen im unteren Totpunkt stehend. In dieser Skizze wird verdeutlicht, daß sich oberhalb des im oberen Totpunkt (OT) stehenden Kolbens ein Raum befindet, den man den Brennraum oder *Verdichtungsraum* nennt. Auf das Volumen dieses Raums wird das vom Kolben in den Zylinder hineingesaugte Kraftstoff-Luft-Gemisch beim Hochgehen des Kolbens zusammengepreßt (verdichtet). Und es war im

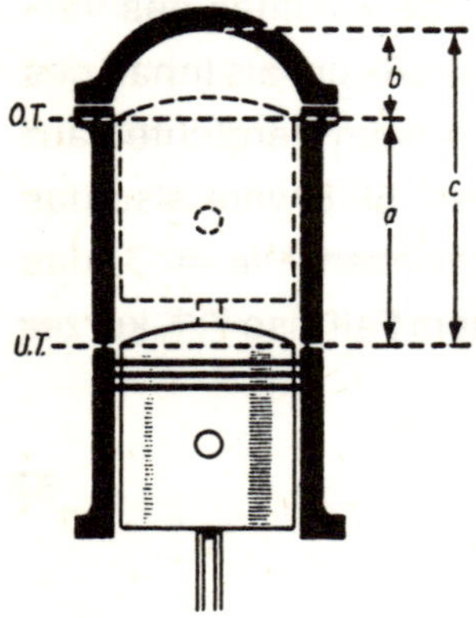

Bild 54: Hier kommt Bild 1 nochmals: zum besseren Verständnis der Zusammenhänge von Hub, Bohrung, Hubraum und Verdichtungsverhältnis.

Zusammenhang mit dieser graphischen Darstellung des Verdichtungsvorgangs schon gesagt worden, daß das Verdichten der Gasladung wichtig für den dann bei der nachfolgenden Verbrennung entstehenden Druck ist, der auf den Kolben wirkt und der die Leistung des Motors bringt.
Ganz grob gesagt: je kleiner der oberhalb des Kolbens im OT verbleibende Raum ist, je mehr also die Gasladung zusammengedrückt wird, desto höher ist die Leistung des Motors. Nur kann man nicht beliebig hoch »verdichten«, weil dabei eine starke Erwärmung entsteht (genauso wie etwa bei einer Fahrrad-Luftpumpe!), die zu unerwünschter und schädlicher *Selbst*entzündung des verdichteten Kraftstoff/Luft-Gemischs führen würde.
Befindet sich der Kolben im OT und geht er dann abwärts bis zum UT (unteren Totpunkt), dann wird zu dem im Zylinderinneren verbliebenen Gasvolumen b das gesamte Hubvolumen, im Bild 54 mit a bezeichnet, dazugesaugt, so daß sich im UT schließlich ein Volumen c, resultierend aus a und b, im Zylinder befindet. (*Das* ist der Zylinderinhalt – ein größeres Volumen als das eigentliche Hubvolumen a, das man nicht fälschlicherweise als »Zylinderinhalt« bezeichnen darf!)
Der tatsächliche Zylinderinhalt (a + b = c) wird nun beim Hochgehen des Kolbens bis zum OT auf das Volumen des verbleibenden Brennraums (Verdichtungsraums) b zusammengepreßt. Das Verhältnis von c (ursprüngliches Gesamtvolumen) zu b (Verdichtungsraum-Volumen) ist das »Verdichtungsverhältnis« des Motors. An einem Beispiel erklärt: Wenn der (sich aus Bohrung und Hub errechnende) Hubraum (a) des Zylinders 48 ccm beträgt und das Volumen des Verdichtungsraums (b) 8 ccm, so ergibt das 56 ccm als Inhalt des Zylinders im UT des Kolbens, die dann beim Verdichten auf 8 ccm im OT zusammengepreßt werden. 56:8 wäre also das Verdichtungsverhältnis, anders geschrieben $^{56}/_{8} = 7$, das Verdichtungsverhältnis beträgt in diesem Fall also 7:1, kürzer ausgedrückt einfach »Verdichtung 7«.

Eine Verkleinerung des Verdichtungsraums würde das Verdichtungsverhältnis erhöhen: beträgt der Inhalt des Verdichtungsraums nur 6 ccm, so ergibt sich als a + b 48 + 6 = 54, und 54:6 gibt 9, Verdichtungsverhältnis jetzt also 9:1 – einfacher »Verdichtung 9«.

Druck

Wird das im Verdichtungsraum befindliche, zusammengepreßte Kraftstoff/Luft-Gemisch durch den Funken an der Zündkerze zur Entzündung und Verbrennung gebracht, so erwärmt es sich innerhalb sehr kurzer Zeit stark, und das erwärmte Volumen will einen größeren Raum einnehmen. Das kann es zunächst nicht, weil ja der Brennraum allseitig hermetisch abgeschlossen ist. So entsteht im Brennraum des Zylinders oberhalb des Kolbens ein *Druck* (dessen Höhe unter anderem von der Höhe des Verdichtungsverhältnisses, also vom Verdichtungsdruck, abhängig ist).
Dieser »Verbrennungs«-Druck liegt nun im Moment der Verbrennung auf allen Innenwandungen des Brennraums. Dessen eine Wand ist nachgiebig – nämlich die, die vom Kolbenboden gebildet wird. Das heißt, daß der Kolben unter der Einwirkung des Verbrennungsdrucks in Richtung auf UT getrieben wird.

Außer den beiden Drücken, die wir hier kennenlernten – dem Verdichtungs- und dem Verbrennungs-Druck – herrschen im Motor auch noch andere Drücke, zum Beispiel der Auspuffdruck, unter dessen Einwirkung die verbrannten Restgase den Zylinder verlassen, oder der Ansaug-(Unter-)Druck. Die Werte dieser Drücke interessieren aber im allgemeinen nur den Konstrukteur und den Versuchsingenieur. Dagegen kommt in technischen Druckschriften gelegentlich ein Wert vor, der den sogenannten »mittleren Kolbendruck« angibt. Er dient der Beurteilung der Zylinderleistung und der Kolbenbelastung. Er ist in jedem Fall erheblich geringer als der »Zünddruck«, also der maximale Verbrennungsdruck.

Drehmoment

Mit dem Schlagwort »Drehmoment« werfen auch Nichtfachleute gern um sich, wenn sie von Motoren sprechen. »Ein gutes Drehmoment«, »hohes Drehmoment schon bei niedriger Drehzahl« und »günstiger Verlauf der Drehmomentkurve« sind oft benutzte Begriffe, über deren Bedeutung sich freilich der, der sie ausspricht, nicht immer recht im klaren ist.

Im Gegensatz zu dem im täglichen Leben gebräuchlichen unbestimmten Zeitbegriff »Moment« (»der« Moment) ist »das« Moment in der Technik ein genau fixierter Begriff, der die Wirkung einer Kraft an einem Hebelarm kennzeichnet. Deshalb ist Moment = Kraft (Druck) mal Hebelarm. Man kennt verschiedene Momente in der Technik; beispielsweise Kippmomente oder Biegemomente. Nach dem Ebengesagten ist klar, was damit gemeint ist.

Am häufigsten aber begegnet man beim Umgang mit Motoren dem Begriff »Drehmoment«, der in den Bildern 55 bzw. 56 erläutert ist.

Auch das Drehmoment eines Motors ist abhängig von einer Kraft (Kolbenkraft, Verbrennungsdruck), die an einem Hebelarm (Kurbelradius) angreift. Und es ist sicher leicht einzusehen, daß das Produkt aus Kraft und Hebelarm auch in diesem Fall um so größer sein muß, je größer die beiden zu multiplizierenden Faktoren sind.

Der Motor hat also das höhere Drehmoment, der

a) den größeren Hub oder/und

b) die größere Bohrung (Kolbenfläche, auf die der Verbrennungsdruck wirkt) und infolgedessen

c) den größeren Hubraum hat,

bzw. der Motor, bei dem durch geeignete konstruktive Maßnahmen (z. B. höhere Verdichtung) dafür gesorgt ist, daß der Druck auf den Kolben größer als beim zum Vergleich stehen-

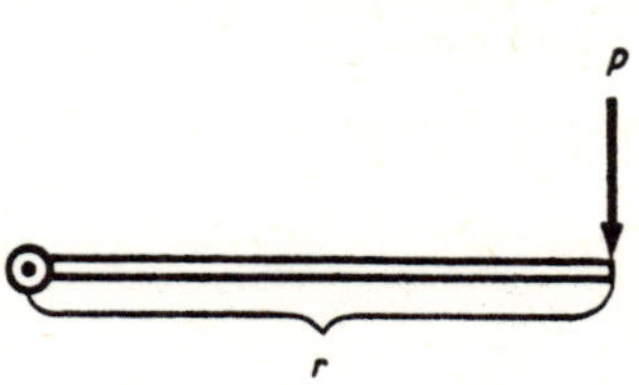

Bild 55: Moment: eine Kraft P greift am Hebelarm r an = Moment = P×r.

Bild 56: Hier handelt es sich um ein »Drehmoment«: P×r ist sein Wert, der um so größer wird, je größer die Kraft P und je länger der Hebelarm r ist. Motoren mit größerem Hubraum haben ein größeres Drehmoment als kleine Motoren, die deshalb ihre Leistung aus der Drehzahl holen müssen.

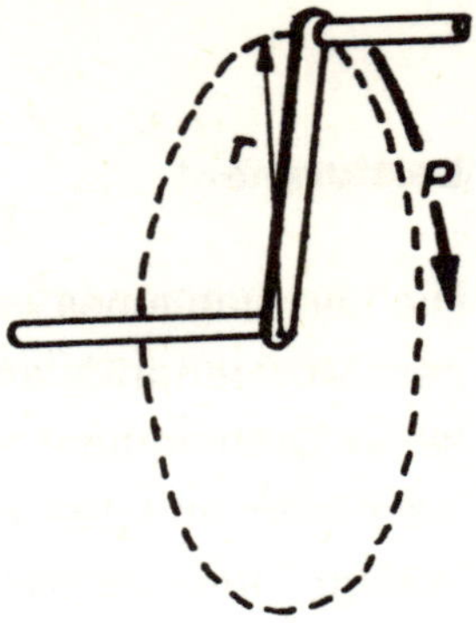

den Motor mit demselben Hubraum, aber geringerem Kolbendruck ist.

Ganz so simpel, wie eben hier erläutert, sind die Zusammenhänge freilich nicht, wenn man sie streng wissenschaftlich darstellen will. Aber für unsere Zwecke genügt es, wenn man sich einen Begriff vom Drehmoment, auch dem eines Motors (das im Betrieb an der Kurbelwelle zur Verfügung steht), machen kann.

Der Wert des Drehmoments ist im übrigen nicht nur für jeden Motortyp, abhängig von dessen konstruktiver Ausbildung und Dimensionierung, verschieden, er ist auch abhängig von der Drehzahl. Bei sehr niedriger und dann wieder bei sehr hoher Drehzahl liegt das Drehmoment unter dem gemessenen Bestwert dieses Motors. Das hängt vor allem davon ab, daß sich mit der Drehzahl die Füllung der Motorzylinder ändert – in dem Drehzahlbereich, in dem der Motor seine beste Füllung erhält, hat auch das Drehmoment seinen besten Wert. Deshalb ist es das Bestreben der Konstrukteure, den Drehzahlbereich, über den dieser Bestwert annähernd gleich bleibt, so breit wie möglich zu machen.

Die verschiedenen Drehmomentwerte, die zu den einzelnen Drehzahlen gehören bzw. bei diesen gemessen wurden, stellt man in einer »Kurve« auf einem Diagrammblatt dar, dessen Einteilung links steigend die Drehmomentwerte und unten, nach rechts steigend, die Drehzahlen ausweist. Die (auf dem Motorenprüfstand) ermittelte Kurve zeigt dann (s. Bild 57) den Drehmomentverlauf in bezug auf den Drehzahlverlauf an.

Leistung

Die Leistung eines Verbrennungsmotors (die wiederum auf dem Motorenprüfstand gemessen bzw. aus dem dort gemessenen Drehmoment errechnet wird) ist einmal vom Drehmoment, zum anderen von der Drehzahl abhängig. Sie ist demzufolge umso höher, je höher das Drehmoment ist – sie steigt aber auch mit zunehmender Drehzahl. Eben aber weil sie u.a. vom Drehmoment abhängig ist, stellt sie sich auf dem Diagramm (s. Bild 57) wieder in einer Kurvenlinie, nicht etwa in einer ansteigenden Geraden dar, wie es der Fall wäre, wenn das Drehmoment über den ganzen Drehzahlbereich konstant wäre. Da aber, wie die Kurve zeigt, das Drehmoment von einer bestimmten Drehzahl ab wieder abfällt, steigt zwar mit weiter steigender Drehzahl über diesen Punkt hinaus auch die Leistung zunächst weiter an – jedoch nicht mehr so steil wie vorher: in der Leistungskurve des Diagramms befindet sich eine Krümmung. Irgendwo biegt diese Krümmung der Leistungslinie sogar in einem mehr oder weniger scharfen Knick wieder nach unten ab, das heißt, daß trotz weiter gesteigerter Drehzahl die Leistung nicht mehr zunimmt, sondern wieder geringer wird. Das hat seine Ursache, wie schon gesagt, im Abfallen des Drehmomentwertes in diesem Drehzahlbereich, und dieses Abfallen wiederum ist begründet durch die in diesen hohen Drehzahlen immer schlechter werdende Zylinderfüllung – es kommt einfach nicht mehr genügend Frischgas in der immer knapper werdenden Zeit für den Gaswechsel in den Zylinder.
Wenn es gelingt, die Füllung in den obersten Drehzahlbereichen zu verbessern, kann man auch – allerdings unter Inkaufnahme höherer Drehzahlen und meist eines verschlechterten Drehmoments in den unteren Drehzahlbereichen – eine weitere Leistungssteigerung erhalten. Auf dieser Überlegung beruht (unter anderem, nicht allein) die nachträgliche Leistungssteigerung bei Wettbewerbsmotoren.

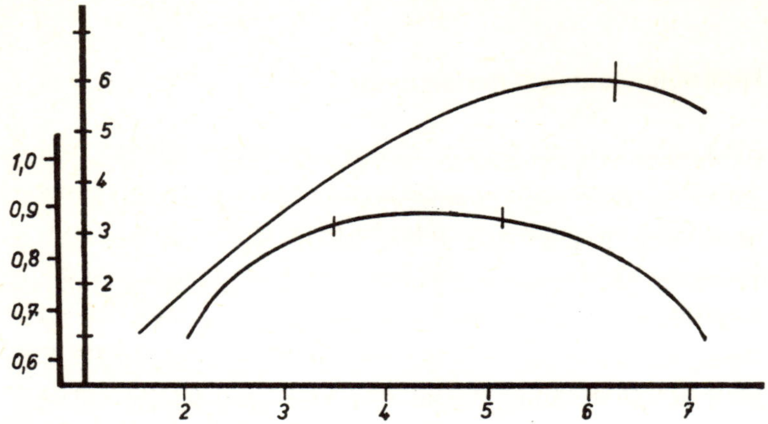

Bild 57: Die Leistung (obere Kurve) ist abhängig vom Wert des Drehmoments (untere Kurve) bei der jeweiligen Drehzahl.

Andererseits geht aus dem Gesagten hervor, daß man eine gewünschte Leistung aus Motoren ganz verschiedener Größe, also mit unterschiedlichem Hubvolumen, herausholen kann.

Bisher erfolgte die Leistungsangabe für Verbrennungsmotoren mit PS (Pferdestärke), und in vielen Druckschriften findet sich diese Bezeichnung auch heute noch, obwohl mit dem 1. Januar 1978 international festgelegte neue Bezeichnungen für eine ganze Reihe technischer Werte in Kraft treten und die bisherigen verschwinden lassen. Im Zuge dieser Neuordnung wird die Leistungsangabe für Verbrennungsmotoren künftig, wie bisher schon bei elektrischen Maschinen, in Kilowatt (kW) erfolgen. Zur Umrechnung: 1 PS = 0,736 kW. Ein Kleinkraftrad-Motor, für den bisher eine Leistung von 6,25 PS angegeben wurde, hat also künftig 4,6 kW.

Um die etwa 2,5 PS (1,84 kW) eines Mopedmotors zu bekommen, brauchte man vor 50 Jahren rund 500 ccm Hubraum. Heute holt man die gleiche Leistung aus 50 ccm. Aber wenn auch dank vieler konstruktiver und materialtechnischer Verbesserungen der Drehmomentwert pro Liter Hubraum (siehe nächstes Kapitel!) in diesem halben Jahrhundert erheblich größer geworden ist – die Tatsache, daß die genannten 2,5 PS (1,84 kW) heute aus 50 ccm herausgeholt werden, erklärt sich vor allem durch die erheblich höhere Drehzahl, die der moderne Motor (wiederum dank konstruktiver und materialtechnischer Verbesserungen) gefahrlos erreichen kann und eben erreichen muß, um die genannte Leistung trotz geringeren Drehmoments des 50 ccm-Motors abgeben zu können.

Hubraumleistung (Literleistung)

Es war eben davon gesprochen worden, daß sich im Lauf der Jahre der Wert des »Drehmoments pro Liter Hubraum« erhöht habe. Diesen Begriff gebraucht man, um Vergleiche zwischen Motoren verschiedener Größen und ihrem technischen Entwicklungsstand anstellen zu können.
Genau so kennt man den Begriff der »Hubraumleistung«, oft auch als »Literleistung« bezeichnet. Das hat also nichts mit den verbrauchten Kraftstoff-Litern zu tun! Ein Motor mit 100 PS Literleistung hat also eine Hubraumleistung von 100 PS (73,6 kW). Das bedeutet, daß ein 50 ccm-Motor mit dieser Hubraumleistung eine Leistung von 5 PS (3,68 kW) haben würde, ein 250er Motor mit der gleichen Hubraumleistung würde dann 25 PS (18,4 kW) abgeben.

Kraftstoffverbrauch

Den Verbrauch eines Kraftfahrzeugs kann man unter verschiedenen Gesichtspunkten messen bzw. angeben. Einmal kennt man den »spezifischen Verbrauch«. Da ist, wie die linke Darstellung in Bild 58 zeigt, der Verbrauch in Gramm pro PS-Stunde (g/PSh). Wenn also ein Motor (auf dem Prüfstand) eine halbe Stunde läuft und so einreguliert wird, daß er in dieser ganzen Zeit eine Leistung von 2 PS abgibt und in dieser halben Stunde 300 g Kraftstoff verbraucht hat, dann beträgt sein spezifischer Verbrauch 300 g/PSh (0,5 Stunde × 2 (PS) = 1, × verbrauchte Kraftstoffmenge 300 (g).

Hier wurde also noch mit dem alten PS-Wert operiert. Künftig wird der spezifische Verbrauch dann in Gramm pro Kilowattstunde (g/kWh) angegeben.

Häufiger freilich wird in der Verkaufs- und Werkstattpraxis vom »effektiven Verbrauch« (in Bild 58 rechts dargestellt) gesprochen. Die Kurve im andern Diagramm (»Verbrauchskurve«) zeigt den typischen Verlauf der Verbrauchswerte speziell bei einem Zweitaktmotor. Von einem hohen Wert (in Liter pro 100 km Fahrstrecke) sinkt mit steigender Drehzahl dieser Effektivverbrauch bis auf einen Bestwert ab, steigt dann mit zunehmender Drehzahl wieder an und erreicht bei Vollgas seinen Höchstwert. **Das ist vor allem für Fahrer eines ungedrosselten Kleinkraftrads wichtig zu wissen: Vollgas ist teuer!**

Bild 58: Links: Kurve des spezifischen Verbrauchs – hier noch mit der bisherigen Bezeichnung g/PSh (wird künftig mit g/kWh angegeben).
Rechts: Effektiv-Verbrauch eines Zweitakters: im Teillastbereich arbeitet jeder Zweitakter wirtschaftlicher (sparsamer) als unten (wenn er schwer ziehen muß) oder oben, bei Vollgas. Wer das weiß und beim Umgang mit dem Gasdrehgriff beachtet, kann erheblich Kraftstoff sparen!

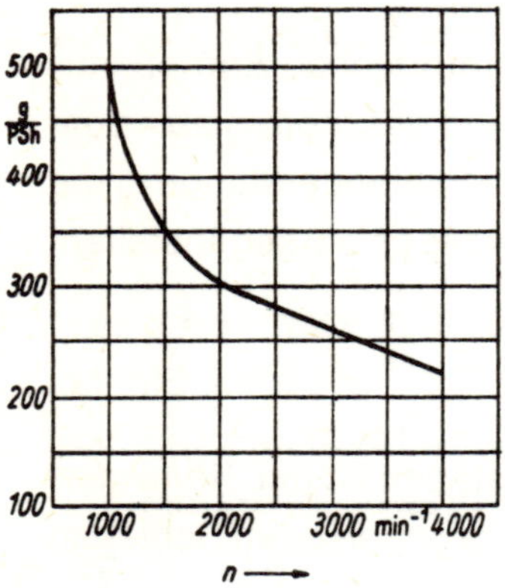

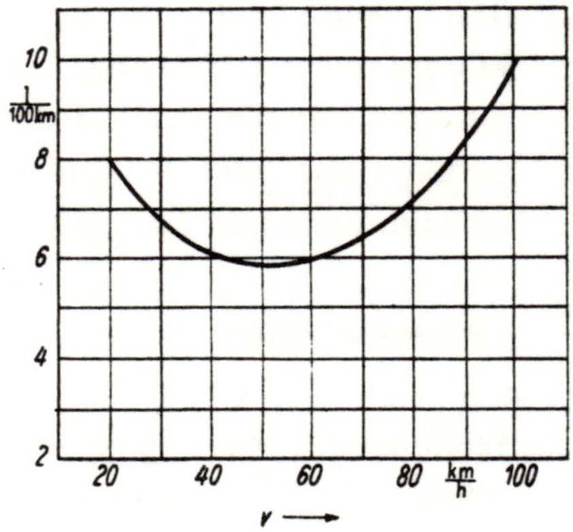

DIE KRAFTÜBERTRAGUNG

Mit der im Motor erzeugten Leistung wird das anzutreibende Fahrzeug fortbewegt. Die Kraft des Motors muß also auf das Antriebsrad oder die Antriebsräder übertragen werden. Für diese »Kraftübertragung« gibt es, auch bei kleinen motorisierten Zweirädern, die verschiedensten Möglichkeiten, von denen im einzelnen noch zu sprechen sein wird. Serienzweiräder, bei denen beide Laufräder gleichzeitig als Antriebsräder dienen, gibt es nicht – die Kraftübertragung erfolgt entweder (heute nur noch selten) auf das Vorder- oder, wie in den meisten Fällen, nur auf das Hinterrad.
Wie schnell das Fahrzeug mit dem motorischen Antrieb laufen kann, hängt einmal von der Leistung des Motors ab – zum anderen aber von der Summe der »Fahrwiderstände«, die sich der Vorwärtsbewegung des Fahrzeugs entgegenstellen.

Fahrwiderstände

Wichtigster Faktor dieser Fahrwiderstände ist der *Rollwiderstand.* Jeder weiß ja aus eigenen Erfahrungen beim Schieben eines Fahrzeugs, daß dazu umso mehr Kraft benötigt wird, je schwerer das Fahrzeug ist, je größer die Kontaktflächen der Räder mit der Fahrbahn sind (d. h. also, je mehr Räder ein Fahrzeug hat und je breiter die Reifen sind). Aber jeder weiß wohl auch aus solchen eigenen Erfahrungen, daß beispielsweise Reifen mit zu geringem Luftdruck das Schieben ebenso erschweren (also den Rollwiderstand erhöhen) wie schwergängige Lager, schleifende Bremsen oder eine verschlissene Antriebskette.
Jedermann weiß auch, daß das Schieben eines Fahrzeugs um so mehr Kraft erfordert, je höher die Geschwindigkeit ist und je mehr die Strecke ansteigt. Umgekehrt wird die aufzuwen-

dende Kraft geringer, wenn das Fahrzeug auf einer leichten Gefällstrecke rollt – da kann es sein, daß der Rollwiderstand sogar ohne zusätzliche Kraftaufwendung überwunden wird. Aber nicht nur der Rollwiderstand will überwunden sein – auch der *Druck der Luft*, gegen den sich das Fahrzeug mit seiner Frontfläche anstemmen muß, erhöht den Fahrwiderstand – und das umso mehr, je höher die Geschwindigkeit wird und je mehr noch Gegenwind diesen zu überwindenden Luftdruck vergrößert.

Nun wissen wir ja aber aus dem, was vorher über Drehmoment, Drehzahl und Leistung des Motors gesagt und im Bild 57 graphisch dargestellt wurde, daß der Motor (nicht nur unser kleiner Zweiradmotor, sondern jeder Kraftfahrzeug-Verbrennungsmotor) in seiner Leistung drehzahlabhängig ist: unterhalb einer bestimmten Drehzahl (der Leerlaufdrehzahl) genügt die Leistung nicht einmal, um den Eigenkraftbedarf des Motors zu überwinden. Dann steigt die Leistung mit zunehmender Drehzahl bis zu einem Höchstwert – wenn die Drehzahl darüber hinaus noch weiter gesteigert wird, wächst die Leistung nicht mehr mit, sondern fällt ab.

Übersetzung ist notwendig

(1 PS ist künftig 0,736 kW!)

Braucht man nun am angetriebenen Fahrzeug-Laufrad zur Überwindung der gerade vorliegenden Fahrwiderstände eine Leistung von 1 PS, dann muß dafür gesorgt sein, daß der Motor bei dieser Fahrgeschwindigkeit mit einer Drehzahl läuft, bei der er dieses 1 PS auch wirklich leistet. Seine Drehzahl ist dabei auf jeden Fall bedeutend höher als die Drehzahl des angetriebenen Rades. Deshalb muß man zwischen Motorkurbelwelle und Hinterradnabe (bzw. Vorderrad, wenn's ein Fahrzeug mit Vorderradantrieb ist) eine *»Übersetzung«* zwischenschalten. Man kann also nicht das Hinterrad mit Kurbelwellendrehzahl laufen lassen, sondern man muß die Übersetzung so auslegen, daß tatsächlich bei einer Fahrge-

schwindigkeit, bei der 1 PS zur Überwindung der Summe der Fahrwiderstände genügt, die Motordrehzahl der entspricht, bei der der Motor 1 PS leistet.
1 PS leistet ein Motor mit großem Hubvolumen schon bei sehr geringer Drehzahl – also kann bei einem solchen Motor das Übersetzungsverhältnis näher an 1:1 (der »direkten« Kraftübertragung) liegen als bei einem kleinen Motor, der das benötigte 1 PS erst bei einer sehr viel höheren Drehzahl erreicht. Bei diesem kleineren Motor wird dann zwischen Motorkurbelwelle und Hinterradnabe ein großer Übersetzungs-»Sprung« zwischengeschaltet werden müssen.
Das zu wählende *»Übersetzungsverhältnis«* – eben der Übersetzungs-Sprung – zwischen Motor und Antriebsrad wird vom Konstrukteur für jeden Fahrzeugtyp errechnet und festgelegt. Aber nur in manchen Fällen kommt man – bei Mofa und Moped – mit einem einzigen, festen Übersetzungsverhältnis zwischen Motor und Antriebsrad aus. Häufiger – und eben vor allem bei Zweirädern, die eine höhere Geschwindigkeit als die bauartbegrenzten 25 bzw. 40 km/h des Mofas oder Mopeds erreichen sollen – muß durch konstruktive Maßnahmen dafür gesorgt werden, daß der Fahrer das Übersetzungsverhältnis den sehr unterschiedlichen Fahrwiderständen anpassen kann. Wie das geschieht und wie viele interessante Möglichkeiten es da gibt – und wie man schließlich die Übersetzungsverhältnisse in seinem eigenen Fahrzeug nachrechnen kann –, darüber wird im Folgenden noch ausführlich berichtet werden.
Weitaus die Mehrzahl aller motorisierten Zweiräder, das wurde schon gesagt, weist ein angetriebenes Hinterrad auf – vom Mofa über Moped und Mokick zum Leichtroller und Kleinkraftrad. Der Motor kann dabei sowohl im Mittelrahmen als auch weiter nach hinten gerückt eingebaut sein – im Extrem kann der Motor (der im Anfang der Kleinstfahrzeug- bzw. Hilfsmotorenentwicklung manchmal sogar anstelle des Gepäckträgers *über* dem Hinterrad lag) neben das Hinterrad

gerückt sein – es gibt auch Baubeispiele, bei denen die Triebwerksaggregate (Motor und Getriebe) das angetriebene Hinterrad von vorn hufeisenförmig umfassen.

Elemente der Kraftübertragung

Die technischen Möglichkeiten, die dem Konstrukteur zur Übertragung der Motorkraft auf das Antriebsrad zur Verfügung stehen, sind mannigfaltig – und es gibt für jede dieser Möglichkeiten auch mehr oder weniger zahlreiche praktische Anwendungsbeispiele.

Am einfachsten ist die Kraftübertragung durch eine *Reibrolle* (die man besonders gern bei Zweirädern mit angetriebenem Vorderrad anwandte). Meist sitzt die Reibrolle (mit einem griffigen Belag versehen bzw. aus einem Material hergestellt, das in Verbindung mit dem Reifengummi, auf dem die Reibrolle unter Federdruck aufliegt, einen hohen *Reibwert* ergibt) direkt auf der Kurbelwelle des Motors. Aber um das benötigte Übersetzungsverhältnis zwischen Kurbel- und Antriebsrad-Achswelle zu erhalten, muß die Reibrolle einen sehr geringen

Bild 59: Mofa-Motor mit Reibrollenantrieb auf das Vorderrad: Die verhältnismäßig sehr lange (und deshalb auch dreimal gelagerte) Kurbelwelle trägt auf ihrem freien Ende (links) den Schwunglichtmagnetzünder, in der Mitte die Reibrolle (gekreuzt schraffiert), die sich gegen die Vorderrad-Bereifung unter Federdruck anlegt.

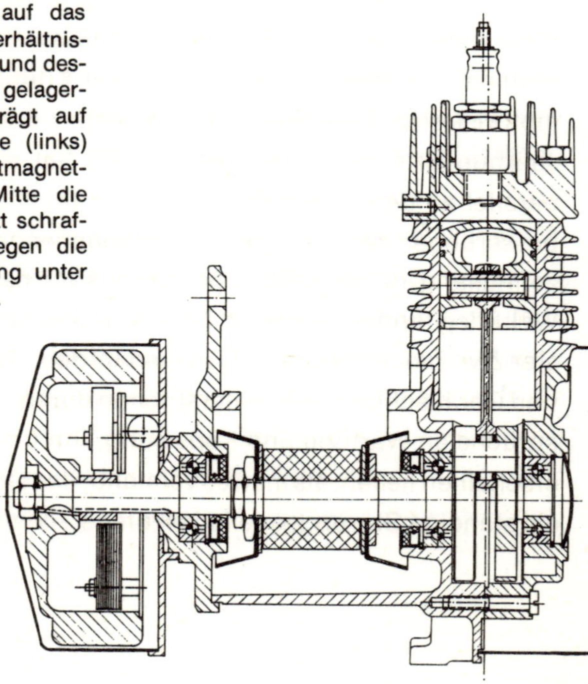

Durchmesser haben. Und je kleiner die Reibrolle, desto größer die Gefahr des »Schlupfes«, des Durchrutschens also, besonders bei Nässe.

(Anstelle einer Verkleinerung der Reibrolle das angetriebene Laufrad vergrößern zu wollen, um ein größeres Übersetzungsverhältnis zu erhalten, ist ein Trugschluß: der Durchmesser des angetriebenen Laufrades ist nämlich für das Übersetzungsverhältnis zwischen Reibrolle und *Straße* ebenso unmaßgebend wie etwa die Größe des Zwischenrades in einer Zahnradübertragung, die aus drei Zahnrädern besteht!)

Der einzige Ausweg, zu einem größeren Reibrollendurchmesser zu kommen, besteht in einem zusätzlichen Übersetzungsgetriebe zwischen Kurbel- und Reibrollenwelle, und das hat man natürlich auch schon probiert. Aber damit wird der mechanisch so einfache Reibrollenantrieb sofort erheblich komplizierter – und da kann man dann als Konstrukteur auch gleich eine der anderen technischen Möglichkeiten für die Kraftübertragung wählen (die den Nachteil der Schlupfgefahr und der Witterungsabhängigkeit nicht haben). Tatsächlich ist der Reibrollenantrieb technisch heute nur vertretbar, wenn man mit ihm in einer einzigen Übersetzungsstufe das Problem der Kraftübertragung zwischen Kurbelwelle und Fahrzeuglaufrad lösen kann. Dann freilich ist diese Antriebsart unerreicht billig, einfach und störungssicher.
Eine andere Art des »Reibungsschlußes« stellt der *Keilriemen* dar. Keilriemenantrieb diente zur Kraftübertragung bei motorisierten Zweirädern schon gegen Ende des vorigen Jahrhunderts, und diese Antriebsart hat sich dann auch, parallel zu den materialmäßigen und technologischen Verbesserungen der zur Verwendung kommenden Riemen, jahrzehntelang im Zweiradbau gehalten. Auch nach dem zweiten Weltkrieg fanden sich noch Neuentwicklungen gerade kleinster Zweiradfahrzeuge mit Riemenantrieb, dessen Elastizität und Geräuschlosigkeit, unterstrichen durch die geringen Ansprüche an Wartung und Kapselung, ihn umso brauchbarer erscheinen ließen, als man es verstand, das lästige und früher als ständige Störungsquelle verrufene *Riemenschloß* durch

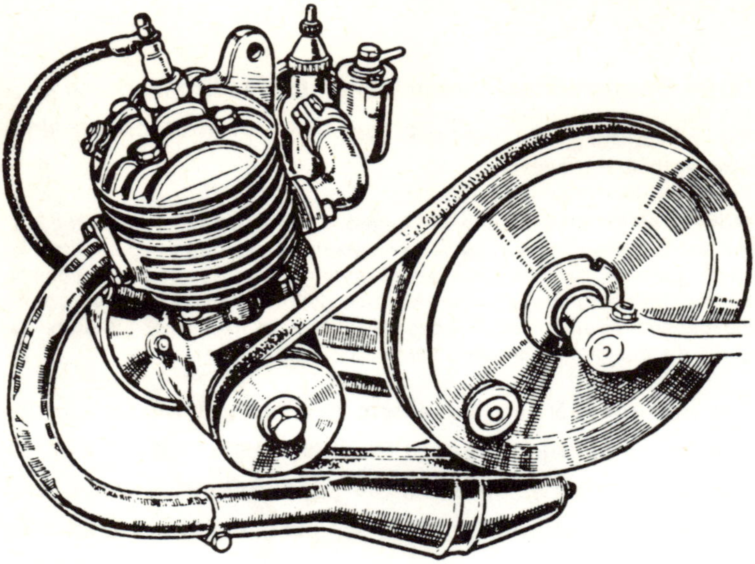

Bild 60: Primärkraftübertragung auf eine »Vorgelegewelle« mittels endlosem Keilriemen – von der Vorgelegewelle führt eine Kette zum Hinterrad. Die Riemenscheibe auf der Motorkurbelwelle kann man auch mit einer Fliehkraftkupplung oder mit einem stufenlosen Wandler (entspr. Bildern 69 bzw. 87) kombinieren; im letzteren Fall wird dann der Motor um die obere Aufhängung schwenkbar angeordnet, damit der Riemen immer unter Spannung bleibt, wenn der Durchmesser der vorderen Riemenscheibe kleiner und damit die Übersetzung größer wird.

Verwendung eines *endlosen Riemens* überflüssig zu machen.

Später verschwand dann der Keilriemen, scheinbar endgültig, aus dem Zweiradbau – bis er in jüngster Zeit neu entdeckt wurde. In Kombination mit anderen mechanischen Elementen dient er in Kraftübertragungen (wieder in endloser Ausführung, in der er sich inzwischen im Automobilbau für den Antrieb von Hilfsaggregaten bewährt hat, zum Teil auch als sogenannter *»Zahnriemen«*, der keinerlei Schlupf unterliegt) sowohl als elastisches Zwischenglied zur Überbrückung grö-

Bild 60a: Der heute im Kraftfahrzeugbau vielfach (z. B. zum Antrieb einer obenliegenden Nockenwelle bei Automobilmotoren) angewendete Zahnriemen eignet sich auch, vor allem wegen seiner Laufruhe, als Primärtrieb für Mofas und Mopeds.

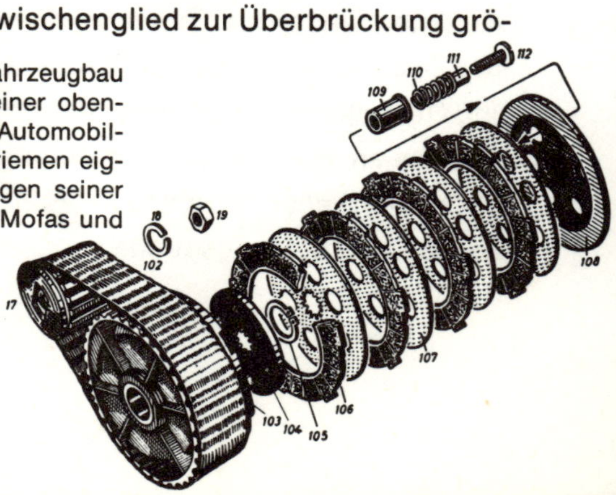

Bild 61: Einzylindermotor, zerlegt – im Kästchen die Einzelteile einer Fliehkraftkupplung, die mit der Riemenscheibe kombiniert ist. Primärkraftübertragung durch endlosen Keilriemen, wie im Bild 60.

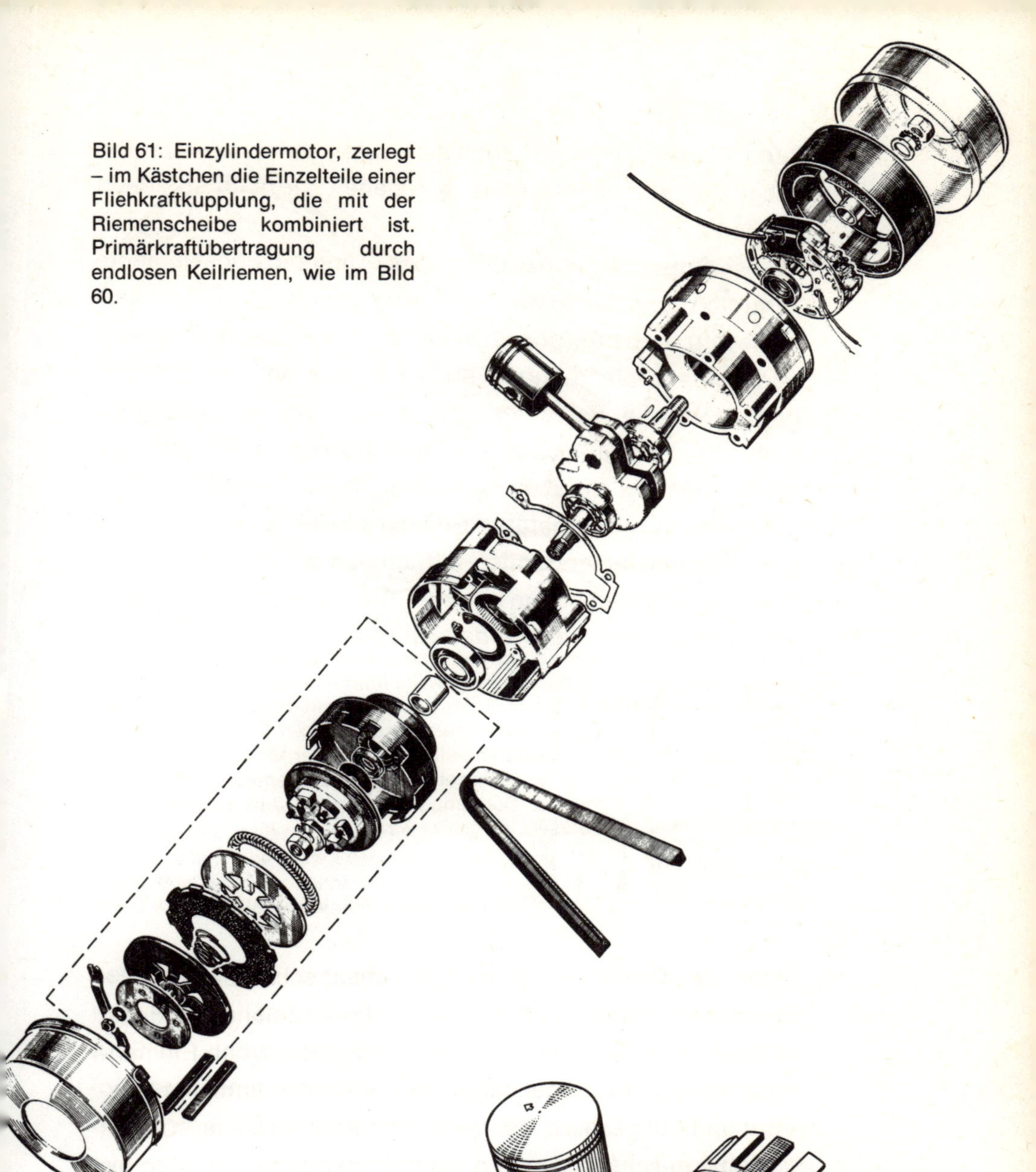

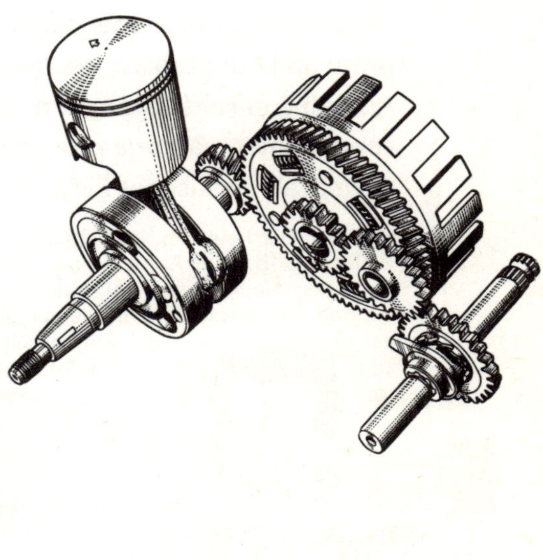

Bild 62: Kurbeltrieb und Primärkraftübertragung mittels schrägverzahnter Zahnräder auf den Kupplungskorb. Die anderen drei Zahnräder gehören zum Kickstarter-Anwerfmechanismus (Kleinkraftrad).

ßerer Achsabstände, wie auch als Bauteil stufenlos veränderlicher Übersetzungsgetriebe, von denen wir noch sprechen werden.
Als Kraftübertragungsglieder bzw. Übersetzungselemente kann sich der Konstrukteur ferner der *Zahnräder* in ihren verschiedenen Ausführungsformen (als Stirnräder mit gerader oder schräger Verzahnung, als Schneckenräder oder als Kegelräder) bedienen. Allerdings eignen sich Zahnradantriebe nicht zur Überbrückung größerer Achsabstände. Deshalb findet man sie meist in Kombination. Entweder mit einer *Welle* (die durch eingefügte *Gelenke* flexibel gemacht ist, um evtl. Rahmenverwindungen aufnehmen zu können. Solche Wellen kennt man schon lange im Automobilbau, man nennt sie dort *Gelenk-* oder *Kardanwellen.*

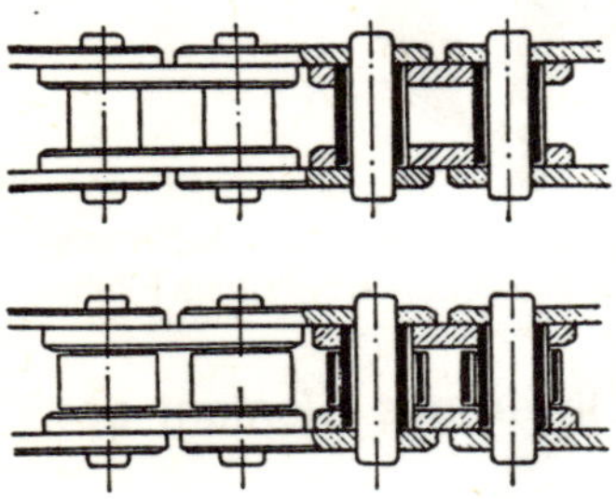

Bild 63: Hülsenkette (oben) und Rollenkette (unten). Bei der Rollenkette laufen die Hülsen der einzelnen Glieder nicht direkt auf den Kettenrädern, sondern unter Zwischenschaltung der deutlich erkennbaren (gehärteten) Rolle.

Oder man überbrückt die großen Achsabstände, wie bei den meisten Fahrrädern seit eh und je, mit Hilfe einer *Rollen-* oder *Hülsen-Kette.* Und wenn eine solche Kette richtig in Spur läuft, den zu übertragenden Kräften entsprechend dimensioniert und gut gespannt ist, wenn sie ferner im Dauerschmierbad und geschützt gegen allen Fremdkörperzutritt, also voll

Bild 64: Primärkraftübertragung mittels schrägverzahnter Zahnräder im Gehäuse (kein Wechselgetriebe), Sekundärkraftübertragung (zum Hinterrad) über Kette.

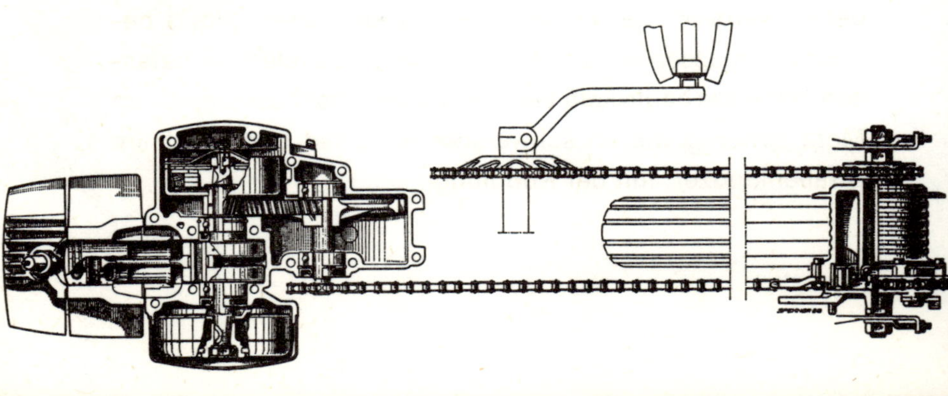

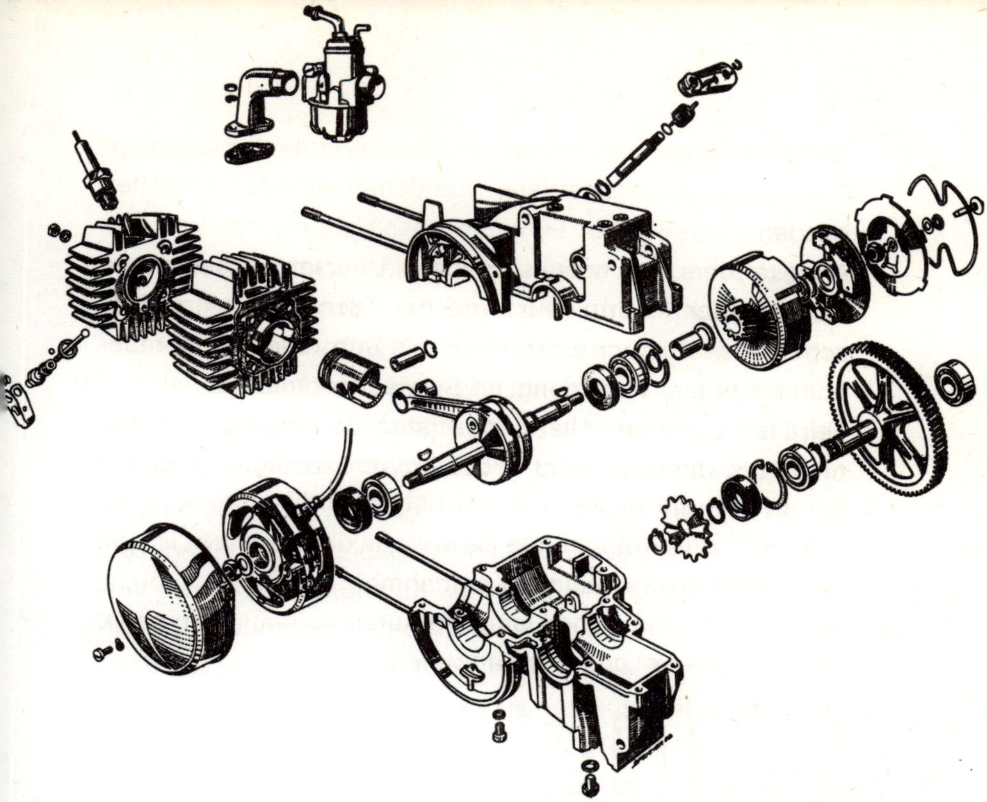

Bild 65: Der im Bild 64 gezeigte Motor mit liegendem Zylinder hier nochmals in Einzelteilen; die Kupplung auf der Kurbelwelle (rechts) arbeitet als Fliehkraftkupplung automatisch.

gekapselt, läuft, dann ist sie ein vollwertiges Element der Kraftübertragung.

Tatsächlich findet sich neben dem am häufigsten verwendeten Kettenantrieb im Kleinfahrzeugbau aber auch der Zahnradantrieb, neuerdings sogar nicht nur bei großvolumigen Motorrädern der »Luxusklasse« – der Kardanantrieb!

Es wurde schon gesagt, daß nur in manchen Fällen der Konstrukteur mit einer einstufigen, konstanten Übersetzung in der gewählten Kraftübertragung zwischen Kurbelwelle und Antriebsrad auskommt. Häufiger muß die Kraftübertragung und damit auch die Übersetzungsstufe in mehrere Teile aufgeteilt werden. Ehe wir uns diese konstruktiven Details betrachten, müssen wir uns aber mit einem Bauelement befassen, ohne das heute kein Verbrennungsmotor auskommt – im Mofa sowenig wie im schwersten Motorrad oder auch im Straßenkreuzer: mit der Kupplung.

Die Kupplung

Wie wir noch von der Funktionsbeschreibung des Verbrennungsmotors her wissen, hat dieser – im Gegensatz zu Dampfmaschine und Elektromotor – den Nachteil, daß er nicht lediglich durch Energie-, also durch »Gas«-Zufuhr, anlaufen kann, er muß vielmehr angeworfen werden.

Dazu ist es, sofern er in ein Kraftfahrzeug eingebaut ist, vorteilhaft (wenn auch nicht unbedingt notwendig), daß er von der Kraftübertragung zum Antriebsrad getrennt werden kann. Für diese Trennung benutzt man eine Kupplung. Und zwar eine sogenannte *Reibungs-Kupplung*, weil ja der Verbrennungsmotor – ein zweiter Nachteil gegenüber Dampfmaschine und Elektromotor! – mit einer gewissen Mindestdrehzahl laufen muß, um eine brauchbare Leistung abzugeben. Mit dieser Drehzahl laufend muß die Motorkurbelwelle mit der Kraftübertragung gekoppelt werden, und das kann verständlicherweise nicht durch brüskes Einrücken einer *Klauen-Kupplung* geschehen – dabei würde der Motor »abgewürgt« werden, statt das Fahrzeug in Bewegung zu setzen. Durch zunehmend stärker werdende Reibung in den Elementen der Reibungs-Kupplung wird vielmehr die Drehzahldifferenz zwischen Motor- und Kraftübertragungswelle überbrückt, bis schließlich beide die gleiche Drehzahl haben – dann ist »eingekuppelt«.

Für die Ausbildung einer solchen Kupplung gibt es zahlreiche konstruktive Möglichkeiten. Die meisten Zweiradmotoren

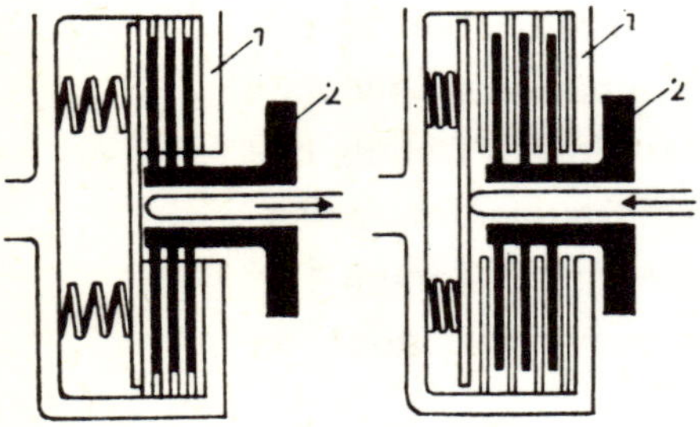

Bild 66: Prinzipdarstellung einer Mehrscheiben-Reibungskupplung. Links kraftschlüssig (die Federn drücken das Lamellenpaket zusammen), rechts gelöst (ausgekuppelt, weil mittels des durch die hohle Welle geführten Druckstifts (Pfeil) der Federdruck aufgehoben wurde. Im eingekuppelten Zustand (links) sind Teil 1 und 2 fest miteinander verbunden, wenn ausgekuppelt ist (rechts), können sie sich frei gegeneinander drehen.

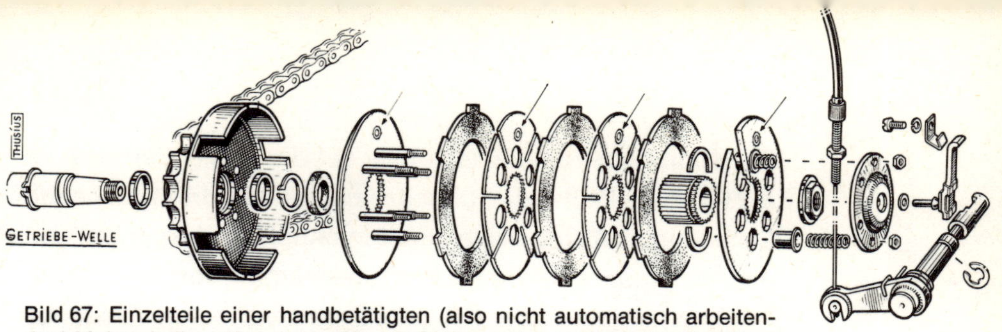

Bild 67: Einzelteile einer handbetätigten (also nicht automatisch arbeitenden) Mehrscheiben-Kupplung. Die mit Pfeilen gekennzeichneten Scheiben sind über die Stifte in der Grundlamelle (links) mit der Kupplungsnabe, die anderen über die Außen-Nasen mit der Kupplungstrommel kraftschlüssig verbunden. Durch Federn wird auch hier, wie im Bild 66, das Lamellenpaket zusammengedrückt.

(sofern sie nicht mit einer »automatischen« Kupplung ausgestattet sind, von deren Besonderheiten noch gesprochen werden wird) benutzten eine *Mehrscheiben- (Lamellen-) Kupplung,* die im Ölbad zusammen mit den Elementen (Zahnrädern o. ä.) der Kraftübertragung läuft.

Prinzipiell ist es bei allen Varianten einer solchen Mehrscheibenkupplung so, daß eine äußere *Kupplungstrommel* und ein innerer *Kupplungs-Mitnehmer* vorhanden sind. In der Kupplungstrommel (auch als *Kupplungskorb* bezeichnet) liegen aufeinandergeschichtet die *Kupplungslamellen (Kupplungsscheiben).* Das sind Scheiben, die abwechselnd durch Mitnehmernasen außen mit der Kupplungstrommel und innen mit dem Kupplungsmitnehmer (Kupplungskern) verbunden sind. Dabei ist es meist so, daß abwechselnd die eine Scheibe eine blanke Metallscheibe, die nächste aber eine mit einem Reibbelag versehene oder durchweg aus solchem Reibmaterial bestehende Scheibe ist. Eine zentrale oder mehrere im Kreis angeordnete kleine Druckfedern (*Kupplungsfedern*), die sich gegen eine *Kupplungsdruckplatte* (vor dem Lamellenpaket) abstützen, drücken normalerweise das Lamellenpaket zusammen. Der hohe Reibwert des Kupplungsbelags und die durch die zahlreichen Scheiben sich ergebende große Reibfläche bewirken, daß unter Einwirkung des Federdrucks das Lamellenpaket gewissermaßen einen starren Block darstellt, der durch die erwähnten Mitnehmernasen die Kupplungstrommel und den Kupplungsmitnehmer (Kern) starr miteinander verbindet.

Die Kupplungstrommel sitzt lose auf der Welle, der Kern ist auf ihr festgekeilt – aber über das unter Federdruck stehende Lamellenpaket sind beide direkt miteinander gekoppelt, und dadurch findet eine direkte Kraftübertragung vom Motor zum Antriebsrad (evtl. über ein zusätzlich zwischengeschaltetes Getriebe mit mehreren Übersetzungsstufen) statt. Soll ausgekuppelt werden, so muß der Federdruck von den Lamellen genommen werden. Es ist klar, daß dann (weil die Lamellen nicht mehr gegeneinander gepreßt werden) die Kupplung »durchrutschen« muß, die Kraftübertragung also unterbrochen ist. Um das bewerkstelligen zu können, sieht der Konstrukteur meist einen sogenannten *Druckpilz* vor, der im Mittelpunkt der Kupplung sitzt und mit ihr rotiert. Wird auf ihn von außen ein Druck ausgeübt, so werden die Kupplungsfedern zusammengedrückt, d. h. sie werden daran gehindert, ihrerseits Druck auf das Lamellenpaket auszuüben. Und schon rutschen die Lamellen gegeneinander – es ist »ausgekuppelt«. Solange, bis der Druck auf den Druckpilz wieder aufhört. Dann können die Kupplungsfedern wieder frei aus-

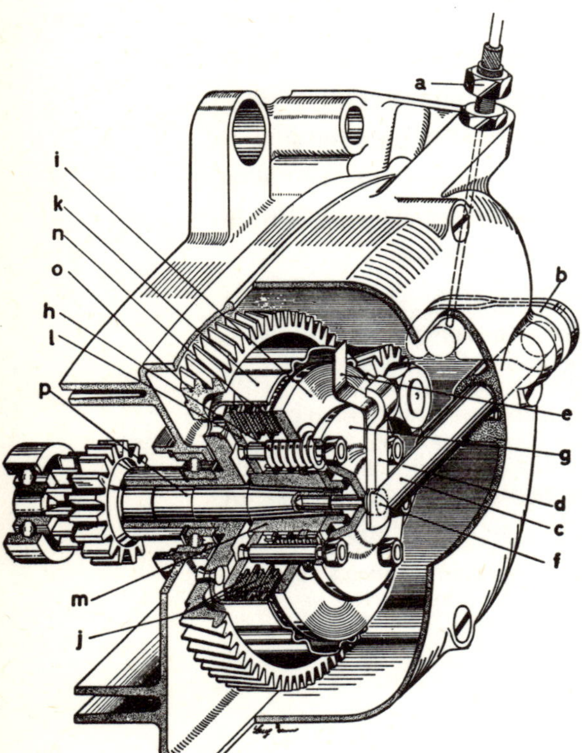

Bild 68: Schnittdarstellung einer Moped-Kupplung mit Handbetätigung. a = Kupplungszug-Stellschraube, b = Kupplungshebel am Gehäuse, c = Kupplungswelle, d = Kupplungsdruckhebel, e = Blattfeder, f = Druckpilz, g = Druckscheibe, h = Druckfedern, i = Decklamelle, j = Kupplungslamellen, k = Kupplungskorb, l = Drucklamelle, m = Kupplungskern, n = Stahllamellen, o = Kupplungszahnrad, p = Getriebe-Hauptwelle.

federn und das Lamellenpaket wieder zusammenpressen – dann ist also wieder »eingekuppelt«.

Der Sitz des Druckpilzes ist, je nach Kupplungsart, verschieden. Aber vorhanden ist er in irgendeiner Form immer. Auf ihn wirken dann ein *Betätigungshebel* oder eine *Druckschnecke*, die im Gehäusedeckel gelagert sind. Sie tragen außerhalb wieder einen kleinen Hebel, in dem der zum Handhebel am Lenker führende Seilzug (Bowdenzug) eingehängt ist. Diese Betätigungsteile im Gehäusedeckel stehen also fest, nur der Druckpilz rotiert mit der Kupplung, wenn ausgekuppelt wird. Die Auflageflächen von Pilz und Betätigungshebel bzw. -schnecke sind gehärtet, weil ja an dieser Stelle beim Auskuppeln eine erhebliche Reibung unter Druck auftritt, die nicht zum Verschleiß führen darf. Im eingekuppelten Zustand dagegen muß zwischen diesen Betätigungsteilen an der Berührungsstelle ein geringfügiges Spiel vorhanden sein – einmal, um eine unzulässige teilweise Entlastung der Kupplungsdruckfedern und damit die Gefahr leichten Durchrutschens der Kupplung zu verhindern, zum anderen um keine ständige Reibung an der Berührungsstelle zu haben.

Das ist der Grund dafür, daß laut Betriebsanleitung die Kupplungsbetätigung immer einen geringen *»toten Gang«* haben soll. Dieser muß anläßlich der laufenden Pflegearbeiten kontrolliert und gegebenenfalls nachkorrigiert werden, wozu entsprechende Nachstellmöglichkeiten (Stellschrauben) an jeder Kupplungsbetätigung vorgesehen sind.

Will der Konstrukteur ein besonders billiges Mofa oder Moped schaffen, so kann er notfalls auf eine Kupplung ganz verzichten. Dann muß er von der Kurbelwelle aus – über die erwähnte Reibrolle auf den Reifen des vorderen oder hinteren Laufrades oder mittels eines Keilriemens, der über eine kleine Riemenscheibe auf der Kurbelwelle und über eine am Antriebsrad (Laufrad) befestigte Riemenfelge gelegt ist – einen direkten Antrieb vorsehen. Eine solche, tatsächlich wenig aufwendige und deshalb unerreicht preisgünstige Ausführung bedingt dann allerdings, daß der Motor durch Vorwärtsbewegen des Fahrzeugs, also durch Anschieben oder Antreten mittels der Pedale, angeworfen wird. Der Fahrer muß dann auch, wenn er etwa an einer Ampel anhalten muß, den Motor jeweils stillsetzen und beim Wiederlosfahren erneut durch Antreten in Gang setzen – eine Unbequemlichkeit, der sich gewiß nicht jeder Mofa-Fahrer unterwerfen möchte.

Die Reibrolle etwa als Kupplungsersatz verwenden zu wollen, wäre falsch: Schleifenlassen der samt dem ganzen Motor abgehobenen Reibrolle würde nur den Reifen zerstören, nicht aber das Fahrzeug samt Fahrer aus dem Stand in Bewegung setzen können.
Wohl aber ist es möglich, auf der Kurbelwelle eine Kupplung der schon beschriebenen Art (Mehrscheibenkupplung) anzuordnen und von dieser über Reibrolle, Keilriemen oder evtl. Kette das als Antriebsrad dienende Laufrad anzutreiben. Natürlich muß dann der Motor auch wieder zunächst durch Pedaltreten oder Anschieben des Fahrzeugs angeworfen werden – aber man kann dann bei kurzem Zwischenhalt die Kupplung lösen und zum Wiederanfahren wieder einkuppeln. Unterstützt man die Arbeit des (wegen fehlender Getriebeuntersetzung nicht genügend leistungsfähigen) Motors durch leichte Pedaltritte, so geht das recht gut.

Die »automatische« Kupplung

Die bei Mofas und Mopeds mehr und mehr anzutreffenden automatischen Kupplungen beruhen sämtlich auf der Wirkung der in ihrer Größe drehzahlabhängigen *Fliehkraft*. In ih-

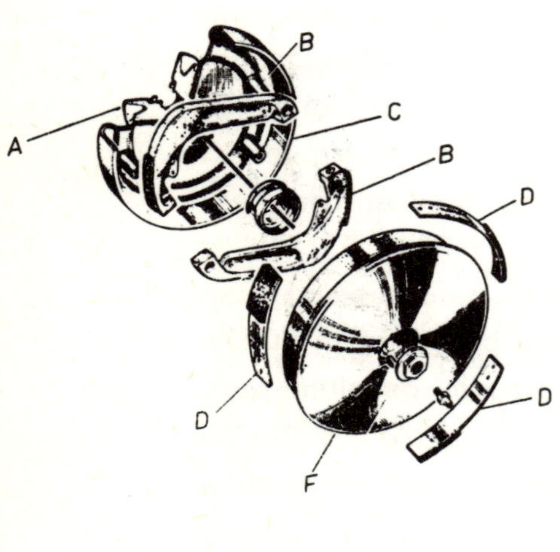

Bild 69: Fliehkraftkupplung eines französischen Mopeds; A = Riemenscheibe, B = Fliehkraftbacken, C = große Trommel, D = Reibbelag auf Flachfedern, F = kleine Trommel. Diese Kupplung arbeitet ohne Handbetätigung auch beim Start, d. h. beim Antreten wird die zunächst auf der Motorwelle freilaufende Riemenscheibe A gedreht, die Backen B schwenken aus und nehmen die kleine Trommel F mit, die fest mit der Motorwelle verbunden ist. Ist der Motor angesprungen, schwenken zunächst die Backen B wieder ein, der Motor läuft ausgekuppelt im Leerlauf. Erst wenn Gas gegeben wird, legen sich die Flachfedern mit Reibbelag D nach außen und nehmen die große Trommel C zunehmend mit. Steigt die Drehzahl weiter, so schwenken auch die Backen B unter Fliehkrafteinwirkung wieder aus und stellen den endgültigen Kraftschluß zwischen Motorwelle und Riemenscheibe her.

rer einfachsten Ausführung dreht sich mit Kurbelwellendrehzahl ein auf dem Kurbelwellenzapfen befestigtes scheibenden Backen in Innenbackenbremsen (s. Seite 152) ähnelnde förmiges Tragteil, auf dem – in Ruhestellung durch schwache Zugfedern zum Scheibenzentrum gezogen – zwei oder mehr *Kupplungsbacken* schwenkbar gelagert sind. Über diese Backen greift eine Trommel (*Kupplungstrommel*), die ebenfalls auf dem Kurbelwellenzapfen sitzt, dort jedoch nicht starr befestigt, sondern drehbar gelagert ist. Die Trommel trägt Kettenritzel oder Riemenscheibe zur Weiterleitung der Motorkraft, sobald eingekuppelt ist.

Eingekuppelt wird hier – und zwar eben »automatisch«, d. h. ohne daß der Fahrer etwas anderes zu tun hat als nur Gas zu geben –, wenn sich durch erhöhte Gaszufuhr die Drehzahl des zunächst im Leerlauf laufenden Motors erhöht. Die bislang durch die erwähnten Zugfedern nach innen und damit von der Kupplungstrommel weg gezogenen Kupplungsbakken unterliegen nun der sich steigernden Drehzahl der Motorkurbelwelle bzw. der auf ihr festsitzenden Tragscheibe und der sich gleicherweise steigernden Fliehkraft. Diese überwindet bald den Federzug, und die Backen kommen mit ihrem Reibbelag zur Anlage im Inneren der Trommel. Zunächst noch mit Schlupf – wie beim handbetätigten Einkuppeln auch – wird die Kupplungstrommel mitgenommen, und das Fahrzeug setzt sich in Bewegung. Mit weiter steigender Motordrehzahl und mit Überwindung des Anfahrwiderstands verschwindet schließlich der Schlupf, die Kupplung »packt an«, und die kraftschlüssige Verbindung zwischen Triebwerk und Hinterrad ist hergestellt.

Diese Verbindung bleibt auch bestehen, d. h. es bleibt ohne Zutun des Fahrers eingekuppelt, solange nur eben mittels des Gasdrehgriffs der Motor »am Ziehen« gehalten wird. Nimmt man jedoch das Gas weg, so wird zwar die bestehende Verbindung zwischen Trommel und Backen den Motor auch bei absinkender Drehzahl noch kurzzeitig mitdrehen – aber

sehr bald trennt die Kupplung, wenn der Antrieb vom Motor her fehlt.
Die Kupplungstrommel läuft dann schneller als das fest mit der Kurbelwelle verbundene Tragteil, auf dem die Kupplungsbacken gelagert sind. Diese wurden nämlich inzwischen durch die erwähnten Zugfedern wieder nach innen und außer Kontakt mit der Kupplungstrommel gebracht (weil die beim Absinken der Drehzahl geringer werdende Fliehkraft schwächer wurde als der Zug der Federn). Der Motor läuft nun, sofern die Gaszufuhr bis auf die Leerlauf-Gasmenge gedrosselt wurde, mit Leerlaufdrehzahl – unabhängig von der Drehzahl der Kupplungstrommel bzw. des mit ihr verbundenen Laufrads.
Es kann auf diese Weise keinesfalls passieren, daß der Motor, auch wenn das Fahrzeug schließlich durch Bremsen ganz zum Stillstand gebracht wird, »abgewürgt« wird. Er wird vielmehr – beim langsamen Ausrollen des Fahrzeugs ebenso wie bei dessen völligem Stillstand – im Leerlauf drehen.
Wird dann wieder Gas gegeben, so wiederholt sich das geschilderte Spiel mit dem fliehkraftbedingten Nachaußendrängen der Kupplungsbacken und dem Kraftschlüssigwerden der Kupplung. Und hierbei zeigt sich ein weiterer Vorteil einer solchen »Automatik«: der Fahrer kann den Motor nicht mehr im Stand »hochjubeln« lassen und mit ihm – zum Entsetzen anderer – Radau machen: sobald der Motor eine bestimmte Drehzahl überschreiten will, wird eingekuppelt – hohe Drehzahlen im Leerlauf sind nicht möglich.
Nun muß man freilich den Motor ja auch anwerfen können. Das geschieht bei Mofas und Mopeds mittels der Tretkurbeln bzw. durch Anrollenlassen auf einem Gefälle. Vom in Drehung gebrachten Hinterrad wird dann die Motorkurbelwelle ebenfalls durchgedreht, bis der Motor anspringt.
Bei einer automatischen Kupplung geht das zunächst nicht. Denn der Fahrer könnte sein Fahrzeug durch Treten, An-

Bild 70: Bei dieser Kupplung (holländischer Mofa-Motor) dienen die unter Fliehkrafteinwirkung nach außen gehenden Kugeln 3 dazu, den Kraftschluß zwischen Motorwelle 12 und Riemenscheibe 1 herzustellen, wenn die Drehzahl des Motors steigt. Um den Motor anwerfen zu können, muß die Kupplung durch Betätigen des Handhebels gegen den Druck der Feder 5, die normalerweise die Kupplungslamellen hier getrennt hält, kraftschlüssig gemacht werden.

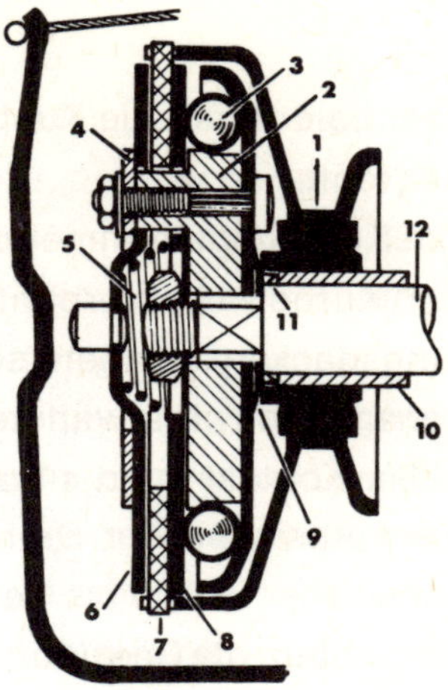

schieben oder Rollenlassen noch so rasch in Bewegung setzen – das Laufrad würde doch immer nur die Kupplungstrommel drehen. Die fliehkraftabhängigen Kupplungsbacken aber sitzen ja auf der mit der Motorkurbelwelle fest verbundenen Tragscheibe, die samt den darauf angelenkten Backen ja von der sich drehenden Kupplungstrommel nicht mitgenommen wird, sodaß die Backen nicht unter Fliehkrafteinwirkung kommen und den Kraftschluß zwischen Kupplungstrommel und Kurbelwelle nicht herstellen können.

Deshalb muß konstruktiv dafür gesorgt werden, daß zum Ingangsetzen des Motors eine kraftschlüssige Verbindung zwischen Kupplungstrommel und Kurbelwelle auch ohne Fliehkrafteinwirkung von der Motorseite her hergestellt werden kann. Zu diesem Zweck kann man eine von Hand einschaltbare zusätzliche *»Startkupplung«* vorsehen (die dann meist mit einem im Zylinderkopf sitzenden *»Dekompressionsventil«* gekoppelt ist, damit das Anwerfen des Motors durch reduzierten Verdichtungsdruck erleichtert wird). Man kann aber auch für das Anwerfen auf jegliche Kupplungs-Bedienung durch den Fahrer verzichten und auch die Startkupplung automatisch durch Fliehkrafteinwirkung funktionieren lassen. Zu diesem Zweck muß aber der bereits beschriebenen, von der Motordrehzahl abhängigen sogenannten *»Fahrkupplung«* eine zweite, ähnlich aufgebaute, wegen der geringeren zu übertragenden Kräfte aber kleinere Fliehkraftkupplung vorgesehen werden. Diese muß jedoch so angeordnet sein, daß sie umgekehrt wie die Fahrkupplung wirkt, d. h. sie muß unter Einwirkung der Fliehkraft den Kraftfluß vom Hinterrad zur Motorkurbelwelle herstellen und so eben als »Startkupplung« (»Anwerfkupplung«) funktionieren.

Damit sie das kann, sind ihre Backen beispielsweise so an der Seitenwand der großen Kupplungstrommel angelenkt, daß sie unter Fliehkrafteinwirkung nach außen gehen, sobald die Trommel vom Hinterrad her in schnelle Drehung versetzt wird. Die Backen der Startkupplung legen sich dann radial gegen eine zweite, kleinere Trommel, die mit dem Tragstück der großen Kupplungsbacken und somit mit der Kurbelwelle fest verbunden ist (s. Bild 69).

Hört der Antrieb der großen Kupplungstrommel vom Hinterrad her auf (weil der Motor angesprungen ist), so lösen sich die Backen der kleinen Startkupplung von ihrer Trommel und die große Kupplungstrommel bleibt stehen (sofern das Fahrzeug nicht im Rollen ist). Wird dann aus dem Leerlauf Gas gegeben, so nehmen die ausschlagenden Backen der großen Fahrkupplung die Trommel, wie bereits beschrieben, mit und das Hinterrad wird vom Motor angetrieben. Etwas später aber schlagen nun auch die Backen der kleinen Startkupplung unter Fliehkrafteinwirkung wieder aus und legen sich gegen ihre (kleinere) Trommel. Sie verstärken damit die feste Verbindung zwischen Motorkurbelwelle und Kupplungstrommel – ohne andererseits beim Gaswegnehmen die Trennung beider Teile zu behindern und etwa zum Abwürgen des Motors zu führen. Die Rückholfedern und das Gewicht der Startkupplungs-Backen sind auf jeden Fall so ausgelegt, daß die Trennung der Startkupplung noch vor dem Trennen der Fahrkupplung erfolgt.

Aufteilung der Gesamtübersetzung zwischen Motor und Laufrad

Der Konstrukteur kann, sofern er den Auftrag hat, ein preiswertes, motorisiertes Einspurfahrzeug mit geringer Höchstgeschwindigkeit und begrenzter Steigfähigkeit zu bauen, das Laufrad direkt von der Motorkurbelwelle aus über Reibrolle, Riemen oder Kette bzw. evtl. auch Zahnräder antreiben – bei höherem Aufwand unter Zwischenschaltung einer (handbetätigten oder automatisch funktionierenden) Kupplung, damit der Fahrer den Motor auch im Leerlauf laufen lassen kann. Auf diese Möglichkeit einfachsten Aufbaus der Kraftübertragung bei einem Kleinmotor wurde schon hingewiesen.

In diesem Fall liegt dann in dieser »direkten« Kraftübertragung das gesamte Übersetzungsverhältnis, das rechnerisch benötigt wird, um bei normaler Fahrgeschwindigkeit des Zweirades den Motor mit einer Drehzahl arbeiten zu lassen, bei der er die zur Überwindung des Gesamtfahrwiderstandes erforderliche Leistung abgibt.

Die Abhängigkeit der Leistung eines jeden Verbrennungsmotors von der Drehzahl aber bringt es nun mit sich, daß man, je geringer der Hubraum ist, ein umso größeres Übersetzungsverhältnis braucht, um bei normaler Fahrgeschwindigkeit die Kurbelwelle mit der erforderlichen Drehzahl drehen zu lassen. Außerdem läßt sich der »normale Fahrbereich« auch um so schwieriger mit einer einzigen Übersetzungsstufe (und den dazugehörigen Kurbelwellendrehzahlen) bestreichen, je höher die vorgesehene Höchstgeschwindigkeit des Fahrzeugs ist. Denn wenn man die Übersetzung so auslegt, daß für den Bereich der Höchstgeschwindigkeit genügend Leistung an der Kurbelwelle zur Verfügung steht, dann reicht die Leistung für mittlere oder gar niedere Geschwindigkeiten nicht mehr. Umgekehrt erreicht das Fahrzeug die projektierte Höchstgeschwindigkeit u. U. gar nicht, sofern

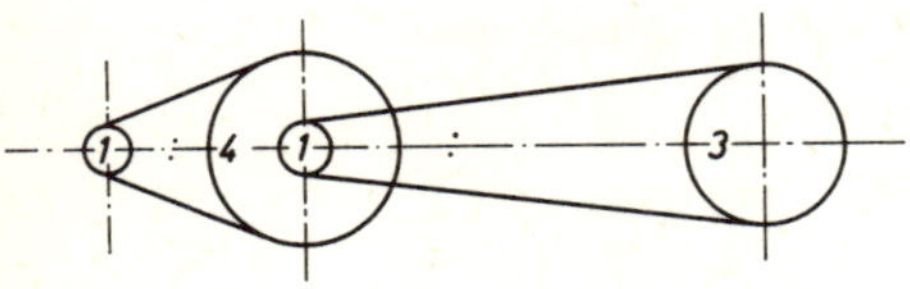

Bild 71: Schema für die Berechnung einer Gesamtübersetzung aus verschiedenen Teilübersetzungen: Primärübersetzung 1:4; Sekundärübersetzung 1:3; Gesamtübersetzung 4×3 = 12, Gesamtübersetzung also 1:12, die Kurbelwelle dreht zwölfmal in der Zeit, in der das Hinterrad eine Umdrehung macht. Ist noch ein Wechselgetriebe zwischengeschaltet (wie im Bild 72), so errechnet sich die Gesamtübersetzung aus dem Produkt Primärübersetzung × Übersetzung im jeweiligen Getriebegang × Sekundärübersetzung.

man die Übersetzung auf genügend Motorleistung bei niedriger oder mittlerer Fahrgeschwindigkeit auslegt.
Alle diese Zusammenhänge führen dazu, daß der Konstrukteur in den meisten Fällen die Kraftübertragung zwischen Motor und Laufrad (Antriebsrad) zunächst einmal unterteilt: in die *Primär-* und die *Sekundär-Kraftübertragung*. Und außerdem legt er in die Kraftübertragung meist noch ein *»Wechselgetriebe«*. In diesem befinden sich mehrere (zwei, drei oder noch mehr) Übersetzungsstufen, die der Fahrer wahlweise der »konstanten« Übersetzung in der Kraftübertragung zuschalten kann. Dadurch ist es dann möglich, die Drehzahl des Motors (und damit seine Leistung) den Fahrbedingungen und Fahrwiderständen (Belastung, Steigung, Gegenwind, Geschwindigkeit) anzupassen.

Primär-Kraftübertragung

Die bereits erwähnte Unterteilung der Gesamtübersetzung in Primär- (primus = lat. der Erste) und Sekundär-(sekundus = der Zweite) Kraftübertragung erfolgt vor allem deshalb, weil das antreibende Rad (Reibrolle, Riemenscheibe, Kettenritzel) am Motor zu klein, das angetriebene (Kettenblatt, Riemenfelge) am Antriebsrad zu groß werden würden, um sie ohne unwirtschaftlichen Verschleiß und Eigenkraftbedarf arbeiten lassen bzw. um sie (am Laufrad) überhaupt unterbringen zu

Bild 72: Primär- und Sekundär-Kraftübertragung in einem motorisierten Zweiradfahrzeug mit Vierganggetriebe und Kickstarter (Kleinkraftrad); a = Kickstarter, b = Kurbelwelle, c = Primärkette, d = Getriebe, e = Kupplung, f = Sekundärkette, g = Bremstrommel mit Kettenrad, h = Hinterrad.

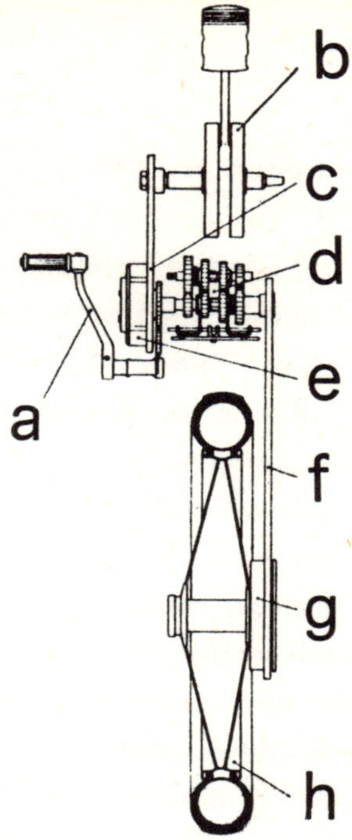

Bild 73: Explosiv-Darstellung eines älteren Moped-Motors mit Primärantrieb durch endlose Kette. Auch zwischen der eingebauten Pedalwelle und der Getriebewelle ist eine endlose Kette (und ein Ratschenfreilauf) vorgesehen.

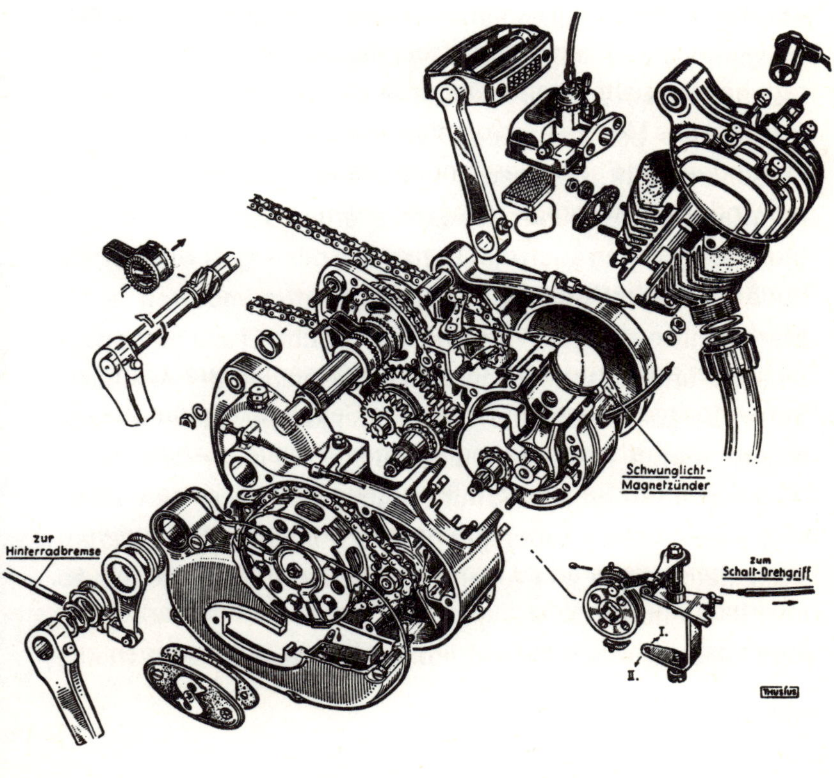

können. Außerdem aber gibt diese Unterteilung eben eine gute Möglichkeit, das erwähnte Wechselgetriebe in den Fluß der Kraftübertragung einzuschalten.

Für die Primärkraftübertragung stehen wieder verschiedene Maschinenelemente zur Verfügung. Man kann sich ebensogut einer kurzen endlosen Kette (Rollen- oder Hülsenkette) bedienen wie eines Zahnradsatzes (wobei die verwendeten Stirnzahnräder gerade oder schräg verzahnt ausgeführt werden können – im letzteren Fall laufen sie ruhiger). Man kann aber auch für den Primärantrieb einen endlosen Keilriemen verwenden; mit ihm wird der Antrieb nicht nur elastischer, sondern auch geräuschärmer (der Primärtrieb läuft, da mit Kurbelwellendrehzahl angetrieben, sehr schnell, und da machen Zahnräder gern Radau – und auch eine Kette hört man, vor allem wenn ihr Verschleiß schon fortgeschritten ist).

Unsere Bilder 72 und 73 zeigen Beispiele verschiedener Bauarten von Primärantrieben in Mopedmotoren.

Im Bild 73 stellt eine kurze, endlose Kette die Primärkraftübertragung dar. Bei so kurzen Ketten kommt man ohne Kettenspanner aus, auch eine Nachstellvorrichtung erübrigt sich, und da ein solcher Kettentrieb einige Elastizität aufweist und zudem bei einfachem Fertigungsaufwand relativ geräuscharm läuft, zog man ihn im Kleinmotorenbau jahrlang dem Zahnradantrieb vor. Als dann allerdings im Zuge der Leistungssteigerung auch die Drehzahlen gesteigert wurden, als zudem vielfach Moped- und Kleinkraftradmotoren einer Marke teilweise unter Verwendung gleicher Teile aufgebaut wurden, und als schließlich der Herabsetzung der mechanischen Geräusche erhöhte Aufmerksamkeit gewidmet werden mußte, wandte man sich wieder mehr und mehr dem Zahnrad-Primärantrieb zu. Manche Hersteller hatten den »Umweg« über die Kette auch gar nicht erst mitgemacht, sondern systematisch den von Anfang an benutzten Zahnradantrieb vervollkommnet.

Bild 74 zeigt einen Mopedmotor mit einem solchen (heute

meist schrägverzahnten) Zahnradantrieb von der Kurbelwelle zum Getriebe. Dort sitzt auf der Eingangswelle die schon beschriebene *Kupplung*, die den großen Zahnkranz trägt – auf der Kurbelwelle erkennt man das Abtriebsritzel, das mit dem Kupplungszahnrad kämmt.

Sekundär-Kraftübertragung

Es wäre nun theoretisch möglich, die Welle, auf der die Kupplung angeordnet ist, in geeigneter Weise am bzw. im entsprechend verlängerten Motorgehäuse zu lagern, auf der Gegenseite zur Kupplung auf ihr ein kleines Kettenrad aufzusetzen und über dieses und ein an der Hinterradnabe montiertes größeres Kettenrad die Hinterradkette laufen zu lassen. Diese Kette mit ihren beiden Kettenrädern würde dann den Sekundärantrieb darstellen – das gleiche könnte man natürlich auch mit einem Keilriemen erreichen.
Mit einer solchen Anordnung hätte man dann die Kraftübertragung zwischen Motor und Hinterrad in Primär- und Sekundärantrieb aufgeteilt. Als Vorteil hätte man allerdings lediglich die Möglichkeit gewonnen, ein großes Übersetzungsverhältnis unterzubringen, ohne am Hinterrad ein unförmig großes Kettenrad in Kauf nehmen zu müssen. Außerdem verhalten sich auch zwei kurze Ketten im Betrieb günstiger als eine lange, der man ohne zusätzliche Spannvorrichtung das Auf- und Abpeitschen sowie das seitliche Schlingern nicht abgewöhnen könnte.

Warum man eigentlich bei einer derart aufgeteilten Kraftübertragung ein kleineres Kettenrad am Hinterrad erhält als bei einer direkten Übertragung? Weil die Übersetzungsverhältnisse der einzelnen Stufen (Primär- und Sekundärübertragung) sich nicht etwa addieren, sondern multiplizieren! (s. Bild 71.) Rechnen wir das mal an einem Beispiel nach:
Angenommen, man wollte (um die Motorkurbelwelle bei einer Fahrzeuggeschwindigkeit von 35 km/h mit 3000 U/min laufen zu lassen, einer Drehzahl, bei der der Motor 2 PS abgeben möge) zwischen Kurbelwelle und Hinterrad eine Übersetzung von 1:9 vorsehen. Dan müßte also das Kettenrad am Hinterrad neunmal soviel Zähne aufweisen wie das auf der Kurbelwelle – eine glatte Unmöglichkeit. Man könnte vielleicht die sechsfache Zähnezahl un-

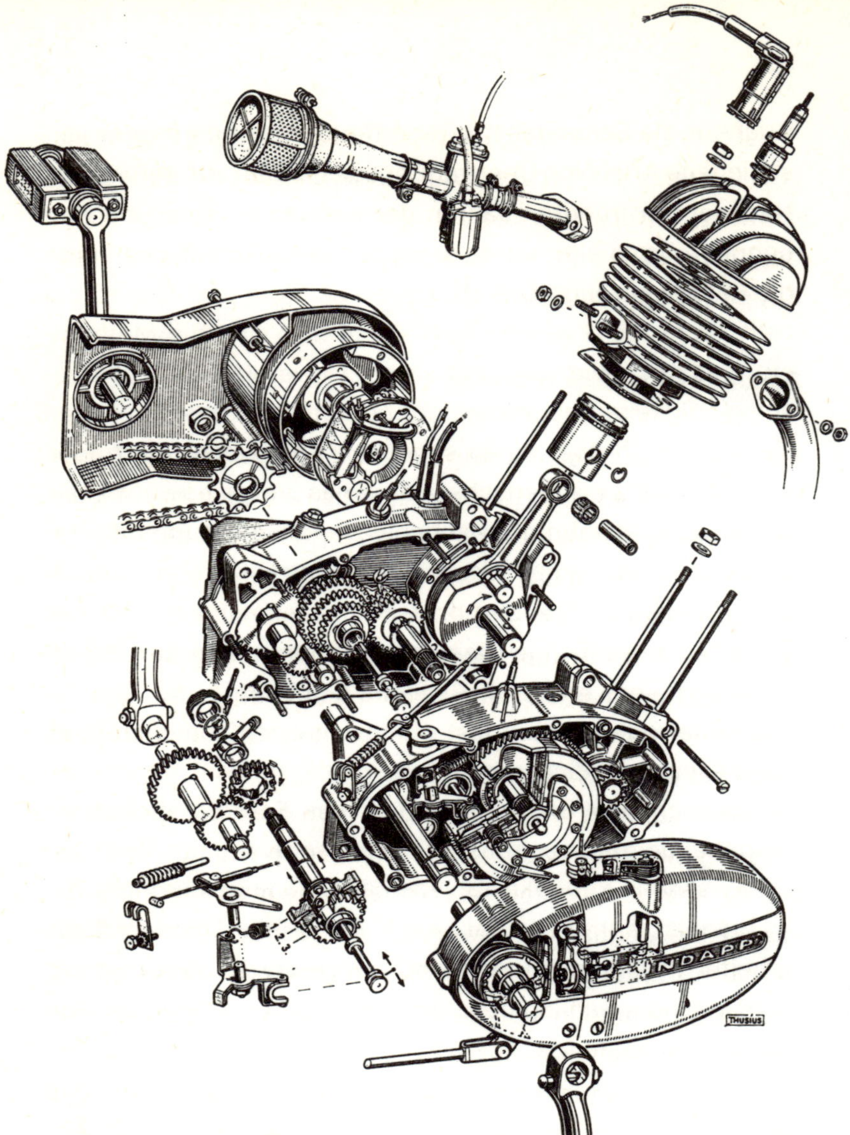

Bild 74: Bei höheren Drehzahlen erweist sich die Zahnradübertragung im schnellaufenden Primärtrieb als günstiger gegenüber der Kettenübertragung. Damit dieser Zahntrieb geräuschloser läuft, werden sogenannte schrägverzahnte Räder verwendet.

terbringen – aber dann liefe der Motor bei einer Fahrzeugeschwindigkeit von 35 km/h nur mit 2000 U/min – und bei dieser Drehzahl wäre wahrscheinlich seine Leistung zu gering, um das Fahrzeug bei Gegenwind oder der geringsten Steigung noch voranzutreiben.
Unterteilt man nun aber die Gesamtübersetzung in zwei Stufen, primär und sekundär, dann kommt man mit erträglichen Zähnezahlen und Kettenradgrößen aus. Dann kann man nämlich beispielsweise für den Primärantrieb eine Übersetzung von 1:3 wählen (11 Zähne auf dem Motorritzel und 33 auf dem Kupplungsrad. Nimmt man dann für die Sekundärübersetzung das Verhältnis 1:2,5, so multiplizieren sich (z. B. 14:35 Zähne) die beiden Übersetzungsverhältnisse 1:3 mal 1:2,5, anders geschrieben
$^1/_3 \times ^1/_{2,5} = 7{,}5$ – Übersetzungsverhältnis 1:7,5, aber mit erträglichen Zähnezahlen im Sekundärantrieb. 35 Zähne am Hinterrad – das ist gar kein Problem.

Auch für die Sekundär-Kraftübertragung stehen wieder verschiedene Arten von Übertragungselementen zur Verfügung. Nachdem in früheren Jahren der Keilriemen eine überwiegende Rolle spielte, wurde er später fast ausnahmslos durch die Kette verdrängt. Das ist, soweit es Mofa und Moped betrifft, nicht recht verständlich. Denn hier sind die Motorleistungen nach wie vor nicht so hoch (weil ja die Höchstgeschwindigkeiten bauartbedingt begrenzt sind), als daß man sie nicht auch über einen schmalen Keilriemen übertragen könnte – die Zwischenschaltung eines *Vorgeleges* (wie die weiter oben erwähnte Zwischenwelle, die die Kupplung tragen würde) oder eines *Wechselgetriebes* ließe mit vernünftigen Riemenscheibendurchmessern auskommen, und das früher so störanfällige Riemenschloß kann man durch Verwendung eines endlosen Riemens umgehen.
Die Hinterradkette läuft fast durchweg offen, lediglich oben (und eventuell noch ein kleines Stück seitlich) gegen den Straßenschmutz und zum Schutz des Fahrers abgedeckt. Manche Kleinfahrzeugausführungen sehen auch einen »geschlossenen« Kettenkasten vor – aber solange der nicht völlig dicht ist, bringt er mehr Nach- als Vorteile. Denn die Kette arbeitet in einem ungenügend ausgeführten Kettenkasten bald in einem Schlammbad und wird darin schneller zerstört als eine frei laufende.
Im Betrieb längt sich die Kette, auch wenn sie entsprechend den Vorschriften der Betriebsanleitung in regelmäßigen Abständen äußerlich mit etwas Öl oder Fett versorgt wird. Dorthin, wo die verschleißbildende Reibung stattfindet, nämlich bis ins Innere der Gliedergelenke, kommt diese »Außenschmierung« nicht, und deshalb ist sie wenig sinnvoll. Weiter hinten wird von der ordnungsgemäßen Kettenpflege noch gesprochen werden.
Da die gelängte Kette nicht nur (weil sie anschlägt) Geräusch macht und da sie nicht nur erheblich Motorleistung verzehrt, sondern auch noch die Gefahr in sich birgt, daß sie auf den

hinteren Kettenkranz »aufsteigt« und schließlich reißt, muß wenigstens das Nachspannen sorgfältig durchgeführt werden. Es geschieht bei Mofa, Moped und den meisten Kleinkrafträdern noch immer nach Fahrradart, d.h. nach Lockern der Hinterachsmuttern durch beiderseitig gleichmäßiges Anziehen der Muttern an den vorgesehenen Kettenspannern. Auch wenn man die Umdrehungen beider Muttern zählt, muß man dennoch abschließend prüfen, ob das Hinterrad »spurt«. Davon wird noch gesprochen werden.

Daß, wie im Primärantrieb, auch im Sekundärantrieb Zahnräder Verwendung finden können, haben verschiedene Konstruktionen bewiesen, u. a. die im Bild 75 gezeigte italienische.

Hier wurde die »Vorgelegewelle« ungewöhnlich weit nach hinten verlegt, nämlich kurz vor die Hinterachse in ein Gehäuse, das von der entsprechend groß ausgeführten Hinterradnabe glockenförmig umschlossen wird. Wegen des verhältnismäßig großen Abstands zwischen Motorkurbel- und Vorgelegewelle bedient sich der Konstrukteur in diesem Fall

Bild 75: Anordnung der Kraftübertragung bei einem italienischen Mofa. 1 ist der liegende Motor, 2 die Fliehkraftkupplung, die auch eine automatisch arbeitende Startkupplung enthält. Von der an ihr befestigten kleinen Riemenscheibe überträgt ein endloser Keilriemen die Kraft zur etwas größeren Riemenscheibe, deren Welle kurz vor der Hinterachse in einem Gehäuse gelagert ist, das die Zahnrad-Sekundärübertragung (3) enthält. Die Hinterachse steht hier nicht fest, sondern dreht sich, wenn das große Zahnrad angetrieben wird. Auf der Achse sitzt die glockenförmige Nabe des Hinterrades (4), die gleichzeitig die Bremstrommel bildet. Auf der Gegenseite der Achse ein Freilaufzahnkranz für den Pedalantrieb des Fahrzeugs bzw. zum Anwerfen des Motors.

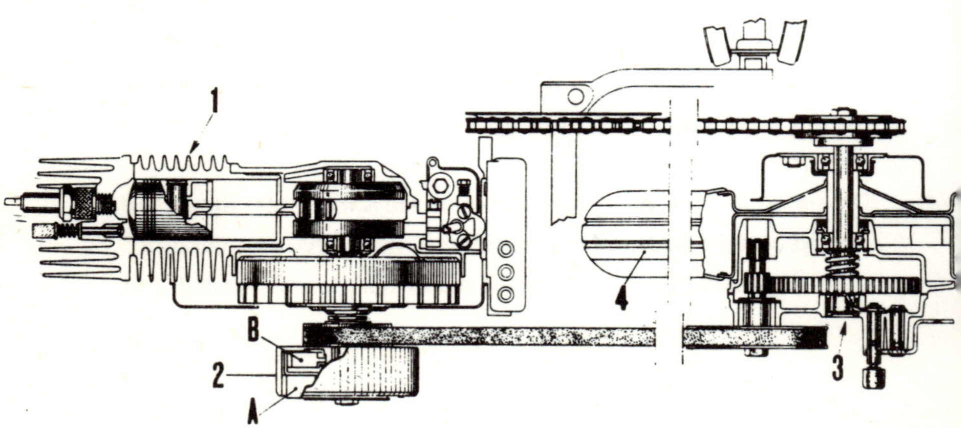

eines normalen, endlosen Keilriemens. Von der im Hinterradantriebsgehäuse liegenden Vorgelegewelle aber übertragen Stirnzahnräder die Motorleistung auf die Hinterradachse (die sich bei dieser Konstruktion, in Kugellagern gehalten, mit der Hinterradnabe mitdreht!).

In jüngster Zeit ist zu Riemen, Kette und Zahnrad noch ein weiteres Kraftübertragungselement für den Sekundärantrieb in Mofas und Mopeds gekommen: der im Auto- und Motorradbau schon seit Jahrzehnten bewährte, beim Motorrad freilich wegen der höheren Gestehungskosten auf einzelne teure Modelle beschränkt gebliebene *Wellen-* oder *Kardanantrieb*. Liegt in diesem Fall die Motorkurbelwelle in Fahrzeuglängsrichtung, so braucht man vorn, am Motor, lediglich einen Zahnradsatz, um die Kraft auf die außerhalb der Fahrzeugmittelebene seitlich liegende Übertragungswelle zu bringen – und hinten muß man mit einem Kegelradantrieb die »Umlenkung« des Kraftflusses bewirken, d. h. das Hinterrad antreiben. Auf ein *»Kardangelenk«*, wie man es ansonsten bei solchen Wellenantrieben im Hinblick auf die Lageänderungen von getriebenen zu treibendem Teil wegen der Fahrzeugfederung (Radabfederung) vorsehen muß, kann man, sofern der Hinterbau bei einem solchen Mofa oder Moped ungefedert (starr) ist, verzichten.

Das Wechselgetriebe

Die mehrfach erwähnte Unterteilung der Kraftübertragung zwischen Motor und Hinterrad erfolgt nun allerdings nicht allein aus den bisher angegebenen Gründen. Vielmehr ist es so, daß man bei den heutigen Ansprüchen an Fahrkomfort und Bergsteigefähigkeit selbst kleinster motorisierter Zweiräder schon bei manchen Mopedtypen nicht mehr mit einer Übersetzungsstufe auskommt. Man braucht deren dann mindestens zwei – manchmal drei, und bei Kleinkrafträdern und Leichtrollern, die Spitzengeschwindigkeiten über 90 km/h erreichen, findet man schon kaum mehr vier, sondern überwiegend fünf Gänge in dem zu diesem Zweck in die Kraftübertragung zwischen Primär- und Sekundärantrieb eingeschalteten *Wechselgetriebe.* Mit mehreren »Getriebegängen« ist der Fahrer in der Lage, unter allen Belastungsverhältnissen (Anfahren am Berg, auf schnellen Geraden, mit zwei Personen) den Motor immer in dem Drehzahlbereich laufen zu lassen, in dem er seine beste Leistung abgibt.

Wie bei der Kupplung, so gibt es auch beim Getriebe hand- bzw. fußbetätigte und automatische Ausführungen. Sehen wir uns zunächst die noch immer in der Überzahl verwendeten, vom Fahrer zu bedienenden Wechselgetriebe an.

Mit Hilfe eines solchen Getriebes (es handelt sich im Mofa-, Moped- und Kleinkraftradbau immer um Zahnradgetriebe) wird also die Kraftübertragung zwischen Motor und Hinterrad nochmals unterteilt. Zur Übersetzung im Primär- und im Sekundärtrieb kommt nun noch eine – veränderliche – Übersetzung innerhalb des Wechselgetriebes, wo der Kraftfluß über ein oder mehrere Zahnradpaare mit unterschiedlichen Zähnezahlen gehen muß.Die einzelnen Übersetzungsstufen im Getriebe nennt man »Gänge«; sie können je nach den Fahrbedingungen vom Fahrer »geschaltet« werden. Der Kraftfluß

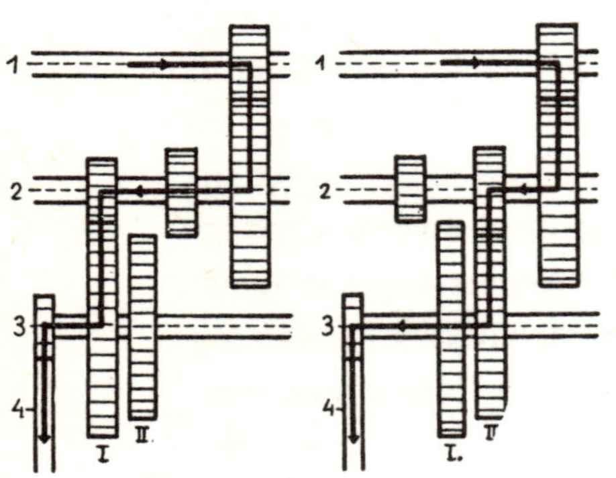

Bild 76: Schematische Darstellung eines Zweiganggetriebes: 1 = Kurbelwelle des Motors mit Antriebsritzel, 2 = Vorgelegewelle (Getriebe-Eingangswelle) mit großem Zahnrad (meist auf der Kupplung), 3 = Getriebe-Ausgangswelle, 4 = Kettenantrieb zum Hinterrad. Linke Darstellung 1. Gang eingeschaltet, rechte Darstellung 2. Gang.

im Getriebe kann immer nur über eine der vorgesehenen Übersetzungsstufen laufen – die anderen Zahnradpaare »laufen leer«. Eine besondere Stellung des Schaltmechanismus gestattet es, sämtliche Zahnradsätze »leerlaufen« zu lassen. In dieser, der *Leerlauf-Stellung* des Getriebes ist also keiner der Gänge eingeschaltet, der Motor kann seinerseits (ohne daß der Fahrer den Kupplungshebel angezogen halten müßte) »leer« laufen – das Hinterrad wird nicht angetrieben. Bild 76 zeigt in schematischer Darstellung ein Zweiganggetriebe bzw. den Kraftfluß in einem solchen – vor dem Getriebe liegt die Zahnradübertragung des Primärantriebs zwischen Motor und Getriebe, dahinter der Sekundärantrieb (von der Getriebe-Vorgelegewelle zum Hinterrad).

Die Räder der wahlweise einzuschaltenden beiden Getriebegänge haben verschiedene Zähnezahlen und deshalb auch verschiedene Übersetzungsverhältnisse (das linke Radpaar, das den 1. Gang bildet, bringt eine größere Übersetzung als das des 2. Gangs – rechts).

In diesem Schemabild erfolgt das Einschalten der Gänge durch Verschieben der beiden großen Zahnräder auf ihrer Welle und Ineingriffbringen ihrer Verzahnung mit der des Gegenrades. In der Praxis macht man das aber heute, damit die Zähne beim Schalten nicht beschädigt werden können, anders.

Schon seit Jahren kennt man auch bei den kleinen motorisierten Zweirädern – ebenso wie in Automobilen und Motorrädern – nur noch Wechselgetriebe mit »ständig im Eingriff befindlichen Zahnrädern«. Der Eingriff wird also nicht, wie im Schemabild 76 angenommen und wie in weit zurückliegenden Jahren auch in der Praxis ausgeführt, jeweils durch Ineingriffbringen der gewünschten Räderpaar-Verzahnungen hergestellt (wodurch geräuschloses Schalten zu jener Zeit eine Kunst war), die zusammengehörigen Räderpaare kämmen vielmehr ständig miteinander. Dabei können nun natürlich nicht alle Getriebezahnräder fest auf ihren Wellen sitzen – das würde, da ja jedes Räderpaar andere Zähnezahlen und dadurch eine andere Übersetzung aufweist, das Getriebe in sich blockieren.

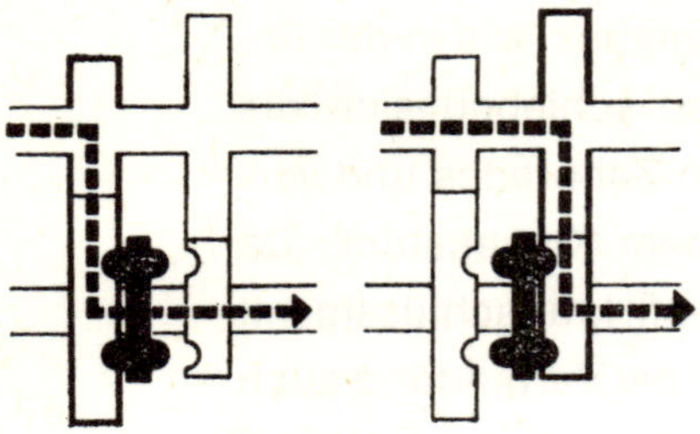

Bild 77: Schemadarstellung eines Zweiganggetriebes mit Klauenkupplung für die beiden lose auf ihrer Welle laufenden Räder der beiden Radpaare. Links 1., rechts 2. Gang eingeschaltet, in Leerlaufstellung steht das Klauenstück in der Mitte, ohne daß die Klauen in Eingriff kommen.

Es ist vielmehr so, daß nur das eine Rad jedes Getriebe-Zahnradpaares auf seiner Welle festsitzt (entweder mittels einer Nutung, mittels Keil oder dadurch, daß Welle und Zahnrad aus einem Stück hergestellt sind). Das Gegenzahnrad jedes Radpaares dagegen kann sich zunächst frei auf seiner Welle drehen – wobei es für die Funktion des Getriebes belanglos ist, ob die »festen« Getrieberäder auf der treibenden Getriebewelle angeordnet sind und die losen auf der getriebenen – oder umgekehrt.

Es gilt nun, jeweils das lose Zahnrad des Radpaares, das zur Kraftübertragung herangezogen werden soll, das also in dem gewünschten Getriebegang arbeitet, mit seiner Welle kraftschlüssig zu koppeln. Und eben dazu gibt es die verschiedensten konstruktiven Möglichkeiten.

Bild 77 zeigt (schematisch) eine Ausführung mit *Klauenkupplungen*, wiederum an einem Zweiganggetriebe. Oben ist die treibende Getriebewelle, auf der die beiden Getrieberäder festsitzen, unten laufen die Gegenzahnräder auf ihrer Welle zunächst lose, jedoch axial so fixiert, daß sie sich nicht verschieben können. Das schwarze Teil auf der unteren Welle zwischen den beiden Zahnrädern sitzt auf einem Nutenprofil der Welle, d. h. dieses Teil kann sich auf der Welle nicht lose drehen (wie die danebenliegenden Zahnräder), aber es läßt sich axial verschieben, ohne dabei den Kraftschluß mit der Welle zu verlieren. Das besagte schwarze Teil (das man sich als runde Scheibe vorstellen muß) trägt an seinen beiden Flanken ringsum verteilt mehrere »Klauen«, die mit entsprechenden Aussparungen in den Zahnrädern auf der unteren

Welle korrespondieren. Wird das Klauenstück, wie in der linken Skizze, nach links verschoben, so schieben sich die Klauen in die Aussparungen des linken Zahnrades und verbinden dassselbe kraftschlüssig mit dem Klauenstück. Da dieses aber wiederum über das Nutenprofil kraftschlüssig mit seiner Welle verbunden ist, ist nunmehr die Verbindung auch zwischen Zahnrad und Welle hergestellt und der Kraftfluß kann von der oberen zur unteren (getriebenen) Welle so laufen, wie es in der linken Skizze punktiert angegeben ist. Der »1. Gang« wäre also eingeschaltet.

Wird das schwarze Klauenstück außer Eingriff mit dem linken Zahnrad gebracht und auf der genuteten Welle soweit nach rechts verschoben, daß keine seiner Klauen mit einem der Zahnräder in Eingriff ist, so laufen beide Räder auf der unteren Welle lose, sie laufen »leer« – der »Leerlauf« ist eingeschaltet. Wird das Klauenstück aber dann noch weiter nach rechts verschoben, so kommen die Klauen seiner anderen Flanke mit dem rechten Zahnrad in kraftschlüssigen Kontakt; über das Klauenstück erhält nunmehr das rechte Zahnrad direkte Verbindung mit der Welle, auf der es bisher lose lief. Der Kraftfluß läuft nun über das rechte Zahnradpaar – der »2. Gang« ist eingeschaltet.

Man kann auch mehr als zwei Gänge auf diese Weise schalten

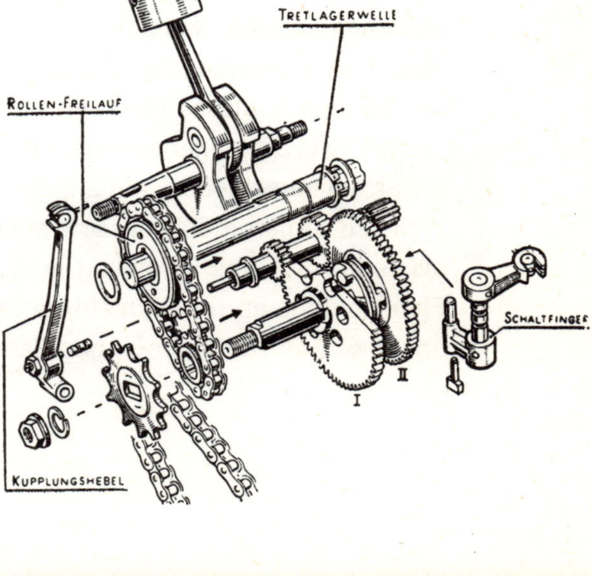

Bild 78: Älteres Moped-Zweiganggetriebe mit Klauenschaltung; man erkennt am Schaltstück zwischen den beiden Zahnrädern die Mitnehmerstifte, in den Zahnrädern die Mitnehmerbohrungen.

– bei einem Dreiganggetriebe kann man beispielsweise das ganze mittlere Radpaar (das des zweiten Ganges) gemeinsam und immer im Eingriff bleibend auf beiden Wellen verschieben und kann das eine der beiden Zahnräder gleich als Klauenstück ausbilden, mit Klauen an beiden Radseiten, um auf diese Weise den ersten und den dritten Gang zu schalten. Der zweite Gang wird dann dadurch geschaltet, daß das andere (obere) Rad des mittleren Radpaares in einer bestimmten Stellung über eine Nutung kraftschlüssig mit seiner (der oberen) Welle verbunden ist, sonst aber auf dieser lose läuft.
Bild 78 zeigt ein älteres Moped-Zweiganggetriebe mit einem Klauen-Schaltstück, das an beiden Flanken die stiftförmigen Schaltklauen trägt, die in entsprechende Mitnehmerbohrungen der Zahnräder eingreifen. Die Verschiebung des Schaltstücks auf seiner Welle erfolgt mittels der (daneben gezeichneten) Schaltgabel, die mit einem Schaltfinger in die ringslaufende Nut des Schaltstücks eingreift. Die Schaltgabel, die bei Mopedgetrieben meist über Bowdenzug vom Lenker aus betätigt wird, ist im Getriebegehäuse gelagert.
Bild 79 zeigt ein ähnliches Schaltstück aus einem Moped-Getriebe. Auch hier ist eine ringslaufende Umfangnut vorgesehen, in die oben und unten Schaltfinger eingreifen, die in eine doppelarmige Schaltgabel eingesetzt sind. Jedoch befinden sich die Mitnehmerklauen hier nicht am verschiebbaren Schaltstück, sondern an den Seiten der zu schaltenden Getriebezahnräder, das Schaltstück trägt die Bohrungen, in die die Stiftklauen eingreifen.
Häufiger als das klauengeschaltete Getriebe findet man nun

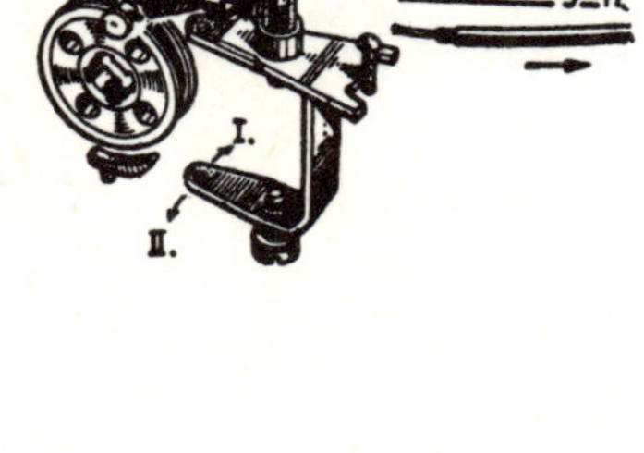

Bild 79: Schaltstück aus einem anderen klauengeschalteten Moped-Zweiganggetriebe. Hier sitzen die Mitnehmerstifte an den beiden zu schaltenden Zahnrädern, das Schaltstück trägt nur die entsprechenden Bohrungen. Eine Umfangsnut nimmt die beiden Schaltfinger auf, die in der doppelarmigen Schaltgabel sitzen.

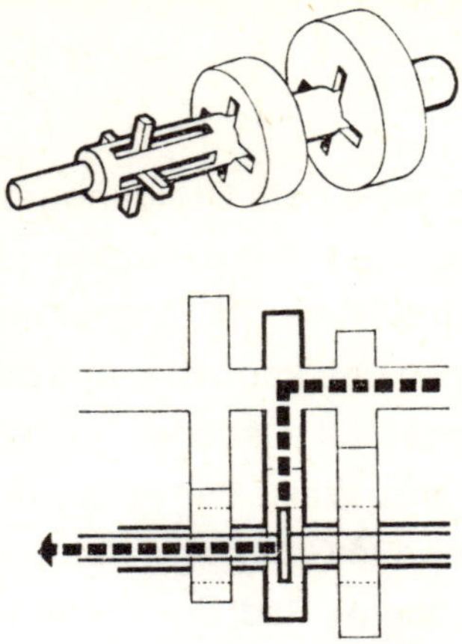

Bild 80: Ursprüngliche, aus dem Werkzeugmaschinenbau übernommene Ausführung eines Ziehkeilgetriebes, das Schaltstück des Ziehkeils ist hier ein vierarmiges Kreuz. In der unteren Skizze ist schematisch ein ziehkeilgeschaltetes Dreiganggetriebe dargestellt, der Ziehkeil sitzt gerade im Rad des 2. Ganges.

allerdings im Kleinmotorenbau die sogenannte *Ziehkeilschaltung*. Sie ist in ihrer ursprünglichen Ausführung schon sehr lange bekannt, vor dem Kraftfahrzeugbau wurde sie bereits im Werkzeugmaschinenbau angewandt.

Die ursprüngliche (und auch heute noch so oder ähnlich vielfach gebaute) Ausführung zeigt unser Bild 80. Da sieht man in der hohlen Getriebewelle, die in ihrem verstärkten mittleren Teil Längsnuten trägt, ein Schaltkreuz, das hier vierarmig ausgebildet ist, man kann es aber ebensogut auch zweiarmig vorsehen. Dieses Schaltkreuz, der eigentliche »Ziehkeil«, ist am Ende einer Stange befestigt, die in der hohlen Getriebewelle geführt und in ihr längsverschiebbar ist. *Schaltkreuz und Stange zusammen bilden den Ziehkeil.* Seine Schaltkreuzarme korrespondieren mit Ausnehmungen im Zentrum der lose auf dieser Welle gelagerten Getriebezahnräder, die wiederum auf dieser zwar drehbar, aber axial unverschiebbar sind. Wird nun das Schaltkreuz verschoben und mit einem der lose auf der Welle laufenden Zahnräder in kraftschlüssige Verbindung gebracht, dann geht der Kraftfluß im Getriebe über dieses Radpaar und die von ihm gebildete Übersetzungsstufe.

Wird der Ziehkeil dann weitergeschoben, so wird das nächste Radpaar kraftschlüssig mit der Welle – und es ist einer der Hauptvorteile des Ziehkeilgetriebes, daß auch der Aufbau vielstufiger Getriebe mit Ziehkeilschaltung verhältnismäßig wenig konstruktiven Aufwand erfordert. Die Radpaare liegen eng beieinander, und deshalb kann man u. U. ein ziehkeilge-

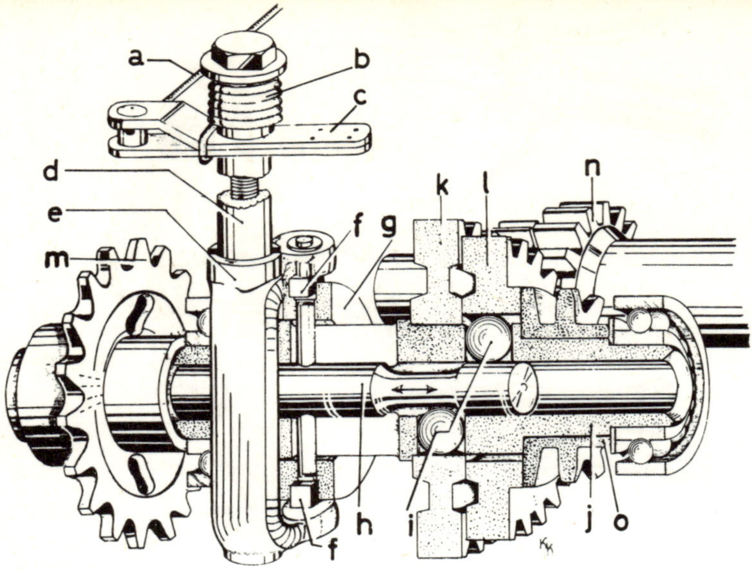

Bild 81: Schnitt durch ein ausgeführtes Zweiganggetriebe mit Kugel-Ziehkeilschaltung. a = Schaltbowdenseil, b = Rückholfeder, c = Schalthebel, d = Schaltwelle, e = Schaltgabel, f = Schaltsteine, g = Schaltring, h = Ziehkeilwelle, i = Schaltkugeln, j = Getriebe-Nebenwelle, k = Zahnrad 1. Gang, l = Zahnrad 2. Gang, m = Antriebsritzel, n = Getriebe-Hauptwelle, o = Kettenrad der Pedal-Startvorrichtung.

schaltetes Getriebe mit besonders vielen Gangstufen (für Wettbewerbszwecke) in einem Getriebegehäuse unterbringen, das von Haus aus nur für drei oder vier Gänge, aber mit der räumlich aufwendigeren Klauenschaltung, ausgelegt war. Statt mit dem Schaltkreuz-Ziehkeil kann man es auch noch anders, noch preiswerter, machen. Bild 81 zeigt deutlich wie: mit Hilfe von Kugeln. Diese werden durch den Ziehkeil, der hier lediglich einen Nocken (eine Verdickung) trägt, nach außen gedrückt und dabei in Ausnehmungen der lose auf der Ziehkeilwelle sitzenden Zahnräder geschoben, wobei sie, wie im Bild 81 rechts zu erkennen ist, den Kraftschluß zwischen Welle und Zahnrad herstellen.

Bild 82 zeigt eine praktische Ausführung eines solchen *Kugel-Ziehkeilgetriebes*, bei dem ebenfalls die einzelnen Radpaare eng beieinander liegen können, wodurch der Raumbedarf auch eines vielstufigen Getriebes in Grenzen bleibt. Freilich müssen bei einen Ziehkeilgetriebe die Einzelteile sehr präzise gearbeitet und aus geeignetem, widerstandsfähigem Material hergestellt sein – Maßdifferenzen durch Fertigungs-

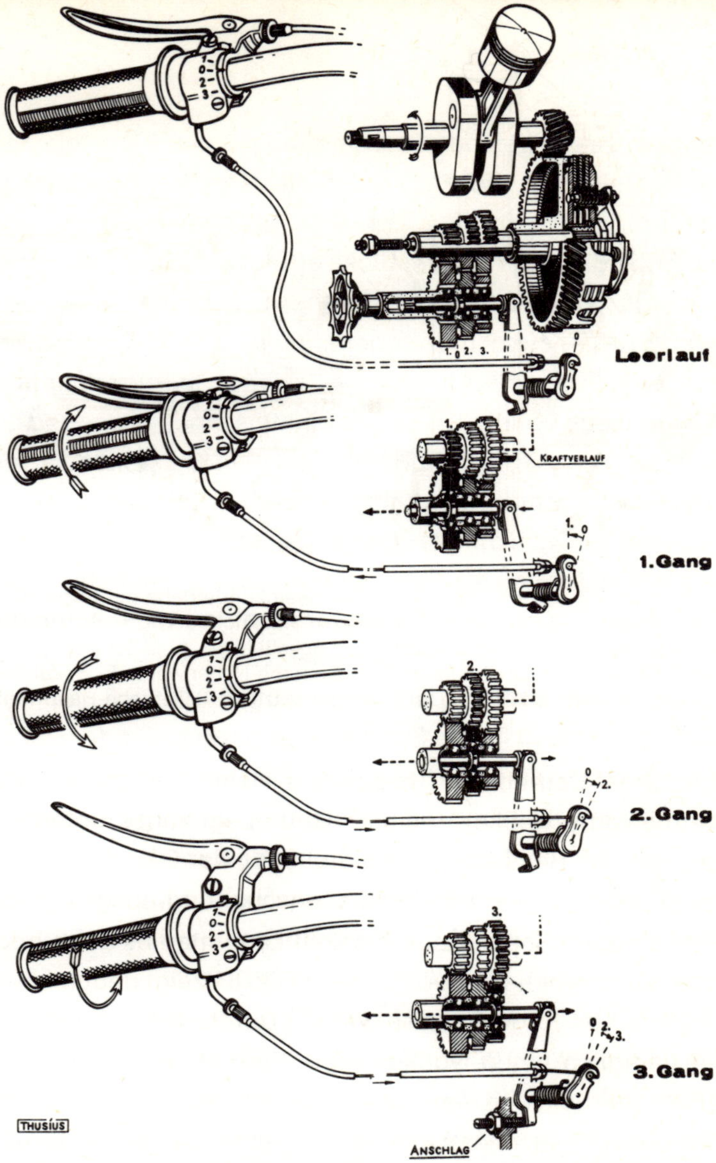

Bild 82: Leerlauf- und Gang-Stellungen eines drehgriffgeschalteten Ziehkeil-Dreiganggetriebes mit Schaltkugeln, ähnlich Bild 81.

ungenauigkeiten oder Verschleiß beeinträchtigen die Sicherheit der Schaltvorgänge unter Umständen entscheidend, die Beanspruchungen der Schaltkugeln und des Ziehkeilnockens im Betrieb sind sehr hoch. Dagegen stehen aber die bereits genannten Vorteile des Ziehkeilgetriebes – geringer Raumbedarf und preisgünstige Herstellung.

Für die einzelnen Schaltstellungen des Getriebes (Gangstu-

fen bzw. Leerlauf) sind in Verbindung mit den Schaltelementen (Schaltgabel, Ziehkeil) *federbelastete Rastungen* vorgesehen.
Die Betätigung der Schaltstücke erfolgt entweder, wie schon erwähnt, vom *Lenker-Schaltdrehgriff* aus über einen oder zwei *Bowdenzüge* (bei sogenannten Einzug-Schaltungen muß eine Feder die Aufgabe des zweiten, zurückziehenden Bowdenzugs übernehmen) oder mittels eines gesondert am Rahmen oder Tank angebrachten *Handschalthebels*, der über Gestänge mit der Schaltgabel im Getriebe verbunden ist – oder schließlich mittels einer *Fußschaltung*. Für Mofas und Mopeds, bei denen die Füße des Fahrers auf den Pedalen der Tretkurbel ruhen, kommt sie zwar nicht in Frage, wohl aber für Mokicks und Motorräder aller Größenordnungen. Die Schaltung ist ganz allgemein so aufgebaut, daß der Fußschalthebel nach jedem Schaltvorgang (Hinauf- oder Herunterschalten) in seine Mittellage zurückkehrt, so daß er beim Schalten jeweils bis in die Endstellung, an vorgesehene Anschläge, gedrückt bzw. gezogen werden kann.
Im Getriebegehäuse befindet sich bei vielen Mopeds, d. h. bei allen, die nur eine Kette für den motorischen wie den Tret-Antrieb verwenden, noch der *Tretmechanismus*.
Im Bild 72 ist ersichtlich, daß dann im Getriebegehäuse auch die *Tretlagerwelle* gelagert ist, die mittels der rechts und links aufgesetzten *Tretkurbeln* in Drehung versetzt werden kann. Über eine kurze *endlose Kette* oder einen *Zahnradsatz* wird – unter Zwischenschaltung eines *Freilaufs* oder eines *Ratschen-Zahnrads*, – die das Mitdrehen der Tretkurbelwelle vom laufenden Getriebe aus verhindern – die Getriebewelle und von dieser das Hinterrad angetrieben, wenn zuvor das Getriebe in Leerlaufstellung gebracht wurde. Meist kann mittels des eingebauten Tretmechanismus der Motor auch im Stand in Gang gebracht werden.
Bei Mokicks und Motorrädern dagegen dient zum Anwerfen des Motors der *Kickstarter*. Dessen Welle ist ebenfalls im Ge-

triebegehäuse gelagert (manchmal konzentrisch zur Fußschaltwelle), sie trägt außen die *Kickstarterkurbel* und innen ein *verzahntes Segment*, das beim Heruntertreten des Starters mit einem an der Kupplungstrommel befestigten *Ratschen-Zahnrad* in Eingriff kommt, so daß mittels der Kickstarterkurbel die Kupplung und über den Primärantrieb die Kurbelwelle in Drehung versetzt werden kann. Eine eingebaute Feder holt den Kickstarter jeweils wieder in seine Ausgangslage zurück und drückt ihn dort fest gegen einen Anschlag. Der Mechanismus des Anwerfzahnrads mit Zahnsegment und Ratschenverzahnung kann auch z. B. durch eine *Freilaufanordnung* ersetzt werden – Aufgabe und Funktion der Ratschenverzahnung wie des Freilaufs sind die gleichen wie bei der Tretlagerwelle genannt: Verhinderung unerwünschten Kraftrücklaufs, wenn der Motor angesprungen ist.

Das »automatische« Getriebe

Wird eine genügend große Übersetzung zwischen Motorkurbelwelle und Hinterrad gewählt, so kann man insbesondere bei Mofas, aber auch bei einsitzigen Mopeds ohne zusätzliches Wechselgetriebe auskommen, d. h. man kann alle praktisch vorkommenden Fahrwiderstände innerhalb des gesetzten Geschwindigkeitsbereichs mit einem unveränderlichen Übersetzungsverhältnis (»Eingang-Ausführung«) überwinden. Wird die Übersetzung dann noch einmal, wie geschildert, durch Einbau einer Vorgelegewelle (auf der evtl. die Kupplung sitzt) in Primär- und Sekundär-Kraftübertragung getrennt, so halten sich auch die Kettenrad- bzw. Riemenscheibengrößen in brauchbaren Abmessungen. Ist die verwendete Kupplung eine Fliehkraftkupplung, so kann man in solchem Fall auch durchaus mit Berechtigung von einer »automatischen Kraftübertragung« sprechen.

Aber es gibt auch Interessenten für ein solches Fahrzeug, deren Anforderungen mit einer derartigen »Automatik« nicht

befriedigt sind, vor allem weil sie eine bessere Bergsteigefähigkeit, evtl. mit zwei Personen Belastung, verlangen. Für solche Interessenten gibt es Moped-Ausführungen mit zwei oder drei vom Fahrer zu schaltenden Getriebegängen und einer ebenfalls handbetätigten Kupplung.
Es gibt für sie aber auch Mopeds mit *»Vollautomatik«*, d. h. mit einer Kraftübertragung, die sowohl eine automatische Kupplung als auch ein selbsttätig schaltendes Getriebe enthält.
Im Automobilbau kennt man zwei grundsätzliche Ausführungen von automatischen Getrieben: automatisch schaltende Zahnrad-Wechselgetriebe und stufenlose Getriebe, die dann meist als Strömungsgetriebe ausgebildet sind.
Ganz ähnlich ist es auch im Mopedbau (im Motorradbau werden übrigens derzeit automatische Getriebe noch nicht serienmäßig verwendet!). Auch hier kennt man nämlich *selbstschaltende Zahnrad-Wechselgetriebe* und *stufenlose Getriebe*, die man auch als *automatische Drehmomentwandler* oder kurz *Wandler* bezeichnet.

Die Zweigang-Automatik

Bild 83 zeigt die Schnittzeichnung eines 50 ccm-Mopedmotors mit automatischer Kupplung und automatisch schaltendem Zweiganggetriebe (F & S). Zum Motor selbst ist nichts Besonderes zu sagen, man erkennt den Zylinder mit Kopf, darin den Kolben, den Kolbenbolzen, der ihn mit dem Pleuel verbindet, sowie schließlich die auf zwei Hauptlagern (Kugellagern) im Gehäuse gelagerte Kurbelwelle, die links den Rotor des Schwungradzünders trägt.
Auf der rechten Seite ist die Kurbelwelle erheblich länger als normal, und damit sie ob dieser Länge keine unerwünschten Schwingungen macht, ist sie außen im Gehäusedeckel nochmals in einem Kugellager gehalten. Auf diesem verlängerten Kurbelwellenzapfen sitzen

1. zwei Fliehkraftkupplungen (nach der Mitte zu erkennbar), es handelt sich um Kupplungen ähnlich Bild 69, also ähnlich wie Innenbackenbremsen aufgebaut;
2. zwei Antriebszahnräder (das eine direkt neben dem rechten Kurbelwellenlager, das andere außen neben der zweiten Fliehkraftkupplung);
3. ganz außen rechts noch eine dritte Kupplung, die sogenannte »Anwerfkupplung«.

Zum leichteren Verständnis der nachstehend geschilderten Funktion muß man die Skizzen laut Bild 84, aus denen der Kraftfluß in den beiden Gängen bzw. beim Starten ersichtlich ist, zur Hand nehmen.

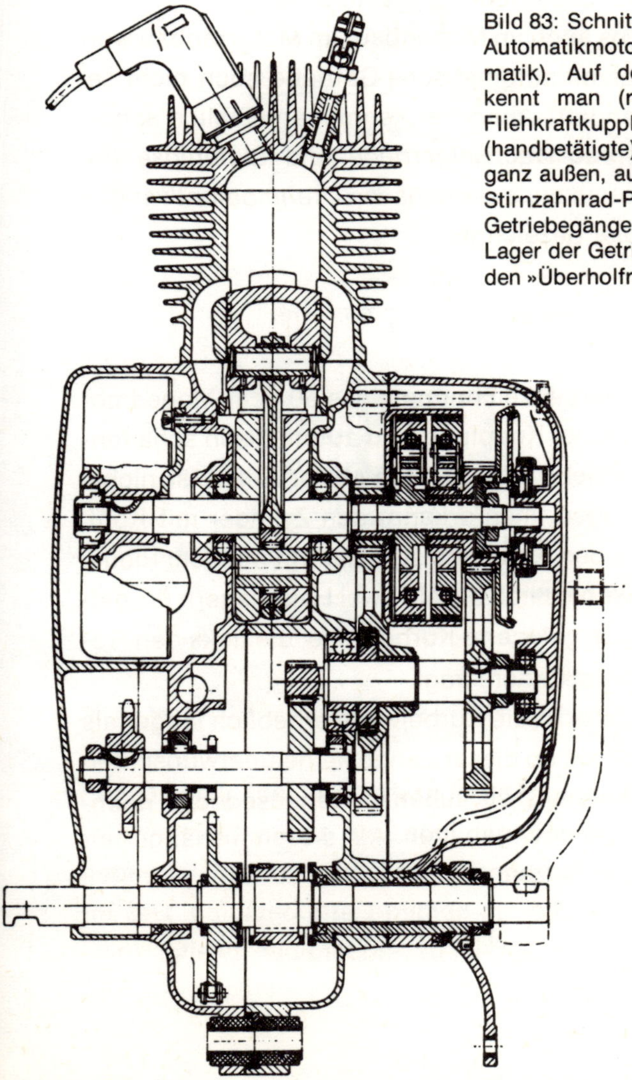

Bild 83: Schnitt durch den Sachs-Automatikmotor (Zweigang-Automatik). Auf der Kurbelwelle erkennt man (rechts) die beiden Fliehkraftkupplungen und die (handbetätigte) Startkupplung ganz außen, außerdem die beiden Stirnzahnrad-Paare der beiden Getriebegänge und neben dem Lager der Getriebe-Eingangswelle den »Überholfreilauf«.

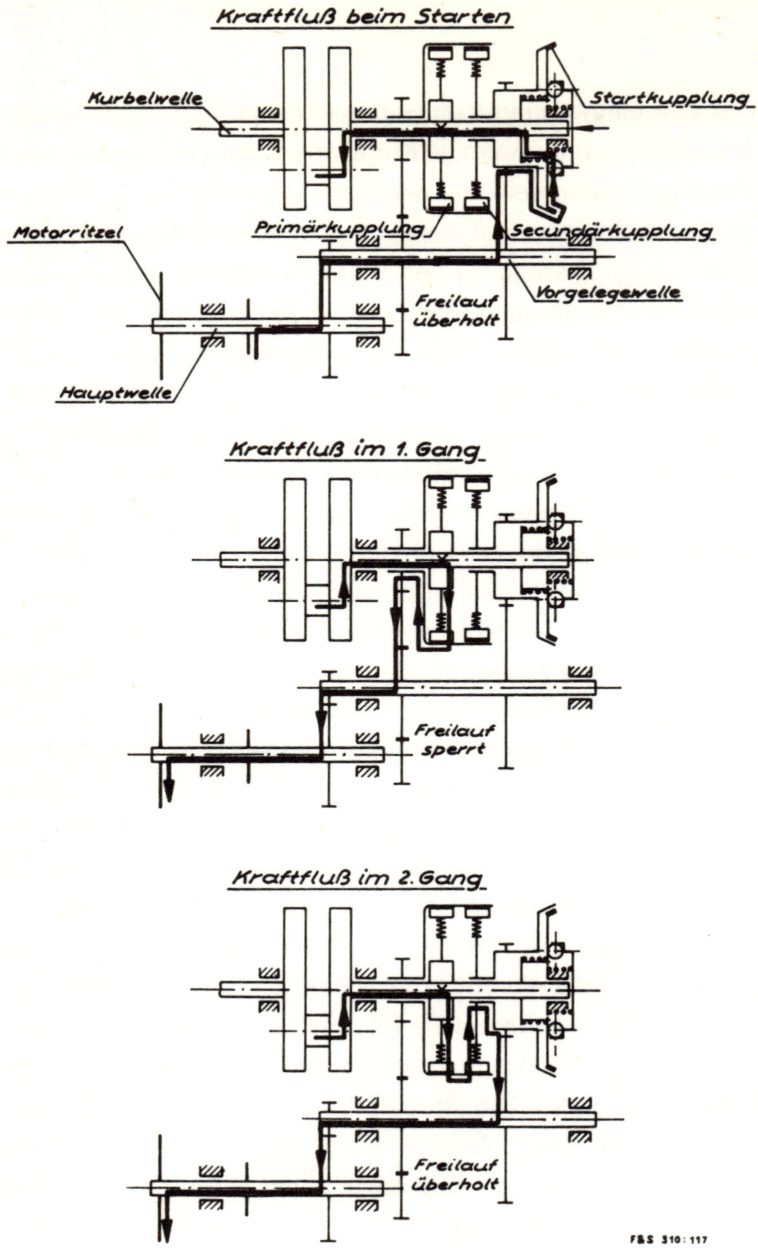

Bild 84: Der Kraftfluß beim Sachs-Zweigangautomatik-Getriebe, beim Starten (oben) und in den beiden Getriebegängen.

Die beiden genannten Antriebszahnräder auf dem langen Kurbelwellenzapfen kämmen jedes mit einem größeren Gegenzahnrad auf der Vorgelegewelle, und die so entstehenden beiden Radpaare bilden die beiden Getriebestufen. Das innere Radpaar stellt den ersten, das äußere den zweiten (großen) Gang dar.

Die Vorgelegewelle ist im Gehäusedeckel und im Gehäuse, wie man erkennen kann, in Kugellagern gelagert. Auf ihr sitzt innen im Gehäuse ein kleines Ritzel, das wiederum mit einem größeren Zahnrad auf der Abtriebswelle kämmt, die links außen das Kettenrad für den Hinterradantrieb trägt (das außerdem innerhalb des Gehäuses auf ihr befestigte kleine Kettenritzel stellt die Verbindung zur Pedalwelle her).
Auf der Vorgelegewelle sitzt, das ist für die Funktion des Getriebes sehr wichtig, innerhalb des großen Zahnrads vom ersten Gang ein Freilauf, auf dessen Funktion wir noch zu sprechen kommen werden. Wie alle diese Teile nun zusammenwirken, machen die drei Funktionsskizzen Bild 84 deutlich.
In der obersten Skizze ist der Kraftfluß beim Starten, also beim Anwerfen des Motors, gezeigt. Werden die Pedale getreten, wird die Abtriebswelle (Hauptwelle sagt die Skizze) ebenfalls in Drehung versetzt, und damit wird über die Antriebskette zum Hinterrad dieses gedreht, das Moped also durch Muskelkraft in Bewegung gesetzt. Gleichzeitig aber läuft die über die Pedalwelle ausgeübte Tretkraft über die Zahnradübertragung auf die Vorgelegewelle, über das auf dieser festsitzende große Zahnrad des zweiten Gangs (außen) auf dessen kleines Zahnrad, das mitsamt seines Kupplungs-Innenteils lose auf dem Kurbelwellenzapfen sitzt. Dieses kleine Zahnrad ist andererseits fest verbunden mit dem Außenteil der Anwerfkupplung. Diese aber wurde vom Fahrer, als er die Pedale zu treten begann, durch Ziehen eines Starthebels am Lenker eingeschaltet (kraftschlüssig), und da das Kupplungsinnenteil mit der Kurbelwelle fest verbunden ist, wird diese nun mitgedreht, der Motor also angeworfen.
Solange der Fahrer noch kein Gas gibt (den Starthebel hat er losgelassen, sobald Zündungen zeigten, daß der Motor arbeitet), treibt der Motor das Fahrzeug auch noch nicht an, sondern läuft mit Leerlaufdrehzahl. Wird aber nun Gas gegeben, so übernimmt der Motor die Fortbewegung des Fahrzeugs. Wie geschieht das?

Dazu müssen wir die mittlere der drei Skizzen in Bild 84 betrachten. Da erkennt man nämlich, daß nun der Kraftfluß, vom Motor ausgehend, über die innere der beiden Fliehkraftkupplungen läuft. Das heißt, daß durch erhöhte Drehzahl der Motorkurbelwelle die Fliehgewichte dieser Kupplung nach außen gedrückt wurden und die Kupplung kraftschlüssig gemacht, also eingekuppelt haben. Das geht ganz sanft vor sich – so sanft, daß man vorher auch das mit den Pedalen in Bewegung gesetzte Moped zum Stillstand kommen lassen und nun aus dem Stand mit Gasgeben anfahren konnte.
Über die Kupplung wird das kleine Zahnrad des ersten Gangs angetrieben, das wiederum treibt das Gegenzahnrad auf der Vorgelegewelle, der in ihm sitzende Freilauf sperrt in dieser Drehrichtung, nimmt also die Vorgelegewelle mit, und über die weitere Zahnradübersetzung im Gehäuse und über Antriebs- (Haupt-)Welle und Kettenritzel erfolgt der Antrieb des Hinterrads – im ersten, im kleinen Gang.
Wird Gas gegeben, so läuft das Fahrzeug immer schneller. Zeigt der Tachozeiger eine Geschwindigkeit von etwa 20–22 km/h an, so merkt man plötzlich am Fahrgeräusch, daß sich da im Triebwerk irgendetwas getan hat – der Motor läuft nämlich auf einmal mit geringerer Drehzahl, obwohl das Fahrzeug weiterhin an Geschwindigkeit zunimmt: das automatische Getriebe hat bei etwa 20 km/h selbsttätig umgeschaltet. Wie ging das vor sich?
Dazu müssen wir uns die untere Skizze im Bild 84 ansehen. Während nämlich im ersten Gang gefahren wurde, lief das Zahnradpaar des zweiten Gangs leer mit – alldieweil ja dessen großes Zahnrad fest auf der Vorgelegewelle sitzt, während das kleine Gegenzahnrad mit dem Innenteil der zweiten Fliehkraftkupplung sich lose auf der Kurbelwelle drehen kann. Erreicht nun das Moped die erwähnte Geschwindigkeit von etwa 20 km/h, so ist die Drehzahl des lose umlaufenden Zahnradsatzes des zweiten Gangs so groß geworden, daß die Fliehgewichte der mitdrehenden zweiten Fliehkraftkupplung

ebenfalls nach außen gehen und den Kraftschluß mit der Kupplungstrommel herstellen. Nun sind beide Fliehkraftkupplungen also eingeschaltet, und damit werden beide Getriebegang-Zahnradsätze vom Motor angetrieben.
Das müßte, so könnte man denken, eine Blockierung im Getriebe geben, denn nun wird doch die Vorgelegewelle mit zwei verschiedenen Geschwindigkeiten angetrieben. Aber mitnichten – es gibt keine Blockierung.
Denn wir sahen ja bereits, daß sich im großen Zahnrad des ersten Gangs ein Freilauf befindet. Solange der Kraftfluß über dieses Zahnrad lief, sperrte der Freilauf und leitete die Kraft des Motors auf die Vorgelegewelle und von dort weiter zum Hinterrad. Aber wenn nun auch das Zahnrad des zweiten Gangs vom Motor angetrieben wird, dann läuft ja (infolge der anderen Übersetzung) die Vorgelegewelle schneller als das große Zahnrad des ersten Gangs – und da tritt nun der Freilauf in Funktion, d. h. er trennt die Verbindung zwischen Vorgelegewelle und Zahnrad des ersten Gangs – er »überholt«, wie man sagt.
Es findet also keine Blockierung im Getriebe statt, sondern die erwünschte automatische Umschaltung – der Kraftfluß geht jetzt über das Zahnradpaar des zweiten Gangs. Das Radpaar des ersten Gangs läuft zwar auch mit – aber leer.
Nun kann der Fahrer also zwischen 20 und 40 km/h (der bauartbedingten Moped-Höchstgeschwindigkeit) das Tempo mit dem Gasdrehgriff regulieren, und er kann im Zweiten natürlich auch Steigungen befahren, etwa bis maximal 8%. Wird die Steigung – oder werden andere Fahrwiderstände, etwa starker Gegenwind – größer als es der Zugkraft des Motors bei eingeschaltetem zweiten Gang entspricht, so sinkt die Drehzahl des Hinterrades, d. h. die Fahrgeschwindigkeit, immer weiter ab. Ist sie bis auf etwa 20 km/h heruntergegangen, so erfolgt nun, umgekehrt wie vorhin beim Hochfahren, das automatische Umschalten vom zweiten auf den ersten Gang: die Drehzahl des Zahnradpaars vom zweiten Gang samt sei-

ner Kupplung wird zu gering, und damit trennt die Kupplung wieder. Nun geht die Motorkraft wieder über die Kupplung und das Radpaar des ersten Gangs, wie die mittlere Skizze in Bild 84 zeigt, und den nunmehr wieder blockierenden Freilauf auf das Hinterrad.

Eine ganz ähnliche Anordnung einer Zweigang-Automatik findet sich übrigens auch bei einem Kreidler-Modell. Die Ausführung ist im Grundsätzlichen gleich, die Details sind etwas anders. Beträgt die bauartbedingte Höchstgeschwindigkeit eines mit dieser Zweigang-Automatik ausgerüsteten Mofas 25 km/h, so erfolgt hier sinngemäß das Umschalten bereits in einem Geschwindigkeitsbereich zwischen 13 und 15 km/h. Auch hier also bewirken zwei Haupt-Fliehkraftkupplungen mit einem Überholfreilauf und zwei Zahnradpaaren die Automatik, auch hier dient eine dritte, handbetätigte Kupplung als Anwerfkupplung. Diese ist übrigens, um das Durchdrehen des Motors beim Starten zu erleichtern, mit einem im Zylinderkopf sitzenden Dekompressionsventil so gekoppelt, daß über Bowdenzug das Ventil geöffnet wird, solange die Anwerfkupplung vom Fahrer eingerückt wird. Erfolgen die ersten »zwitschernden« Zündungen durchs Ventil, so muß der Starthebel – bei weiterem Durchtreten der Pedale! – sofort losgelassen werden, unmittelbar danach läuft der Motor selbstätig im Leerlauf.

Wie bereits angedeutet, kann man nun automatische Getriebe statt mit zwei (oder mehr!) Gangstufen, die sich automatisch in Anpassung an die gegebenen Fahrwiderstände einschalten, auch als stufenlose Getriebe bauen. Bei diesen stellen sich, wiederum selbsttätig, zwischen treibender und getriebener Welle (also zwischen Kurbelwelle und Hinterrad) unendlich viele Übersetzungsabstufungen zwischen einer Minimal- und einer Maximal-Übersetzung ein. Meist ist es notwendig, diesem stufenlosen »Wandler« allerdings noch eine ein- oder mehrstufige Zahnrad- oder Kettenübersetzung vor- oder nachzuschalten, weil im Getriebe selbst nicht der

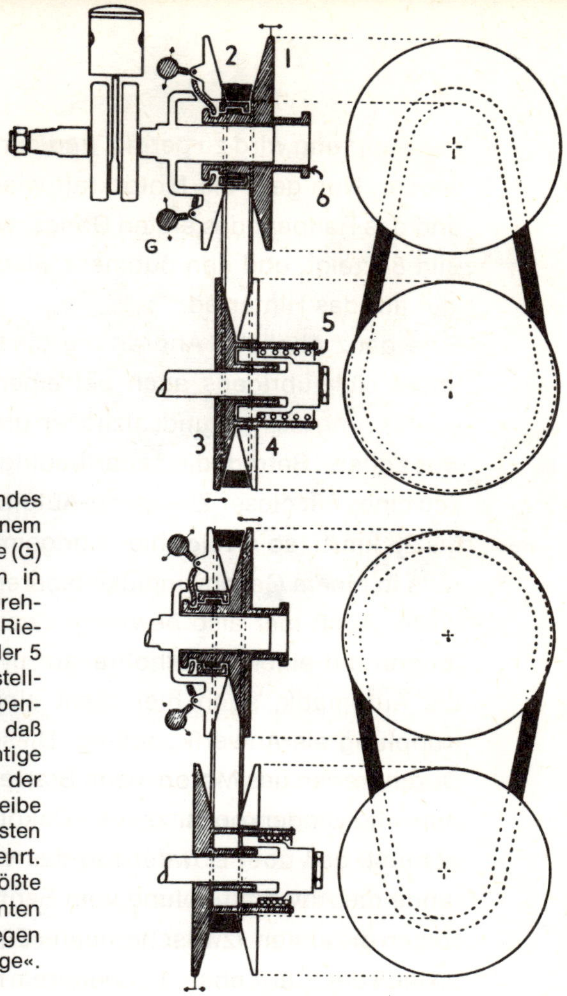

Bild 85: Automatisch arbeitendes stufenloses Getriebe (aus einem Motorroller). Die Fliehgewichte (G) verringern beim Ausschlagen in Abhängigkeit von der Motordrehzahl den Abstand der beiden Riemenscheiben-Hälften, die Feder 5 in der Nabe der ebenfalls verstellbaren Gegenscheibe (Scheibenhälften 3 und 4) sorgt dafür, daß der Riemen immer die richtige Spannung hat, d. h. daß der Durchmesser der zweiten Scheibe größer wird, wenn der der ersten kleiner wird – und umgekehrt. Obere Skizze: Leerlauf und größte Übersetzung (kleiner Gang), unten größter Gang. Dazwischen liegen stufenlos unendlich viele »Gänge«.

ganze zwischen Motor und Hinterrad benötigte Übersetzungssprung bewältigt werden kann – sofern man eben bei vernünftigen Abmessungen der Übertragungszahn- oder Ketten-Räder bleiben will.

Die in Frage kommenden (und sowohl in Mopeds als insbesondere auch in Leichtrollern schon mehrfach ausgeführten) stufenlosen Getriebe sind Riemengetriebe. Da stellt ein endloser Keilriemen (s. Bild 85) die Verbindung zwischen zwei Keilriemenscheiben her. Die Scheibenhälften beider Scheiben sind, wie man aus den Skizzen unschwer erkennen kann, nicht jeweils fest zu einer Scheibe verbunden, sondern die eine Scheibenhäfte ist gegen die andere verschiebbar (nicht verdrehbar). Werden die beiden Hälften einer Scheibe weiter

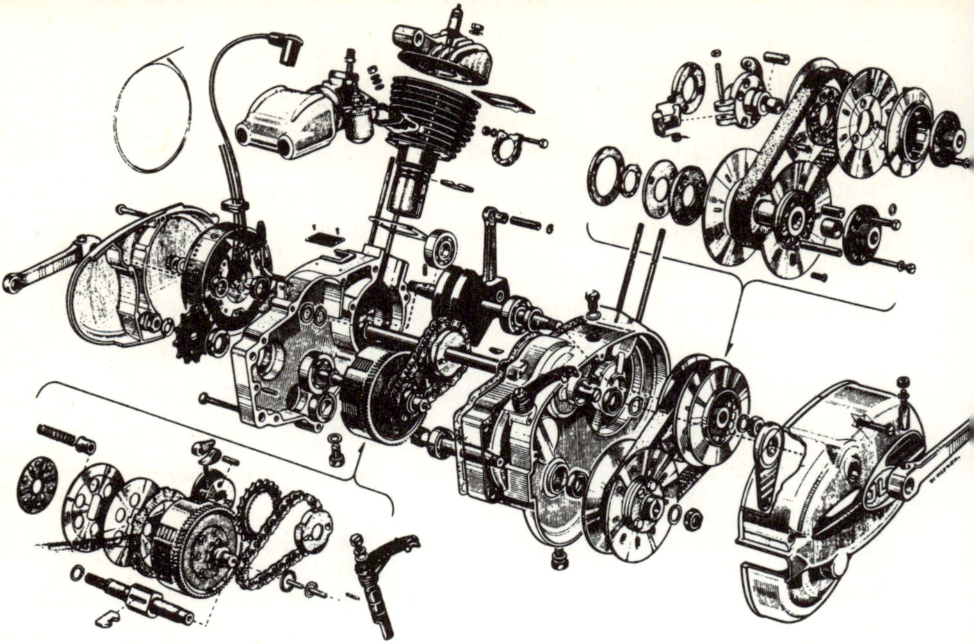

Bild 86: Hier war eine ähnlich wie im Bild 85 arbeitende automatische Riemenscheiben-Verstellung als Primärantrieb in einem Mopedmotor eingebaut. Zusätzlich war hier aber noch eine Mehrscheibenkupplung (links unten) vorgesehen.

auseinandergerückt, so wird der Scheibendurchmesser kleiner – und umgekehrt.

Es muß nun einmal dafür gesorgt werden, daß der Riemen immer die zur Kraftübertragung ausreichende Spannung hat. Das bewirkt eine starke Druckfeder an der einen Scheibe, die bemüht ist, die beiden Scheibenhälften gegeneinanderzupressen, also immer in Richtung auf größten wirksamen Scheibendurchmesser (auf dem der Riemen läuft) einzustellen. Die verschiebbare Scheibenhälfte der anderen Scheibe andererseits steht unter Einwirkung wiederum der Fliehkraft. Ist diese stark (weil die Drehzahl hoch ist), so gehen die hier angeordneten Fliehgewichte auseinander und versuchen nun ihrerseits, die Scheibenhälften gegeneinanderzudrükken, den wirksamen Durchmesser der zunächst kleinen Scheibe zu vergrößern.

Federdruck und Fliehgewichtskräfte werden nun bei einem solchen Getriebe genau auf den jeweiligen Motor, seine Charakteristik und Leistung sowie die Eigenschaften des anzutreibenden Fahrzeugs abgestimmt – und daraus ergibt sich dann eine vollautomatische Funktion dieses stufenlosen Getriebes, das selbstätig die zu jedem Fahrwiderstandswert gehörende Übersetzung in Wechselwirkung zwischen Flieh- und Federkraft einstellt.

Die fliehgewichts-regulierten Scheibenhälften kann man in solchem Fall auch gleich noch als automatische Kupplung ausbilden (die man ja hier nur zum Anfahren braucht, der Wechsel der Übersetzungsstufen geht ohne Trennung der Kraftübertragung vor sich). Man sorgt dann nur dafür, daß in

Bild 87: Dieses Bild zeigt eine französische Konstruktion, eine automatisch arbeitende Fliehkraftkupplung (entsprechend Bild 69) in Kombination mit einem stufenlosen »Wandler«. Wieder werden Riemenscheibenhälften gegeneinander verschoben (A), aber hier dienen Kugeln (C) als Fliehgewichte, die in Bahnen der Profilscheibe B unter Fliehgewichtseinwirkung nach außen gehen und die Scheibenverstellung bewirken. Damit trotz Fehlens einer verstellbaren Gegenscheibe die Riemenspannung stets stimmt, wird hier, wie bereits bei Bild 60 erwähnt, der ganze Motor geschwenkt und so der Abstand zur zweiten Riemenscheibe verändert.

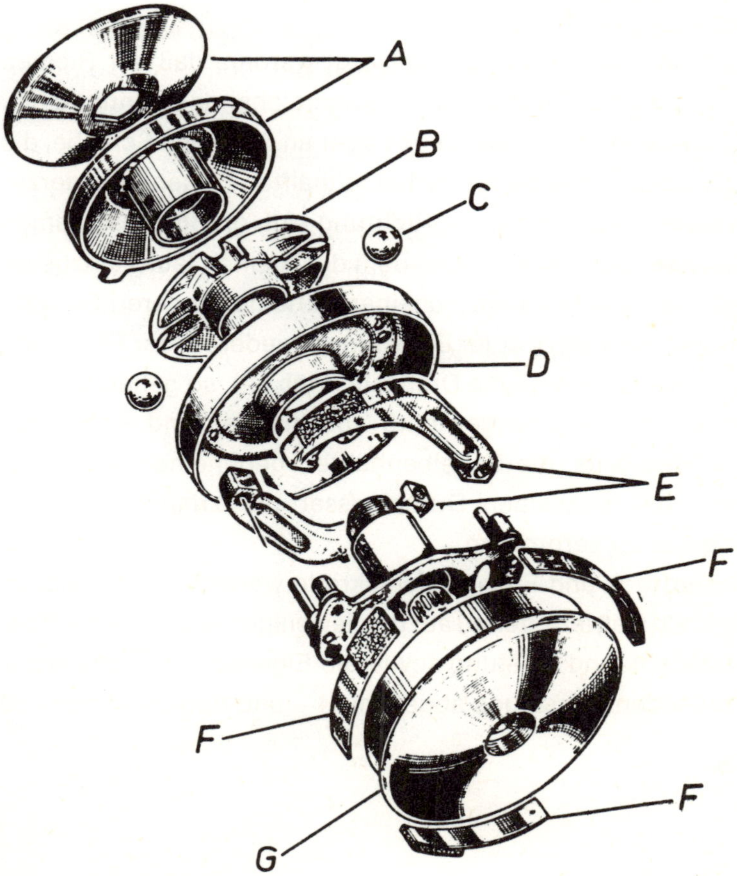

der Ruhestellung, wenn also die Fliehgewichte ganz zusammengegangen sind und die Motordrehzahl noch zu gering ist, um sie auseinanderzubringen, der Riemen auf einer Buchse aufläuft, die leicht drehbar am Scheibengrund auf der Welle gelagert ist. Erst wenn über Leerlaufdrehzahl Gas gegeben wird, drücken die auseinandergehenden Fliehgewichte die lose Scheibenhälfte gegen die Gegenhälfte und nehmen den Riemen, zunächst mit Schlupf, dann schlupffrei, mit.
Man kann ein solches automatisches Riemengetriebe übrigens auch noch dahingehend vereinfachen, daß man die angetriebene Riemenscheibe unverstellbar macht und nur auf die vom Motor getriebene Scheibe, die aus zwei verschiebbaren Hälften besteht, die Fliehgewichte einwirken läßt. Dann läßt man, wiederum durch eine starke Feder, den ganzen (etwa oben am Zylinderkopf) schwenkbar gelagerten Motor durch diese Feder so nach vorn drücken, daß stets die erforderliche Riemenspannung gewährleistet ist.
Wenn man die Entwicklung im Automobilbau verfolgt (die ja ganz deutlich zum automatischen Getriebe geht), so müßte man annehmen, daß auch bei Mofa und Moped (deren Fahrer ebenfalls in der Mehrzahl so unkompliziert wie möglich fahren möchten) die Zukunft bei der vollautomatischen Kraftübertragung liegt. Und vielleicht wird sie sich eines Tages sogar im Motorradbau durchsetzen, wo heute noch die Ansicht herrscht, der sportliche Motorradfahrer verlange ein individuell zu bedienendes Getriebe.

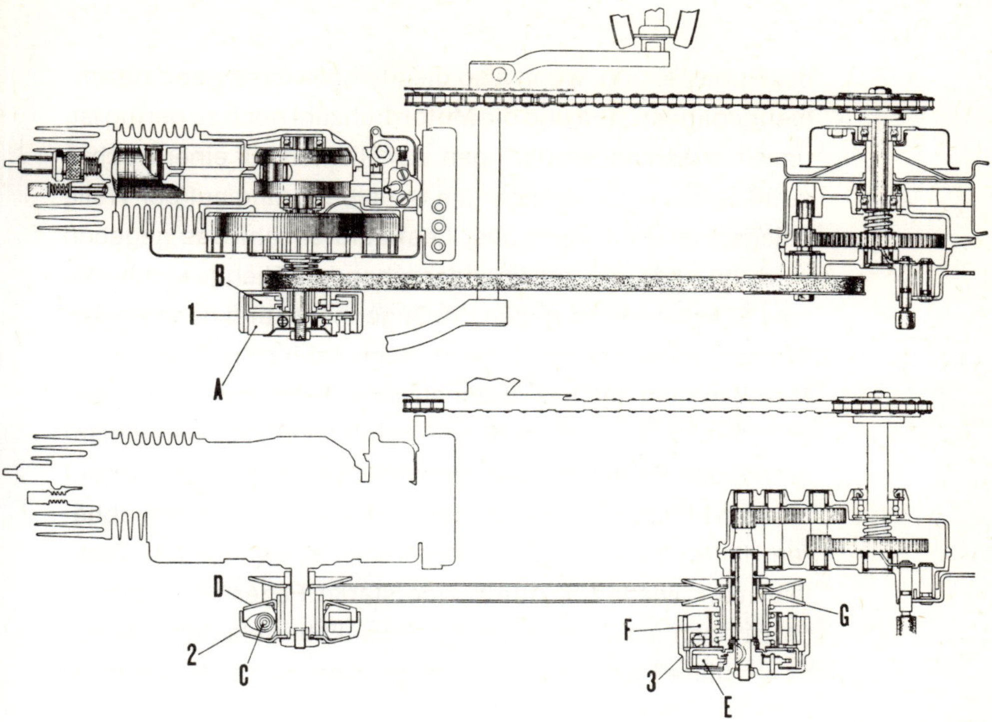

Bild 88: In diesem Bild sieht man oben die Kraftübertragung des bereits im Bild 75 gezeigten italienischen Mopas (Mopeds) mit Fliehkraftkupplung auf der Kurbelwelle. Unten ist die Ausführung mit automatischem stufenlosen Wandler (Getriebe) gezeigt. Jetzt sitzt auf der Kurbelwelle der fliehkraftbelastete Mechanismus ähnlich Bild 87, in dem Kugeln die Scheibenhälften verstellen (2 bzw. C), dann kommt wieder die Übertragung durch den endlosen Keilriemen, der auf eine Riemenscheibe arbeitet, deren Hälften auch hier durch Federdruck gegeneinandergepreßt werden, um den Scheibendurchmesser mit dem der vorderen Riemenscheibe korrespondieren zu lassen. F. ist die Fliehkraftkupplung, die hier hinten am Getriebe sitzt, E die automatische Startkupplung. Das Hinterachsgetriebe besteht aus zwei Übersetzungsstufen, die hintereinandergeschaltet sind.

DAS FAHRWERK

Rahmen

Tragendes Hauptteil unserer kleinen Fahrzeuge ist der Rahmen. Er stellt die Verbindung zwischen Vorder- und Hinterrad her, an ihm ist der Motor samt Getriebe befestigt, er trägt auch den Kraftstoffbehälter (Tank) sowie den Sitz für Fahrer und evtl. Beifahrer. Schutzbleche sind so angeordnet, daß von ihnen der von den Laufrädern hochgewirbelte Schmutz aufgefangen wird.
Die enge Verwandschaft mit dem Fahrrad bewirkte, daß – teilweise ja auch noch bei Motorrädern bis hinauf in die größten Hubraumklassen – dieser Rahmen aus nahtlosem Stahlrohr hergestellt wird. Freilich hat sich der Rohrrahmen für motorisierte Zweiradfahrzeuge in seiner Gestaltung mehr und mehr vom einst allgemein zu findenden Dreiecks-Rahmen mit durchgehendem Oberrohr entfernt. Häufig findet man – beispielsweise bei Mokicks und Kleinkrafträdern – anstelle des *Rohrdreiecks* ein vom Lenkkopf nach hinten und im Bogen nach abwärts geführtes kräftiges *»Rückgratrohr«* als Rahmen-Hauptträger, an den hinten das *Rahmenheck* – unter Verwendung von dünneren Stahlrohren von Blechprofilteilen oder auch als Leichtmetall-Gußstück – angesetzt ist.

Bild 89: Rückgratrohrrahmen, wie er insbesondere bei modernen Mokicks und Kleinkrafträdern vielfach verwendet wird. Teleskopgabel vorn, Schwinge mit Federbeinen hinten. Unten erkennt man den Mittelständer.

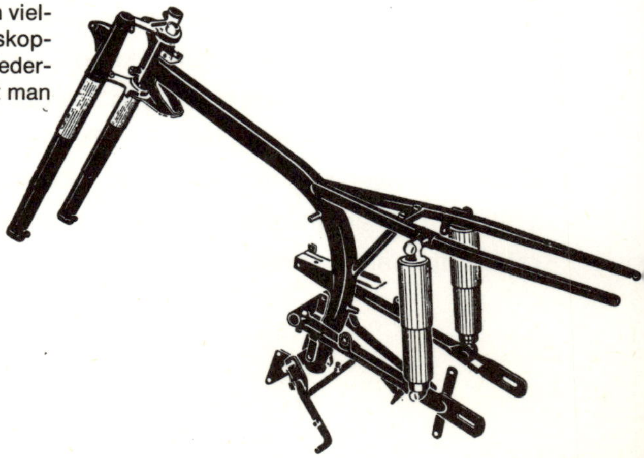

Manchmal ist bei solchen Fahrzeugen zusätzlich eine einfache oder doppelte *Rohrschleife* vorgesehen, die mit dem Rückgratrohr zusammen einen geschlossenen Mittelrahmen bildet, der den Triebwerksblock aufnimmt. Bei einem *»offenen« Rahmen* ist der Motor samt Getriebe in einem kräftigen *»Schuh«* am unteren Teil des Rückgratrohrs gehalten, manchmal wird zusätzlich oben noch eine Verbindung zwischen Zylinderkopf und Rahmenrohr hergestellt.

Bei Mofas und Mopeds und Motorrollern, die ja vielfach auch für weibliche Fahrer disponiert sind, wird der »offene Durchstieg« bevorzugt. Da wird dann das erwähnte Rückgratrohr gewissermaßen herumgedreht, d. h. es führt im Bogen vom Lenkkopf nach unten, die Fortsetzung des Bogens führt dann wieder nach oben bis unter die Spitze des Fahrersitzes. Auch hier findet sich ein angesetztes Heckteil aus dünneren Rohrstreben, das als Sitzbankauflage und zur Abstützung der hinteren Federelemente (bzw., bei einem »Starrrahmen«, also einem Fahrzeug ohne Hinterradfederung, zur Aufnahme des Hinterrades) dient.

Der Triebwerksblock wird bei Mofas und Mopeds mit einer solchen Rahmenausführung meist unterhalb des Rohrbogens, der das Rahmenmittelstück bildet, aufgehängt. Der Kraftstoffbehälter, der beim Rückgratrohrrahmen »aufgesattelt«, d. h. auf das Rahmenrohr gesetzt ist (so daß der Fahrer an ihm Knie- bzw. Schenkel-Schluß nehmen kann), befindet sich beim offenen Rahmen entweder am vorn abwärts führenden Rohrbogenteil – aber man kann ihn auch anderswo am Rahmen unterbringen, sofern dabei nur ein ausreichendes Gefälle für den Kraftstoff gewährleistet ist, damit dieser selbsttätig zum Vergaser fließen kann.

Statt der Stahlrohre kann man auch aus Stahlblech gepreßte und dann zusammengeschweißte Profile zum Aufbau des Rahmens verwenden. In diesem Fall kann man die Blechteile so führen, daß sie gleichzeitig einen Hohlraum bilden, der als Kraftstoffbehälter dient. Die Gesamtform eines solchen

Blechprofil-Rahmens kann der eines entsprechenden Rohrrahmens sehr ähnlich sein, man kann ihn jedoch auch weitgehend abwandeln – in extremer Form bis zur *»selbsttragenden Karosserie«* des Motorrollers, bei dem dann außerdem ein *Frontschild* als Schmutzschutz für den Fahrer vorgesehen ist, das in ein *Bodenblech* übergeht. Weil beim Roller außerdem der Triebwerksblock ganz nach hinten verlegt ist, ergeben sich eine besonders bequeme Fußauflage sowie ein gänzlich freier »Durchstieg« als spezielle Vorzüge des Motorrollers.
Bei preiswerten Modellen von Mofas und Mopeds verzichtet man auf eine *Abfederung des Hinterrades*. Die Bereifung und die Sitzfederung müssen dann dafür sorgen, daß nicht alle Fahrbahnstöße auf den Fahrer übertragen werden. Ähnlich der Ausführung beim Fahrrad ist in diesem Fall die Hinterradachse in Gabelenden des starren Rahmen-Hinterbaus gehalten und dort (sofern der Hinterradantrieb mit Kette erfolgt) in Langlöchern mittels je eines Kettenspanners an beiden Seiten verstellbar, um den durch Längung zunehmenden Kettendurchhang ausgleichen zu können.
Die auf den Seiten 17–24 gebrachten Beispiele moderner 50 ccm-Fahrzeuge vermitteln einen Eindruck von der Vielfalt der möglichen Rahmen- und Abfederungs-Bauarten.

Hinterradfederung

Werden höhere Anforderungen an den Fahrkomfort gestellt (bzw. läßt die Motorleistung höhere Geschwindigkeiten zu), so muß das Hinterrad abgefedert werden. Diese Hinterrad-Abfederung erfolgt heute durchweg so,daß das Rad in einer nahezu horizontal liegenden, am Rahmen kurz hinter dem Getriebe gelagerten Gabel (aus Rohr oder Blechprofilen) gehalten wird. Diese »Schwinggabel« (*Hinterradschwinge*) ist gegen das Heckteil des Hauptrahmens beiderseitig durch Federelemente abgestützt. Diese Elemente, die man ganz allge-

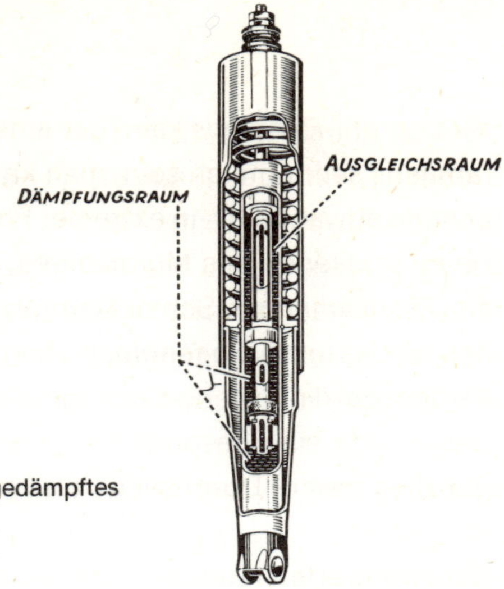

Bild 90: Schnitt durch ein ölgedämpftes Federbein.

mein als *»Federbeine«* bezeichnet, werden von *Druckfedern* gebildet, die meist in teleskopartig ineinander verschiebbaren Rohrhülsen gekapselt sind. In ihrem Inneren nehmen die Druckfedern noch einen *hydraulischen Stoßdämpfer* auf, der bewirkt, daß die Federn zwar dem Druck beim Einfedern (Zusammendrücken) nahezu ungehindert nachgeben, daß sie aber dann nicht frei in ihre Ausgangslage zurückspringen können. Die Rückbewegung wird vielmehr gedämpft, damit bei aufeinanderfolgenden Fahrbahnstößen die Feder bereits wieder zur Ruhe gekommen ist und den neuen Stoß voll aufnehmen kann; geschähe das nicht, so würden sich die Stöße summieren und die Federung würde sich unerträglich (und für die Straßenlage und Fahrsicherheit gefährlich) »aufschaukeln«.

Manche Federbeine verzichten auf die erwähnte Teleskop-Kapselung und lassen die (dann meist verchromten) Federn freiliegen, was als »sportlich« gilt (weil man bei Rennmotorrädern auf eine Kapselung deshalb verzichtet, damit die dort sehr starke Erwärmung der Stoßdämpfer nicht zu deren Überhitzung führt; bei unseren kleinen Fahrzeugen sind aber »offene« Federbeine lediglich ein optischer Effekt).

Die Wirkung der Stoßdämpfer beruht darauf, daß in einem geschlossenen Rohr ein von einer Stange betätigter Kolben auf und ab gleitet, der eingefülltes Stoßdämpferöl durch Ventile im Kolben hin und her pumpt. Die Ventile sind so angeordnet und ausgelegt, daß die gewünschte Dämpfung nur in einer Richtung zustande kommt.

Bei sehr preiswerten Zweiradfahrzeugen, die aber dennoch eine Hinterradfederung aufweisen sollen, verzichtet man manchmal auf die Dämpfung; das ist aber nur bei Fahrgeschwindigkeiten bis max. 25 km/h vertretbar.

Lenkung und Vorderradfederung

Nach Fahrradart werden auch alle motorisierten Zweiräder mittels eines in einem nahezu senkrecht stehenden Lenkkopf des Rahmens gelagerten *Lenkrohrs* gelenkt bzw. stabilisiert (denn tatsächlich werden Einspurfahrzeuge ja nicht durch Schwenken der Lenkung, sondern durch Gewichtsverlagerung in die gewünschte Fahrtrichtung gebracht bzw. in dieser gehalten).

Das Lenkrohr bildet einen Teil der *Vordergabel*, in dem das Vorderrad gehalten ist. Lenkrohr und Gabel können mit Hilfe des oben aufgesetzten *Lenkers* geschwenkt bzw. gehalten werden. So wie bei der Hinterradfederung das Hinterrad gegenüber dem Rahmenheck, so ist auch das Vorderrad gegenüber dem Lenkkopf und dem in ihm drehbar in Kugellagern gelagerten Lenkrohr (Schaftrohr) abgefedert. Nur bei auf 25 km/h begrenzten Mofas ist es vertretbar, das Vorderrad ungefedert zu lassen, also in einer fahrradähnlichen »starren« Gabel zu halten.

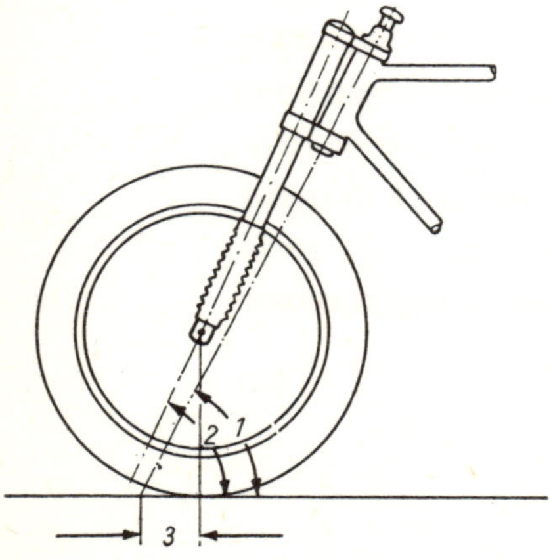

Bild 91: Die »Lenkungsgeometrie« eines Einspurfahrzeugs: 1 = Lenkkopfwinkel, 2 = Gabelwinkel, 3 = Vorderrad-Nachlauf. Diese Werte werden konstruktiv und versuchsmäßig festgelegt und sind wichtig für sichere Straßenlage eines jeden Zweiradfahrzeugs.

Bild 92: Einfachste Art einer Moped-Vorderradfederung (mittels beiderseitigen Kurzschwingen und kurzen, ungedämpften Federn in den Gabelholmen).

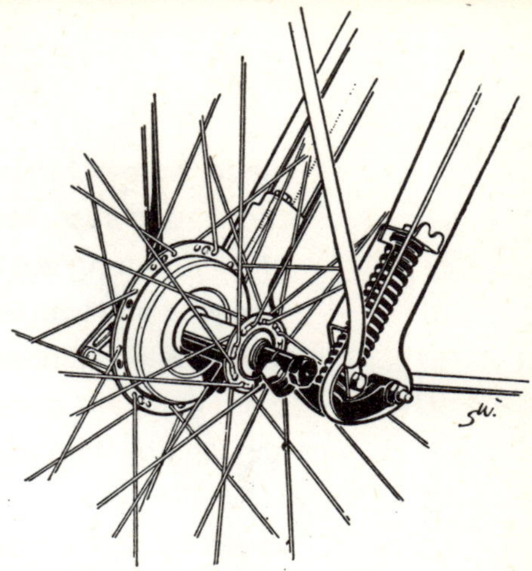

Auch die Vorderradfederung sollte eine Dämpfung aufweisen – aber eine solche findet man bei 50 ccm-Fahrzeugen erst zum Teil, oft noch nicht einmal bei Kleinkrafträdern, die ja immerhin Spitzengeschwindigkeiten nahe 90 km/h erreichen! Für die Ausbildung der *Vorderradfederung* bzw. der Vordergabel gibt es, im Gegensatz zur Hinterradfederung, zahlreiche Varianten, die sich durch die Qualität der erzielten Abfederung, aber entsprechend dem Bauaufwand auch durch ihre Gestehungskosten unterscheiden.
Eine der einfachsten Vorderradfederungen ist die mittels *kurzer Schwinghebel*, die unten an den Gabelstreben (Holmen) gelagert und durch kurze Druckfedern gegen diese abgefedert sind. Der hierbei erzielbare Federweg ist gering, Dämpfung ist meist nicht vorhanden, Federungs- und Fahrkomfort sind verhältnismäßig gering, bei Fahrzeugen mit begrenzter Höchstgeschwindigkeit aber zu verantworten.
Statt der kurzen Schwinghebel an beiden Seiten kann man auch, ähnlich der Hinterradschwinge, eine *geschlossene Rohr-* oder *Blechprofil-Schwinggabel* vorsehen, die etwa in ihrer Mitte *(Halblangschwinge)* oder am Ende *(Langschwinge)* an den Gabelholmen gelagert ist. Die Abstützung bzw. Abfederung erfolgt dann mit (gedämpften) Federbeinen wie bei der Hinterradfederung. Solche *Schwingen-Vordergabeln* findet man aber nicht bei Mofas und Mopeds, sondern erst bei Mokicks bzw. Kleinkrafträdern.
Der überwiegende Teil der 50 ccm-Modelle (ausgenommen

Bild 93: Die Teleskopgabel (hier im Schnitt) gibt es in vielerlei Ausführungen, gedämpft und ungedämpft. Sie gibt dem Vorderrad eine »Geradwegfederung« (im Gegensatz zur Kreisbogenfederung einer Schwinge) und sie ermöglicht weiches Ansprechen auf kleine Bodenunebenheiten ebenso wie große Federwege (zum Bewältigen größerer Fahrbahnunebenheiten).

Mopeds und Motorroller) wird mit sogenannten *Teleskop-Vordergabeln* ausgerüstet. Diese Gabelbauart, die im Motorradbau fast ausnahmslos alle anderen Gabelkonstruktionen verdrängt hat, hat den Vorteil äußerer Glattflächigkeit und eleganter Linienführung, vor allem aber läßt sie große Federwege und den organischen Einbau der Feder- und Dämpfungselemente zu (wenngleich, wie schon gesagt, häufig bei 50 ccm-Fahrzeugen auf eine echte hydraulische Dämpfung verzichtet und diese durch eine *»Gleitreibungsdämpfung«* ersetzt wird).

Bei der Teleskopgabel gleiten, daher die Bezeichnung, Rohre (aus Stahl oder Leichtmetall) teleskopartig ineinander, wenn das Vorderrad auf eine Fahrbahnunebenheit stößt. Eingebaute, lange Druckfedern nehmen die Stoßenergie auf. Wieder gibt es verschiedene konstruktive Varianten: man kann die unteren Gabelholmstücke (die das Vorderrad halten) auf den von oben kommenden *»Standrohren«* gleiten lassen – man kann es auch umgekehrt machen und die verschiebbaren Holmteile in den Standrohren führen. Außerdem kann man die Teleskoprohre, d. h. die Standrohre, in zwei *Gabelbrücken* (unter- und oberhalb des Rahmenlenkkopfs) mit

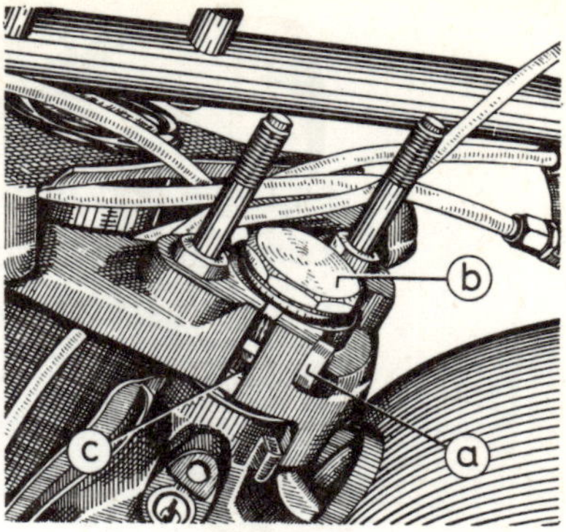

Bild 94: Obere Gabelbrücke einer Teleskopgabel mit Befestigungsbolzen für den Lenker (der hier abgenommen ist). a = Klemmschraube für Gabelbrücke, b = Abschlußmutter, c = oberes Lenkungs-Kugellager.

Klemmung halten, sie also bis über den Lenkkopf zur oberen Gabelbrücke hochführen und dort den Lenker befestigen. Man kann aber die Standrohre auch in der unteren Gabelbrücke enden lassen (ähnlich wie bei einer einfachen Fahrrad-Gabel) – das ergibt geringeres Gewicht, aber auch kürzere Federn und evtl. kürzere Federwege.

Laufräder

Die Laufräder bestehen aus den *Naben,* den *Speichen* und den *Felgen,* die die *Bereifung* tragen – die Naben sind fast immer mit einer *Bremse* kombiniert. Es handelt sich heute noch überwiegend um *»Drahtspeichenräder«,* wie vom Fahrrad her bekannt. Nur bei sehr geringen Radgrößen (Motorrollern und anderen Kleinfahrzeugen, sogenannten City-Bikes) werden geschlossene oder mit Durchbrüchen versehene *Scheibenräder* aus *Stahlblech* oder *Leichtmetallguß* verwendet.
Neuerdings finden sich auch bei 50 ccm-Fahrzeugen, nicht nur bei Kleinkrafträdern, sondern auch bei Mopeds und Mofas, die bei Motorrädern stark aufgekommenen *Leichtmetallguß-Speichenräder* in mannigfaltigem Design (Beispiele sind auf den Seiten 17–24 gezeigt).

Bild 95: Die Vorderradachse (links) ist bei Mofas und Mopeds fast immer in offenen Gabelenden mittels der Achsmuttern gehalten, während für das Hinterrad häufig (zwecks leichteren Radausbaus, ohne die Kette mit demontieren zu müssen) eine Steckachse Verwendung findet (rechts).

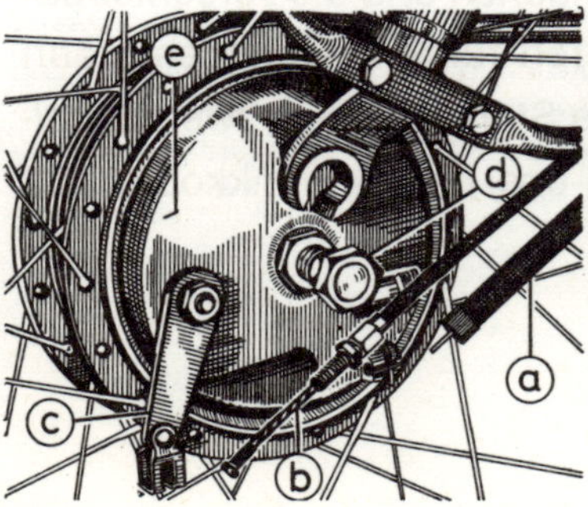

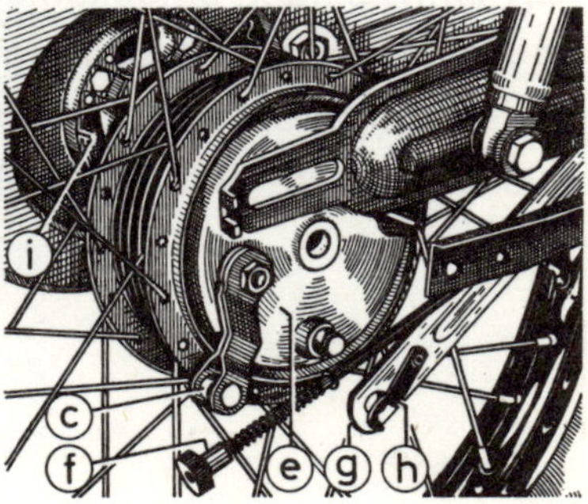

Die Nabe und Felge verbindenden Drahtspeichen entsprechen grundsätzlich den im Fahrradbau verwendeten, nur sind sie im Durchmesser stärker und an den Enden zusätzlich verstärkt. Zum Einhängen in den *Speichenkranz* der Nabe sind sie gekröpft, die teilweise im Motorradbau üblichen ungekröpften Speichen finden sich im Kleinfahrzeugbau nicht. Die Felgen sind aus Stahl- oder Leichtmetallblech hergestellt, im Profil gezogen und dann an den Enden verschweißt. Die *Speichennippel* sitzen in *»Punzungen«*, das sind Ausdrückungen, die dem Nippel eine satte Auflage in der durch die Speichenstellung vorgeschriebenen Richtung geben.
Die Naben, auf *Kugellagern* laufend und (wenigstens im Hinterrad) bei Mokicks und Kleinkrafträdern meist mit einer leicht demontierbaren *Steckachse* ausgerüstet, die den Ausbau des Rades ermöglicht, ohne die Antriebsteile mit demontieren zu müssen, bestehen entweder aus Stahlblech oder aus Leichtmetallguß. Im letzteren Fall enthalten sie einen eingesetzten *Bremsring* aus Stahl oder Spezialgußeisen, weil die Bremsbacken der Innenbackenbremse aus Verschleißgründen nicht gegen das Leichtmetall reiben können. Die mit der Bremse kombinierten Naben sind entweder als *Trommelnaben* (mit einseitig angeordneter Bremstrommel) ausgeführt oder als *Zentralbremsnaben*, bei denen die Bremse etwa in Nabenmitte liegt.

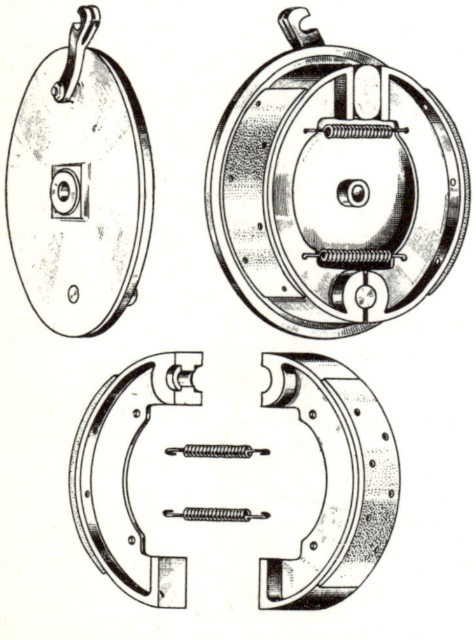

Bild 96: Die Innenbacken-Trommelbremse und ihre Hauptteile: links die Bremsgegenhalteplatte, in der die Bremsschlüsselwelle mit dem Bremshebel gelagert ist, rechts oben komplett montierte Bremse (man erkennt oben den »Bremsnocken« auf der Bremshebelwelle (Bremsschlüsselwelle). Unten die Bremsbacken einzeln mit ihren Rückzugfedern (Beläge aufgenietet, heute meist aufgeklebt).

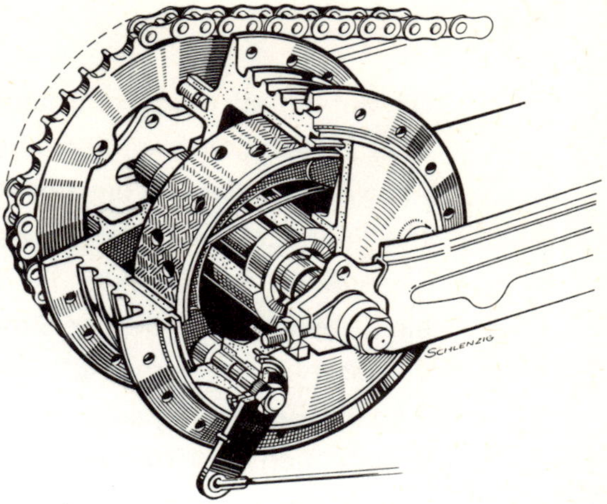

Bild 97: Schnitt durch eine Hinterrad-Trommelbremse mit Kettenrad.

Diese Bremsen arbeiten durchweg als *Innenbackenbremsen.* In diesen sind (s. Bild 96) zwei *Bremsbacken* (aus Leichtmetallguß oder Blechprofilen) schwenkbar auf einer *Bremsankerplatte* so gelagert, daß sie sich unter Einwirkung eines von außen zu betätigenden, auf der *Bremsschlüsselwelle* sitzenden *Bremsnockens* gegen die Bremsfläche der Bremstrommel bzw. den in der Leichtmetallnabe sitzenden Bremsring legen und die für den Bremsvorgang notwendige Reibung erzeugen können. Eingehängte *Zugfedern* holen nach Wegfall der Bremskraft die Backen in ihre Ruhelage zurück.

Vom Gesetzgeber sind zwei Bremsen, voneinander unabhängig, vorgeschrieben. Sie können von Hand oder mit dem Fuß betätigt werden. Üblich ist die Betätigung der im Vorderrad angeordneten Bremse mittels Hand- und der Hinterradbremse mittels Fußhebel. Es gibt aber auch Mofa- bzw. Moped-Modelle, bei denen beide Bremsen von Hand betätigt werden – dann nämlich, wenn der vorgesehene Pedalantrieb des Hinterrades nicht mit einer *Rücktrittbremse*, wie sie vom Fahrrad her bekannt ist, kombiniert, sondern lediglich ein Freilauf an der Hinterradnabe vorgesehen ist.

Eine solche Rücktrittbremse findet sich bei Mofas und Mopeds im Hinblick auf das Vorhandensein des Tretkurbelmechanismus ohnehin häufig im Hinterrad – so wie es vereinzelt auch die ebenfalls vom Fahrradbau übernommene *Felgenbremse* am Vorderrad bei Mofas gibt.

Die Betätigung der Vorderradbremse erfolgt im allgemeinen über Bowdenzug vom Lenker aus, die der Hinterradbremse – soweit es sich nicht um eine Rücktrittbremse handelt – mittels Fußhebel, und dann entweder mit Gestänge oder auch über einen Bowdenzug. In diesen Übertragungsgliedern sind, meist direkt an der Bremse, *Nachstellvorrichtungen* vorgesehen, mit deren Hilfe der »tote Gang«, d. h. der Leerweg der Betätigung aus der Ruhelage bis zum tatsächlichen Ansprechen der Bremse, möglichst knapp eingestellt und jeweils nach eingetretenem Verschleiß nachgestellt werden kann.

Obwohl bei 50 ccm-Fahrzeugen (auch den Kleinkrafträdern) die erforderliche Bremsverzögerung zuverlässig mit mechanisch betätigten Trommelbremsen aufzubringen ist, finden sich neuerdings auch Kleinkrafträder mit den im Motorradbau weitgehend in Ablösung der Trommelbremsen eingeführten Scheibenbremse – teils nur im Vorderrad, in Einzelfällen in beiden Rädern. Die an der Nabe befestigte *Bremsscheibe* wird durch eine an der Gabel bzw. Schwinge befestigte *Bremszange* umfaßt, die die *Bremskolben* trägt. Diese werden nicht mechanisch, sondern *hydraulisch* betätigt: ein (hand- bzw. fußbetätigter) *Hauptzylin-*

Bild 97 a: Scheibenbremse: 1 = Befestigungsschrauben für 2 = Bremsscheibe; 3 = Radbremszylinder; 4 = Bremsleitung; 5 = Gabelholm mit Bremszange (Bremssattel). – Bild 97 b: Funktion der hydraulischen Scheibenbremse: 1 = Bremszange; 2 = Bremskolben mit 3 = Bremsbelag (Bremsklotz); 4 = Bremsscheibe; 5 = Hauptbremszylinder; 6 = Bremsflüssigkeits-Behälter.

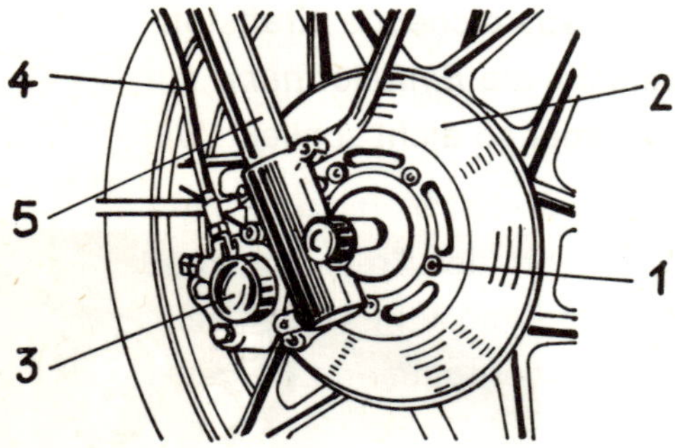

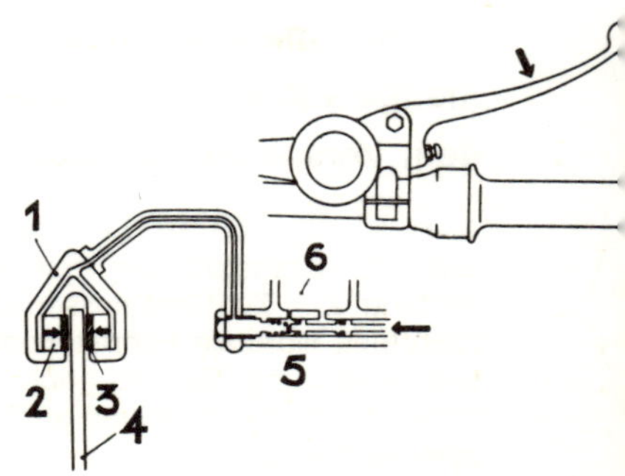

Bild 98: Diese drei Teile bilden die Bereifung: Schlauch, Decke und Felgenband (das den Schlauch vor Beschädigung durch die Speichenenden bzw. -nippel schützt).

Bild 99: So liegen Decke, Schlauch und Felgenband in der Felge. →

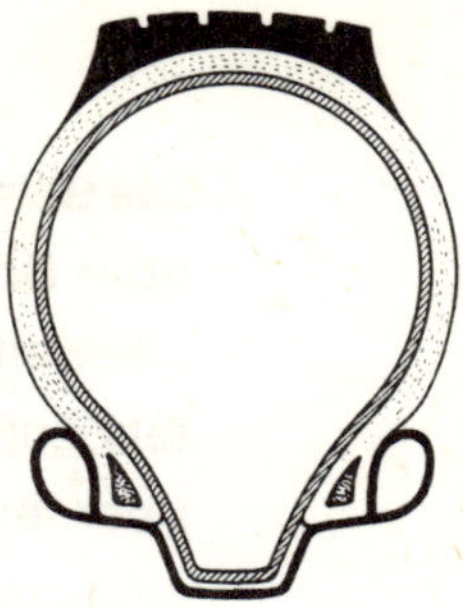

der mit Kolben leitet die vom Fahrer ausgeübte Bremskraft über druckfeste *Rohr- bzw. Schlauchleitungen* zu den *Bremskolben* und bringt diese zur Anlage an der Scheibe.

Bereifung

Die Laufräder sind, in ihrer Dimension entsprechend dem Rad- bzw. Felgendurchmesser und der Felgenbreite bzw. Belastbarkeit des Fahrzeugs unterschiedlich, gummibereift. Wie beim Fahrrad handelt es sich um Laufdecken mit eingelegten Drahtseilen in den Reifenwülsten sowie mit Luftschlauch, zu dessen Schutz im Felgengrund (die evtl. vorstehenden Speichenenden abdeckend) ein Felgenband liegt. Schlauchlose Reifen gibt es für Einspurfahrzeug-Drahtspeichenräder serienmäßig noch nicht, weil die Felgen wegen der eingesetzten Speichennippel nicht luftdicht sind.

Kraftstoffbehälter

Der Kraftstoffbehälter *(Tank)*, meist aus Stahlblech, selten noch aus Kunststoff hergestellt, nimmt die für einen bestimmten Aktionsradius des Fahrzeugs ausreichende Kraftstoffmenge auf. Er trägt auf der Oberseite die *Einfüllöffnung* mit dem *Verschluß*, der leider nicht immer so dicht schließt, wie

Bild 100: Kraftstoffhahn mit Reservestellung: Z = Zu (Geschlossen), A = Auf (Geöffnet, Normale Fahrtstellung), R = Reservestellung (Betrieb noch mit restlichen 1–1,5 Liter Kraftstoff im Tank, Zeit zum Nachtanken!).

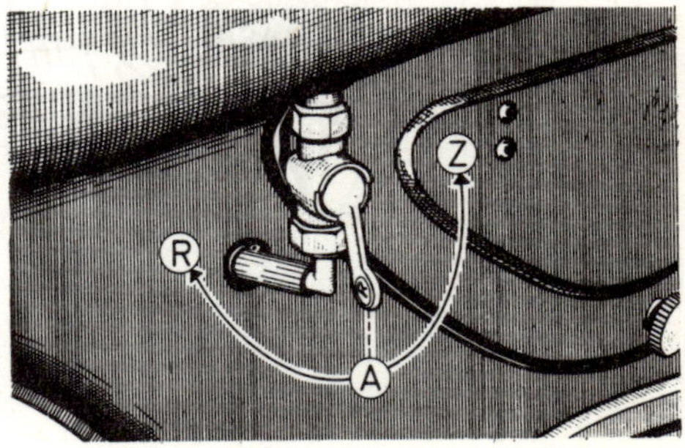

das wünschenswert wäre. Hermetisch dicht darf er übrigens deshalb nicht sein (sondern er muß eine »Belüftung« für das Tankinnere aufweisen, die aber auch ausreichend gegen Kraftstoffaustritt gesichert sein muß), weil der Kraftstoff nicht abfließen kann, wenn sein Volumen nicht durch nachströmende Luft ersetzt wird.

An seiner tiefsten Stelle trägt der Tank (falls er, weil er über das Rahmenoberrohr gestülpt ist, einen »Tunnel« aufweist, sogar an zwei Stellen) den *Kraftstoffhahn* (s. Bild 100), mit dem der Zulauf zum Vergaser abgesperrt werden kann. Meist ist er als *Dreiwegehahn mit Reservestellung* ausgebildet (s. Bild 100). Steht der Hahnknebel auf Stellung Z, so ist der Ablauf versperrt. Steht er auf A, so fließt der Kraftstoff bis auf eine geringe Reservemenge ab, und zwar durch das am Hahn sitzende Röhrchen. Wenn dann auf Stellung R geschaltet wird, kann der Rest des Tankinhalts durch die zweite Hahnbohrung (unten neben dem Röhrchen) ablaufen.

Manchmal ist der Hahn mit einem *Kraftstoffilter* kombiniert. Das sitzt dann entweder als Siebröhrchen über dem Ablaufröhrchen des Hahns – oder unterhalb des Hahnkörpers in einer abschraubbaren, auch als *»Wasserabscheider«* bezeichneten *Filterglocke*. Ein weiteres Filter sitzt – nur selten – im Einlaufstutzen des Vergasers, dort, wo der vom Tank kommende Kraftstoffschlauch angeschlossen wird.

Fahrer- und Beifahrersitz

Als Sitz für den Fahrer findet sich bei Mofas und Mopeds entweder ein *Sattel*, der eine besser gefederte, anatomisch günstiger geformte Weiterentwicklung des Fahrradsattels darstellt – oder ein *Sitzkissen*, das dem Fahrer eine gewisse Änderung seiner Position während der Fahrt gestattet. Bei zweisitzigen Fahrzeugen wird dieses Sitzkissen, das in sich durch Stahlfedern gefedert ist, zur *Sitzbank* verlängert. Diese muß einen (flexiblen) *Haltegriff* für den Beifahrer aufweisen. Bei manchen Modellen ist das Sitzkissen bzw. die Bank aufklappbar, sie stellt dann den Deckel eines Abteils oder Behälters dar, der zur Aufnahme des Bordwerkzeugs oder anderer Kleinteile, manchmal auch der Luftpumpe, dient.

Lenker

Der Lenker, meist durchweg aus Stahlrohr gebogen und mit dem Gabelrohr (Schaftrohr) verbunden, bei Kleinkrafträdern und Mokicks manchmal auch durch zwei kurze an der oberen Gabelbrücke befestigte oder an den Standrohren der Gabel angeklemmte Rohrstücke (Lenkerstummel) ersetzt, dient zur sicheren Führung des Fahrzeugs und zur Befestigung der Lenkerarmaturen.
Rechts sitzt stets der *Gasdrehgriff* (der den früheren »Gashebel« ersetzt hat) und der *Handbremshebel*, links ein *»Blindgriff«* und der *Kupplungshebel* (sofern das Fahrzeug nicht mit einer automatischen Kupplung ausgerüstet ist). Dazu kommt, je nach Modell und Ausstattung, manchmal noch ein kleinerer *Dekompressionshebel*, außerdem bei Mofas und Mopeds die vom Gesetzgeber vorgeschriebene (wenn auch sinnlose) *Fahrradglocke* bei Mofas und Mopeds sowie Mokicks, bei Kleinkrafträdern und Leichtrollern der *Signalschnarren-Druckknopf* und der *Abblendhebel* für die Biluxbirne im Scheinwerfer (Mofas und Mopeds haben *Dauerabblendung*). Blinkerhebel entfallen – mit Ausnahme der Kleinkrafträder, wo allerdings Blinker nicht vorgeschrieben sind.

Fußrasten und Fußhebel

Bei Mofas und Mopeds ruhen die Füße des Fahrers auf den Pedalen der Tretkurbeln – bei Fahrzeugen mit Rücktrittbremse müssen sie auch während der Fahrt dort ihren Platz behalten, damit der Fahrer stets bremsbereit ist. Sind zwei Handbremsen vorgesehen, so ist es zulässig, für die Füße zusätzliche *Fußablagen (Fußbretter)* vorzusehen.

Mokicks und Kleinkrafträder sowie Leichtroller brauchen keine Tretkurbeln aufzuweisen, bei ihnen sind feste (oft auf die Fahrergröße einstellbare, d. h. um ihre Befestigungspunkte schwenkbare), gummibelegte *Fußrasten* vorgesehen, neben denen sich, vom Fuß mit geringer Seitenschwenkung erreichbar, der Tritt des *Fußbremshebels* befindet, der so angeordnet sein soll, daß beim Bremsen der Fuß nicht von der Raste genommen werden muß. Bei Motorrollern ruhen die Füße auf dem *Bodenblech* der Karosserie, durch das der Fußbremshebel hindurchtritt.

Schutzbleche

Für Vorder- und Hinterrad müssen Schmutzfänger, sogenannte *Schutzbleche*, vorgesehen sein, für die vom Gesetzgeber bestimmte Abmessungen vorgeschrieben sind. Neuerdings werden diese Schutz»bleche« schon gelegentlich aus Kunststoff gefertigt, der den Vorteil der Rostsicherheit und Klapperfreiheit hat.
Die Hinterradkette ist entweder in einem geschlossenen *»Kettenkasten«* gekapselt oder – meist – nur nach oben und seitlich zum Hinterradreifen durch Abdeckbleche gegen Verschmutzung und Berührung abgedeckt. Ein geschlossener Kettenkasten (der leicht zum Klappern neigt) ist nur dann sinnvoll, wenn er die Kette wirklich hermetisch abschließt, was nur schwer zu erreichen ist. Ansonsten ist eine nur teilweise abgedeckte Hinterradkette besser, weil man ihren Pflegezustand beobachten kann und weil u. U. in einem nur teilweise dichten Kettenkasten die Kette in einem »Schlammbad« arbeitet und dadurch rascher verschleißt als die nur teilweise abgedeckte. Zudem gilt die letztere, natürlich auch leichtere, Ausführung wiederum bei vielen Fahrern als »sportlicher«. Auch für den Kettenschutz kann Kunststoff vorteilhaft Verwendung finden.

Beleuchtungs- und Signalanlage

Für jedes motorisch betriebene Fahrzeug ist eine stets funktionsbereite Beleuchtungs- und Signalanlage vorgeschrieben. Die Beleuchtung muß nach vorn durch einen Scheinwerfer erfolgen, für den bei Mofas und Mopeds eine dauerabgeblendete 15 W-Birne für Kleinkrafträder und Leichtroller eine abblendbare Bilux-Birne 25/25 W vorgeschrieben sind. Ein Standlicht ist nicht vorgeschrieben.
Vorgeschrieben ist außerdem eine auch als Kennzeichenbeleuchtung dienende Rücklichtbirne mit 4 Watt. Ein beim Bremsen aufleuchtendes *Bremslicht* am Heck ist zulässig (und muß dann 5 Watt aufweisen), aber nicht vorgeschrieben. Die Betätigung erfolgt durch einen mit dem Fußbremshebel kombinierten Schalter.
Da kein Standlicht vorgeschrieben ist, benötigen die hier in Frage kommenden Einspurfahrzeuge auch keine Batterie, die Speisung der Verbraucher erfolgt vom Schwung-Lichtmagnetzünder bzw. der in ihm zusätzlich angeordneten Lichtspule mit Wechselstrom von 6 Volt Nennspannung.
Wie bereits erwähnt, müssen Mofas und Mopeds (sowie bauartbedingt auf 40 km/h Höchstgeschwindigkeit begrenzte Leichtroller) mit einer Fahrradklingel ausgerüstet sein.
Kleinkrafträder müssen mit einer elektrisch betätigten Wechselstrom-Schnarre ausgerüstet sein.

Ständer

Zum Abstellen des Fahrzeugs ist ein *Kippständer* vorgesehen, heute meist als *Mittelkippständer* (s. Bild 89) unterhalb des Motors ausgeführt. Auch eine sogenannte *»Seitenstütze«* (herausklappbar) ist zulässig.

SPORT MIT 50 ccm?

Wer heute Motorrad fährt, für den ist dieses Fahrzeug – technisch mehr denn je ein hochinteressantes Objekt – ein sportliches Gerät, mit dem draußen in der freien Natur sich zu tummeln dem Fahrer alle Freuden des Losgelöstseins vom zähen Verkehrsfluß der Automobilkolonnen vermittelt. Nur das Motorrad ermöglicht ihm vielfach heute noch, das Reisetempo selbst zu bestimmen und die Möglichkeiten zu nutzen, die ein lebendiger Motor und ein Fahrwerk mit sicherer Straßenlage bieten. Insoweit also wird – bewußt oder unbewußt – heute fast jedes Motorrad als sportliches Gerät gekauft.

Darüber hinaus aber dient das Motorrad auch dem aktiven Wettbewerbssport. Sport in einer Vielfältigkeit, die jedem, der sich hier betätigen möchte, Möglichkeiten bietet, die seinen Neigungen, seinem Alter und Können, aber auch seinem Geldbeutel entsprechen. Trialfahren, Geländesport, Moto-Cross, Langstreckenfahrten, Straßenrennen auf Rundstrekken und am Berg – das sind nur die hauptsächlichsten Betätigungsmöglichkeiten im Motorradsport, und an jedem Wochenende während der Saison, d. h. den Monaten zwischen April und Oktober, finden solche Wettbewerbe in allen Teilen Deutschlands – und in allen Ländern der Welt statt.

Hat man nun auch mit 50 ccm Gelegenheit, sich sportlich zu betätigen?

Mit Mofas und Mopeds kaum. Diese Fahrzeuge sind ja ganz bewußt unter Verzicht auf höhere Geschwindigkeiten konzipiert – und so bleiben ihren Besitzern nur Slalom- und Geschicklichkeitsfahrten – neuerdings auch Trial-Wettbewerbe, wenn sie sich mit Gleichgesinnten messen wollen.

Aber die ungedrosselten 50 ccm der Kleinkraftradmotoren lassen mit ihren schon serienmäßig mehr als 6 PS mancherlei Möglichkeiten zu aktivem Wettbewerbssport offen. Die

Klasse bis 50 ccm gibt es, bei nationalen wie internationalen Wettbewerben, sowohl im Gelände- wie im Rennsport, man kann mit 50 ccm-Maschinen ausgezeichnet und sportlich absolut vollwertig Trial (Stilfahren im Gelände) praktizieren, und mehr und mehr runden Veranstalter ihre Moto-Cross-Programme mit einer 50 ccm-Klasse ab.

Wie kommt man zum aktiven Motorradsport?

Wer noch nicht 18 ist und demzufolge nur den Führerschein Klasse 4 besitzt, kann demzufolge nur in der Klasse bis 50 ccm an den Start gehen. Eine Ausnahme besteht für Moto-Cross-Wettbewerbe; hier können Jugendliche, die den Führerschein 4 besitzen, auch vor Erreichen des 18. Lebensjahres in der Klasse bis 125 ccm starten.

Motorradsport ist ein weitgehend technischer Sport; es gehört aber auch eine gute körperliche Konstitution dazu, und wer in die Spitze vorstoßen will, der muß um ein ständiges Konditionstraining bemüht sein. Körperlich kann nämlich beispielsweise eine ganztägige Geländefahrt mehr verlangen als ein 10000-m-Lauf, und nicht von ungefähr berichten international bekannte Motorradrennfahrer, daß sie nach manchem Grand Prix einige Pfunde abgenommen haben! Das Höchstalter für Wettbewerbe ist deshalb übrigens auch auf 55 Jahre begrenzt.

Für den Motorradsport gibt es in der Bundesrepublik eine oberste Sportbehörde, das ist die OMK (Oberste Motorradsport-Kommission) in Frankfurt/Main, Basler Platz 6. Sie ist der obersten internationalen Motorradsportbehörde, der FIM in Genf, angeschlossen. Die OMK hat für den ordnungsgemäßen Ablauf aller Wettbewerbe Sportgesetze herausgegeben, deren Einhaltung sie überwacht. Bei der OMK müssen auch alle Veranstaltungen (mit wenigen Ausnahmen) angemeldet und genehmigt werden. Durch Sportkommissare kontrolliert sie dann deren Durchführung und bestraft, wenn

nötig, Fahrer, Funktionäre und Veranstalter, wenn diese gegen die Sportgesetze verstoßen haben.
Zur Teilnahme an motorradsportlichen Wettbewerben benötigt man als Fahrer eine Genehmigung der OMK. Als Neuling im Sport erhält man zunächst die »Nationale Lizenz«, die jeweils für ein Jahr gültig ist. Hat man schon einige Erfolge bei den »Nationalen« aufzuweisen, so darf man nicht mehr zusammen mit anderen Nachwuchsfahrern starten, sondern erhält (auf Antrag) von der OMK die »Internationale Lizenz«. Fährt einer allerdings lange Jahre bei den Nationalen und sind die Erfolge über einen längeren Zeitraum verteilt, so kann die OMK entscheiden, ob der Fahrer die Internationale Lizenz nehmen muß (was u. U. eine kostspielige und für ihn nicht sehr aussichtsreiche Auflage sein könnte).
Beide Lizenzen gelten im übrigen jeweils nur für eine bestimmte Motorradsportart. Es gibt also beispielsweise gesonderte OMK-Ausweise und -Lizenzen für Gelände-, Moto-Cross-, Bahn- und Straßen-Rennsport.
Als Fahrer kann man Ausweis und Lizenz nicht direkt bei der OMK beantragen, sondern nur über einen der Trägerverbände, den ADAC, den DMV oder die Solidarität (die wiederum die Beantragung über den DMV leitet). Es empfiehlt sich unbedingt, einem der zahlreichen örtlichen Clubs dieser Verbände beizutreten, nicht nur wegen des vorgeschriebenen Beantragungsweges, sondern auch deshalb, weil man als Neuling im Motorradsport den Kontakt mit schon erfahrenen Sportkameraden und deren Ratschläge sehr gut gebrauchen kann.
Die Anschriften der genannten Verbände lauten:

Allgemeiner Deutscher Automobil-Club e.V. (ADAC)
Baumgartnerstraße 53, 8000 München 70

Deutscher Motorsport-Verband e.V. (DMV)
Schweizerstraße 10, 6000 Frankfurt/Main 70

Rad- und Kraftfahrerbund SOLIDARITÄT e.V.
Fritz-Remy-Straße 15, 6050 Offenbach/Main

DIE RICHTIGE BEHANDLUNG IST WICHTIG

Moderne kleine motorisierte Zweiräder sind nicht nur erstaunlich leistungsfähig und sparsam im Verbrauch – sie sind auch zuverlässig und anspruchslos. Die Zeiten der Väter und Großväter, in denen der Motorradfahrer oft viele Stunden, ja tagelang daheim basteln und bauen mußte, um dann ein paar Stunden fahren zu können (und unterwegs mit Sicherheit wieder »bauen« zu müssen) sind längst vorbei. Wer heute ein solches flinkes Fahrzeug kauft, der will mit ihm fahren – zum Basteln hat er weder Lust noch Zeit.
Allerdings erfordert auch ein technisch weitgehend perfektes Erzeugnis, noch dazu, wenn es unter den schwierigen Bedingungen und Beanspruchungen des Straßenverkehrs seinen Dienst versehen muß, ein gewisses Maß an Sorgfalt bei der Handhabung. Manche Betriebsanleitungen geben über das, was man seinem motorisierten Gefährt an Aufmerksamkeit zubilligen und wie man es fachgerecht bedienen muß, erschöpfende Auskunft. Aber in manchen solchen Druckschriften fehlen diese Hinweise – mancher neugebackene Mofa- oder Moped-Besitzer legt die kleine Schrift auch einfach beseite. Aber es zahlt sich aus, wenn man ein solches motorisiertes Zweirad richtig handhabt, und deshalb sind nachstehend die wichtigsten Punkte, die allgemeine Gültigkeit haben und nicht auf bestimmte Marken und Modelle beschränkt sind, aufgeführt.

Betriebsmittel

Von den verwendeten Betriebsmitteln hängen Startfreudigkeit, Leistung, Verbrauch, Zuverlässigkeit und Lebensdauer Ihres Fahrzeugs in erheblichem Maße ab. Zu den Betriebsmitteln rechnen nicht nur Kraftstoff und Schmiermittel – auch die Zündkerze und selbst der Luftdruck in den Reifen müssen unter diesem Gesichtspunkt gesehen und berücksichtigt werden.

Kraftstoff

Die uns hier interessierenden 50 ccm-Mororen sind nahezu ausnahmslos Zweitaktmotoren. Für diese kommt als Kraftstoff nur normales Tankstellenbenzin in Frage, kein Super! Superbenzin schadet zwar dem Zweitaktmotor nicht, es bringt aber auch in diesen Motoren keinerlei Vorteile – weder Mehrleistung noch geringeren Verbrauch noch eine Schonung des Motors. Auch die in der Hubraumleistung sehr hochgezogenen Motoren der Kleinkrafträder verlangen zu anstandslosem Betrieb kein Superbenzin. Wenn doch Super gefahren werden soll, so darf keinesfalls die Einstellung des Vergasers geändert, d. h. etwa eine kleinere Hauptdüse eingesetzt werden!
In den seltenen Fällen, in denen ein 50 ccm-Fahrzeug mit einem Viertaktmotor ausgerüstet ist, sind hinsichtlich des Kraftstoffs die speziellen Vorschriften des Herstellers zu beachten. Bei Viertaktmotoren kann – bei entsprechend hoher Verdichtung und Leistung – die Verwendung von Superkraftstoff erforderlich sein, um einen schonenden, geräuscharmen (»klingelfreien«) Betrieb und die erreichbare Spitzenleistung zu gewährleisten.

Motorenöl

Auch hinsichtlich des für die Motorschmierung zu verwendenden Öls gibt es, da die Schmiersysteme unterschiedlich sind, Verschiedenartigkeiten zwischen Zwei- und Viertaktmotoren.
Für Zweitaktmotoren sind, und zwar zu allen Jahreszeiten, normale legierte Marken-Motorenöle SAE 30 oder 40 oder

das von den meisten Markenöl-Firmen an den Tankstellen angebotene Spezial-Zweitaktöl (das auch als sogenanntes »Selbstmischeröl« in kleinen Dosen erhältlich ist) zu verwenden. Ein Wechsel zwischen verschiedenen, an sich geeigneten Ölen ist bei mischungsgeschmierten Zweitaktern ohne nachteilige Folgen.
Die in 50 ccm-Fahrzeugen verwendeten Zweitakter arbeiten nahezu ausnahmslos mit der sogenannten Mischungsschmierung (von der bereits gesprochen wurde), bei der das Öl einfach beim Tanken dem Kraftstoff beigemischt wird. Viele Tankstellen halten zwecks schnellerer und vereinfachter Bedienung fertige Zweitaktmischung in einer Mischungs-Tanksäule bereit.
Diese Tanksäulen enthalten meist die überwiegend von den Herstellern der Zweitaktmotoren vorgeschriebene Mischung 25:1 (auf 25 Liter Kraftstoff 1 Liter Öl). Sind im Einzelfall (z. B. während der Einfahrzeit) vom Hersteller in der Betriebsanleitung andere Mischungsverhältnisse (z. B. 20:1) vorgeschrieben, so muß die Mischung in einem gesonderten Gefäß, am besten einer Mischkanne, sofern eine solche an der Tankstelle noch vorhanden ist, hergestellt werden. Bei 20:1 ist also dann auf 20 Liter Kraftstoff 1 Liter Öl beizugeben – bzw. auf 10 Liter ein halber Liter Öl und auf 5 Liter Kraftstoff $^1/_4$ Liter. Die Dosen, die Selbstmischeröl enthalten, weisen eine entsprechende Beschriftung mit der richtigen Mischvorschrift auf.
Niemals, auch nicht ganz kurzzeitig, darf ein für Mischungsschmierung gebauter Zweitakter nur mit Benzin – ohne Ölbeimischung – betrieben werden!
Viertaktmotoren können nicht mit Mischungsschmierung arbeiten – und dürfen demzufolge auch nicht mit Mischung, sondern stets nur mit Kraftstoff ohne Öl betrieben werden. Das Öl befindet sich bei ihnen in einem gesonderten Vorratsbehälter (entweder unten im Motorgehäuse oder in einem getrennten kleinen Öltank am Rahmen), es wird von einer

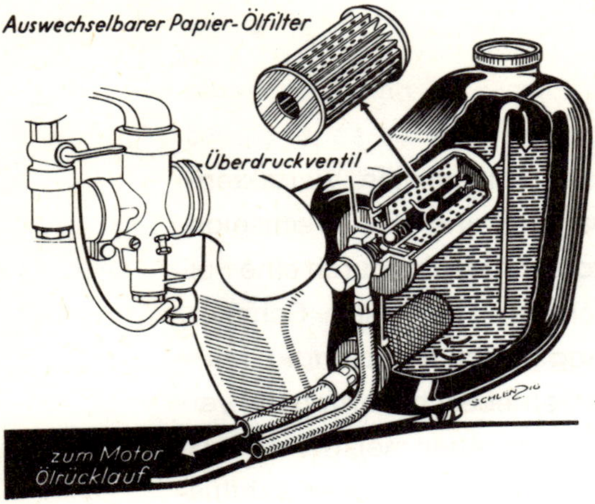

Bild 101: Die Getrenntschmierung, mit der Viertaktmotoren und (nur selten) manche Zweitakter arbeiten, braucht außer einer Ölpumpe und den dazugehörigen Leitungen samt Ölfilter auch ein Ölreservoir (Öltank), in den das unverbrauchte Öl immer wieder im Kreislauf zurückgepumpt wird – sofern es sich nicht um eine reine »Frischölschmierung« handelt (bei manchen Zweitaktern, bei denen die Öldosierung durch die Pumpe dem Verbrauch an den Schmierstellen entspricht).

Pumpe an alle Schmierstellen gedrückt und gelangt nach Erfüllung seiner Schmieraufgabe, wobei es ein Ölfilter passiert, wieder in den Vorrratsbehälter zurück, um dann erneut in den Kreislauf gepumpt zu werden.

Für solche Getrennt-Schmierungen (die es vereinzelt auch bei Zweitaktern gibt, bei denen dann allerdings das Öl nicht im Kreislauf zurückfließt, sondern an den Schmierstellen verbraucht wird) schreiben die Betriebsanleitungen meist verschiedene Ölsorten für Sommer und Winter (im Winter ein dünnflüssigeres Öl) vor. Diese Angaben sind ebenso sorgfältig zu beachten wie die über die Kontrolle des Ölvorrats im Behälter, die Reinigung des Ölfilters und den regelmäßigen Wechsel der Ölfüllung (Ölwechsel wie beim Wagen).

Zusätze

Im Handel werden zahlreiche Zusatzmittel für Kraftstoff und Öl angeboten. Die ihnen von den Lieferanten zugeschriebenen vorteilhaften Wirkungen kommen bei unseren kleinen Motoren deshalb kaum zur Auswirkung, weil moderne Motorenöle bereits Zusätze (sogenannte Additive) enthalten, die korrosionshemmend, säureneutralisierend und rückstandslösend wirken. Nachteilige Auswirkungen allerdings sind bei Verwendung solcher Zusätze nicht zu befürchten.

Getriebeöl

Bei allen Zweitaktmotoren (und den meisten Viertaktern) werden die Primärkraftübertragung und das Wechselgetriebe unabhängig von der Motorschmierung durch eine Füllung Getrieböl gesondert geschmiert; in diesem Schmierraum arbeitet auch die Kupplung (»Ölbadkupplung«). Manche Hersteller schreiben für die Getriebeschmierung die Verwendung von Motorenöl SAE 40 vor. Aber meist wird doch spezielles Getriebeöl (SAE 80 – etwa in der gleichen Zähflüssigkeit wie Motorenöl SAE 40) für die Getriebefüllung empfohlen. Und zwar deshalb, weil spezielle Getriebeöle in ihren »Additives« etwas anders abgestimmt sind als die für die Motorenschmierung bestimmten Öle, die anderen Betriebsbeanspruchungen unterliegen. Man halte sich also beim Getriebeöl an die Vorschrift der Herstellerfirma in der Betriebsanleitung.
Nachträgliche Zusätze dürfen dem zur Getriebeschmierung bestimmten Öl allerdings nicht beigegeben werden. Sie würden u. U. die Funktion der Kupplung beeinträchtigen (Durchrutschen).

Fahrwerks-Schmiermittel

Die meisten Fahrwerke moderner motorisierter Zweiräder weisen nur noch wenige Schmierstellen auf, so z. B. an den Bowdenzughüllen. Die Schmiertabelle in der Betriebsanleitung weist auf die vorhandenen Schmierstellen, das richtige Schmiermittel für jeden Einzelfall sowie die erforderlichen Schmier-Intervalle hin. Geschmiert werden muß aber bei allen Fahrzeugen mit Kettenantrieb zum Hinterrad die Kette, die fast immer offen läuft. Es gibt zur Nachschmierung heute ein brauchbares Schmiermittel in der Spray-Dose, das in die Gelenkstellen hineinkriecht und das Molybdän-Dilsulfid enthält, welches auch dann noch eine verringerte Reibung gewährleistet, wenn die Kettenglieder schon nahezu trocken laufen. Aber von Zeit zu Zeit muß doch die Kette abgenommen, in einem Benzin- oder Petroleumbad gereinigt und dann in erhitztes, flüssig gemachtes Kettenfett getaucht werden, dessen überschüssiger Teil beim Erkalten der aufgehängten Kette abtropft. Eine richtig gepflegte Kette erreicht eine bis zum Fünffachen höhere Lebensdauer als eine vernachlässigte, verschmutzte und trockenlaufende!

Zündkerze

Die Zündkerze gehört deshalb zu den Betriebsmitteln, weil sie sich im Laufe des Betriebs verbraucht – wie Kraftstoff und Öl auch, und weil sie deshalb spätestens nach 10000 km, in hochbeanspruchten Motoren mit hoher Hubraumleistung auch schon eher, durch eine neue ersetzt werden muß.
Dabei ist der für den jeweiligen Motortyp in der Betriebsanleitung vorgeschriebene Kerzentyp genau zu beachten. Es kommt nicht so sehr auf das Kerzenfabrikat an – es gibt zahlreiche Kerzenfabrikate in Deutschland und im Ausland, die gleichwertig sind –, aber der Kerzen*typ* ist entscheidend. Er wird insbesondere charakterisiert durch den Wärmewert; eine Kerze mit falschem Wärmewert führt früher oder später zu Betriebsstörungen und u. U. zu schwerer Beschädigung des Motors.
Während der normalen Betriebszeit ist die Kerze entsprechen den auf Seite 193ff. gegebenen Hinweisen zu kontrollieren und zu pflegen.

Reifenluftdruck

Der Luftdruck in den Reifen ist wichtig für Fahrkomfort, Fahrsicherheit und die Lebensdauer der Bereifung. Er muß sich deshalb nach der Belastung richten. Da fast immer während des Betriebs Luft entweicht, ist der Luftdruck in kurzen Zeitabständen an der Tankstelle überprüfen und, wenn notwendig, ergänzen zu lassen. Die richtigen Luftdruckwerte für verschiedene Belastungen stehen in der Betriebsanleitung.

Einfahren

Noch vor wenigen Jahren wurde um das Einfahren eines neuen Motors sowohl von den Herstellern als auch in Zeitschriften ein mächtiger Wirbel gemacht. Zwar hatte man inzwischen schon erkannt, daß die früher übliche »Plombierung« des Vergasers, d. h. die Begrenzung der Gasschieberöffnung während der ersten Betriebszeit des Motors, in vielen Fällen gerade das Gegenteil von dem bewirkte, was sie angeblich sollte – aber dennoch verlangte man vom Fahrer für eine mehr oder weniger lange Betriebszeit die Einhaltung zahlreicher Vorschriften und insbesondere eine reduzierte Höchstgeschwindigkeit.
Verbesserte Materialien und Material-Paarungen, aber auch verbesserte Fertigungsverfahren und hochwertigere Schmiermittel haben dann dazu geführt, daß für manche Fahrzeugtypen heute überhaupt keine Einfahrvorschriften mehr gegeben werden und daß man dem Fahrer lediglich ans Herz legt, während der ersten 500–1000 km mit seinem neuen Motor etwas »schonend« umzugehen.
Dem freilich kann man nur zustimmen. Denn auch die besten Fertigungsverfahren können nicht verhindern, daß überall dort, wo Materialien aufeinander gleiten, also aneinander reiben, allerfeinste Bearbeitungsunebenheiten und Material-»Spitzen« stehenblieben, die sich erst während der ersten Betriebszeit abarbeiten und egalisieren. Die dabei unvermeidlich entstehende zusätzliche Erwärmung der Reibflächen steigt mit zunehmender Beanspruchung durch Druck und Geschwindigkeit, und deshalb sollte man in der ersten Betriebszeit nicht das Risiko eingehen, daß diese zusätzliche Erwärmung zu hoch wird und evtl. Schaden stiftet, d. h. zu ei-

nem über den Einlaufvorgang hinausgehenden Verschleiß führt.
Aus diesem Grund also ist es vernünftig, in der Zeit der ersten 500–1000 km den Motor nicht bis zum möglichen Maximum zu belasten. Das heißt nicht, daß man besonders langsam fahren oder daß man ihm nicht gelegentlich sogar schon Vollgas »anbieten« dürfte. Die Hauptsache ist, daß er zunächst nicht bis zur Höchstdrehzahl ausgefahren wird – und daß er vor allem nicht »schwer schuften« muß. Wenn man also ein Fahrzeug mit einem mehrgängigen Getriebe hat, dann soll man vor allem im großen Gang nicht mit dem Zurückschalten warten, bis es der Motor »nicht mehr packt«, sondern man soll rechtzeitig herunterschalten, damit er wieder freier drehen kann. Diese höhere Drehzahl, auf die der Motor dann im nächstniedrigen Gang geht, schadet ihm nämlich durchaus nicht – sofern man ihn eben nicht bis zur Maximaldrehzahl hochjubeln läßt.
Aber insgesamt ist die Periode des Einfahrens heute viel weniger problematisch als in früheren Jahren. Wenn manche Hersteller für diese Zeit ein etwas fetteres Mischungsverhältnis vorschreiben, so erscheint das auch nicht unbedingt gerechtfertigt – aber sie tun es im Hinblick auf unvernünftige Fahrer, die keine Rücksicht auf den Einlaufprozeß nehmen und die geschilderte etwas höhere Erwärmung der sich einander anpassenden Gleitpartien (nur um solche übrigens handelt es sich beim Einlaufen – Wälzlager beispielsweise brauchen überhaupt keine Einlaufzeit!). Und wenn in der Betriebsanleitung für die Einfahrzeit ein solches fetteres Mischungsverhältnis (etwa 20:1 anstelle 25:1 normal) vorgeschrieben ist, dann sollte man sich auch an diese Vorschrift halten, um nicht Gefahr zu laufen, daß man bei einem Schadensfall der Garantie verlustig geht.
Sofort nach beendeter Einlauf-Kilometer-Zeit allerdings sollte man umgehend auf das normale Mischungsverhältnis übergehen. Denn zuviel Öl nützt dem Motor nichts (es ist hier

nicht so, wie der alte Spruch sagt »Wer gut – d. h. viel – schmiert, fährt gut« –) zuviel Öl bedeutet nur zusätzliche Rückstandsbildung im Motor.

Kuppeln und Schalten

Viele Mofa- und Moped-Modelle sind getriebelos und mit einer automatischen Fliehkraftkupplung ausgerüstet. Bei diesen gibt es infolgedessen keine Schwierigkeiten mit dem Kuppeln und Schalten – hier ist die Bedienung so vereinfacht, daß sie sich praktisch auf Gasgeben und Bremsen beschränkt – alles andere erledigt die Automatik selbst. Im Rahmen ihrer Möglichkeiten freilich, d. h. bei solchen getriebelosen Fahrzeugen wurde eine Gesamtübersetzung zwischen Kurbelwelle und Antriebsrad gewählt, die es gestattet, auch Steigungen bis zu einem gewissen Grad ohne Mittreten zu überwinden.
Wenn dann allerdings die Steigung noch steiler wird (oder wenn das Gewicht des Fahrers ungewöhnlich hoch ist), dann kann sie nur durch Einsatz von Muskelkraft überwunden werden. Das ist auch der Grund, warum sich Fahrer mit größerem Körpergewicht, die überwiegend in einer Gegend (oder einer Stadt, z. B. Stuttgart) mit starken, langen Steigungen fahren müssen, besser zu einem Fahrzeug mit Getriebe entscheiden sollten. Ob das ein vom Fahrer zu schaltendes zwei- oder dreistufiges Zahnradgetriebe oder ob es ein stufenloser »Drehmomentwandler« ist (wie weiter vorn in diesem Büchlein beschrieben), ist grundsätzlich gleich – wichtig ist die Tatsache, daß mit mehr als nur einer Untersetzungsstufe zwischen Motor und Antriebsrad auch größere Steigungen und auch bei höherem Fahrergewicht (und natürlich erst recht mit zwei Personen Belastung) ohne Anstände überwunden werden können.
Keinesfalls sollte man sich angewöhnen, die Kupplung als »Getriebeersatz« zu verwenden, d. h. sie schleifen zu lassen,

damit so der Motor höher als der Untersetzung entsprechend drehen kann und dadurch eine größere Leistung hat. Eine solche Behandlung macht keine Kupplung lange mit – und der Verschleiß der Kupplungsscheiben erfordert dann bald eine u. U. kostspielige Reparatur.
Deshalb sollte man auch beim Anfahren aus dem Stand nicht versuchen, einen »Kavalierstart« hinzulegen, indem man den Motor im Leerlauf möglichst hoch hinaufjubeln und dann beim Anpacken der Kupplung diese durch zu langsames Freigeben des Handhebels übermäßig lange bei hoher Motordrehzahl schleifen läßt. Natürlich muß beim Anfahren der Motor durch Gasgeben in der Drehzahl beschleunigt werden – denn er muß ja, um das Fahrzeug samt Fahrer aus dem Stand wegzuziehen, mehr Kraft entwickeln, als er bei Leerlaufdrehzahl hat. Aber sobald sich das Fahrzeug in Bewegung setzt (und man wird den Motor ja bei seiner Arbeit dadurch unterstützen, daß man die Vorwärtsbewegung durch leichtes Abstoßen mit dem Bein einleitet), dann kann man auch die Kupplung fassen und den Kupplungshebel los lassen, wobei gleichzeitig etwas mehr Gas gegeben wird – nun kann ja der Motor nicht mehr hochrasen, vielmehr erhöht sich seine Leistung durch die bessere Füllung, die ihm die weiter geöffnete Gasdrossel vermittelt.
Beim Schalten sollte man stets die Kupplung betätigen. Zwar kann man, vor allem bei einem Zweiganggetriebe, u. U. bei richtiger Gasdosierung den nächsten Gang auch ohne Auskuppeln »hineinknallen« – aber das empfiehlt sich wirklich nicht. Die meisten Getriebe an 50 ccm-Motoren arbeiten mit der weiter vorn beschriebenen Ziehkeilschaltung, und mindestens der Ziehkeil nimmt sehr bald die rauhe Beanspruchung übel, die auftritt, wenn beim Schalten der Kraftfluß nicht unterbrochen wird.
Schafft also der Motor im eingeschalteten Getriebegang eine Steigung (oder die aus anderem Grund erhöhten Fahrwiderstände) nicht mehr, so wird kurz ausgekuppelt, der nächst-

niedrige Gang (von Hand oder mit dem Fuß, je nach Art der Schaltungsbetätigung) hineingedrückt und unter gleichzeitigem Gasgeben die Kupplung – ohne sie auch nur kurzzeitig schleifen zu lassen – wieder freigegeben. Ebenso macht man es, wenn man dann wieder auf einen größeren Gang gehen kann (nach Überwinden der Steigung also); auch dann wird ausgekuppelt (gleichzeitig das Gas zurückgenommen), der nächsthöhere Gang eingelegt und ebenso kurz und ohne Schleifenlassen wieder eingekuppelt. Nun kann wieder Gas gegeben und so die Fahrgeschwindigkeit bestimmt werden.

Bremsen

Jedes, auch das kleinste, motorisierte Fahrzeug muß mit zwei voneinander unabhängigen Bremsen ausgerüstet sein. Das Gesetz schreibt nicht vor, wie diese zu bedienen sind und auf welche Räder sie wirken müssen. Meist wird der Konstrukteur in jedem der beiden Räder eine Bremse anordnen, und meist wird er die Vorderradbremse mit der Hand, die Hinterradbremse mit dem Fuß betätigen lassen. Der Handbremshebel befindet sich dann rechts am Lenker, der Fußbremshebel liegt links oder rechts bzw. erfolgt die Fußbetätigung der Hinterradbremse mit »Rücktritt«, also in vom Fahrrad her bekannter Weise mit Hilfe der Pedale.
Es gibt aber auch Modelle, bei denen beide Bremsen von Hand betätigt werden. Da ist dann je ein Handbremshebel an der linken und an der rechten Lenkerseite angeordnet, der eine betätigt die Vorder-, der andere die Hinterradbremse über Bowdenzüge. Das erfordert vor allem für die, die von einem Tretkurbelfahrzeug mit Rücktrittbremsung kommen, eine Umgewöhnung – aber die geht sehr rasch vor sich, und es ist sicher falsch, in einer solchen Doppel-Handbremsung ein Gefahrenmoment zu sehen.
Wichtig ist, daß sich der Fahrer über die Wirkung seiner Bremsen im klaren ist – und daß er insbesondere über die Be-

deutung der Vorderradbremse Bescheid weiß. Viele Fahrer – auch von denen, die größere Motorräder fahren – sind nämlich der Meinung, allein die Hinterradbremse sei die normale »Betriebsbremse« – die Vorderradbremse sei gewissermaßen nur eine Art Notbremse.

Das ist schon deshalb falsch, weil bei solcher Denkart u. U. die nicht benutzte Vorderradbremse durch Verschmutzung und Korrosion in den Betätigungsteilen im Gefahrenmoment gar nicht einsetzbar ist. Schon um die Bremsorgane leichtgängig zu halten und Klemmerscheinungen rechtzeitig zu bemerken, sollte man die Vorderradbremse mitbenutzen. Vor allem aber sollte man sie nicht als »zweitrangig« ansehen – das Gegenteil ist richtig. Wer einmal Bilder von Rennmotorrädern mit technischem Interesse betrachtet hat, wird festgestellt haben, daß bei diesen die Vorderradbremse oft einen erheblich größeren Durchmesser hat als die im Hinterrad sitzende – und wer einige Sachkenntnis hat, wird weiter bemerken können, daß in den Vorderrädern von Rennmaschinen oft sogenannte »Zweinocken-Bremsen« sitzen bzw. zwei Bremssysteme besonders hoher Wirksamkeit.

Das geschieht deshalb, weil beim Bremsen (und je höher die Geschwindigkeit ist, um so stärker) der Schwerpunkt der Maschine sich nach vorn verlagert: auf dem Vorderrad liegt dann – es gibt Bilder, auf denen man das an der beim Bremsen ganz eingefederten Vordergabel sieht! – ein wesentlich höherer Druck als auf dem Hinterrad, das entlastet ist. Und während bei gleichstarker Bremskraft das geringer belastete Hinterrad schnell zum Blockieren (und seitlichen Ausbrechen) kommen würde, kann man dem hochbelasteten Vorderrad eine viel höhere Bremskraft zuleiten – es kommt so schnell nicht zum Blockieren.

Nun sind die auf das Vorderrad wandernden Kräfte bei einem kleinen 50 ccm-Fahrzeug, in Abhängigkeit von den viel geringeren Geschwindigkeiten, natürlich auch viel geringer – aber die Schwerpunktverschiebung ist auch hier vorhanden.

Und deshalb betätigt ein cleverer Fahrer eines jeden motorisierten Zweirades beim Bremsen nicht allein die Hinterrad-, sondern gleichzeitig auch die vordere Bremse. In Kurven und bei nassem, schmierigem Untergrund natürlich mit Vorsicht. Aber die Gefahr, daß die vorn gebremste Maschine seitlich »wegschmiert«, ist geringer als die, daß das entlastete Hinterrad ausbricht. Und schon gar nicht braucht man zu befürchten, daß das gebremste Vorderrad zum Blockieren und die Maschine zum Überschlag kommt.
Deshalb also: Wer sicher fahren und kurze Bremswege erzielen, außerdem immer auch eine einsatzbereite Vorderradbremse haben will, der betätigt stets beide Bremsen.

Fahren zu zweit

Zweisitzig ausgelegte Mopeds, Mokicks, Leichtroller und Kleinkrafträder können auch zu zweit gefahren werden – und oft macht das ja erst den richtigen Spaß.
Wer zum ersten Mal »hinten drauf« sitzt, bedarf einiger Belehrung. Vor allem muß er (meist wird es ja eine »Sie« sein) wissen, daß das Geschäft des Fahrens dem obliegt, der vorn sitzt. Der Passagier hinter dem Fahrer tut beiden nichts Gutes, wenn er sich bemüht, beim Fahren des einspurigen Gefährts mitzuwirken. Das bedeutet, daß er sich auf seinem – ja ohnehin etwas knappen – Sitzplatz die richtige Position zu suchen hat – möglich dicht an den Fahrer herangerückt, die Schenkel bei ihm mit leichtem Druck angelegt (was dem Hintensitzenden ein zusätzliches Gefühl der Sicherheit gibt und, sofern es eben eine »Sie« ist, wohl meist auch dem Fahrer nicht gerade unangenehm sein wird) – und mit den Händen sich nicht an dem zwar vom Gesetzgeber vorgeschriebenen Handgriff, dafür aber am Gürtel oder der Jacke des Fahrers mit leichtem Griff festhaltend.
Das ist die richtige Position des versierten Soziusfahrers – auch über längere Strecken. Auf diese Weise verbietet sich

dann ganz von selbst alles selbständige Herumturnen auf dem Beifahrersitz oder gar ein »In-die-Kurve-Legen«, wie es Unerfahrene manchmal glauben exerzieren zu müssen (sie lassen es bald sein, wenn ihnen der Fahrer bedeutet hat, wie sehr ihn solche Eigenmächtigkeiten in der sicheren Führung und Stabilisierung des Einspurers beeinträchtigen).
Daß sich eine zweite Person – bei dem geringen Eigengewicht eines Zweiradfahrzeugs im Vergleich zu einem Auto und bei der relativ geringen Motorleistung – gleich gewaltig auf Fahrleistung und evtl. Fahreigenschaften auswirkt, liegt auf der Hand. Vor allem zeigt sich bei manchem Modell erst beim Belasten mit einer zweiten Person, wie ungenügend darauf bei der Auslegung der Hinterradfederung Rücksicht genommen wurde. Nicht nur, daß sich die Soziusfußrasten bedauerlicherweise bei den kleinen Fahrzeugen meist an der Hinterradschwinge befinden (was weder für den Beifahrer angenehm noch technisch richtig, aber für den Hersteller billiger ist!) – die Federung drückt bei der Zusatzbelastung oft schon im Stand soweit durch, daß sie dann bei der ersten Bodenunebenheit in Fahrt glatt durchschlägt. In solchem Fall soll man – auf Soziusbelastung einstellbare Federbeine gibt es für die Kleinsten der Motorisierten kaum – versuchen, vom Hersteller stärkere Federn für die Federbeine zu bekommen bzw. Federbeine, die in der Feder wie der Dämpfung auf höhere Belastung abgestimmt sind – sofern man häufig zu zweit fahren möchte und vor allem über längere Strecken.
Das größere Gewicht, das man mit einer zweiten Person mitschleppen muß, beeinträchtigt natürlich auch die Fahrleistungen, vor allem am Berg. Man wird also erheblich früher bzw. auch an Stellen herunterschalten müssen, wo man allein ohne Berührung des Schalthebels hinübergezischt ist. Man wird, auf Steigungen wie in der Ebene, nicht die gewohnte Höchstgeschwindigkeit erreichen – damit muß man sich abfinden. Und man wird das höhere Gesamtgewicht auch beim Bremsen merken: da muß man eher und stärker »hineinstei-

gen«, als man vom Solofahren her gewöhnt ist – und man wird, etwa auf Gefällstrecken, seine Fahrweise ein bißchen auf die unvermeidbar längeren Bremswege einstellen müssssen.

Eines sollte man schließlich seinem Beifahrer noch einschärfen: der hat die Füße unter keinen Umständen von den Rasten zu nehmen! Wenn ein Abstützen mit den Füßen, etwa beim Ausrollen der Maschine kurz vor dem Halten, erforderlich ist, dann ist das allein Sache des Fahrers. Der Sozius bzw. die Sozia nimmt die Füße erst dann von den Rasten, wenn das Fahrzeug endgültig steht. Das ist für den Fahrer sicherer – und es macht auch einen sportlicheren Eindruck als »Bammelbeine«, etwa bei jedem Ampel-Halt!

OHNE GEEIGNETE BEKLEIDUNG MACHT'S DEN HALBEN SPASS

Dem Zweirad fehlt die Karosserie, die beim Auto-Fahrer und Beifahrer gegen Straßenschmutz und Witterungsunbilden, gegen Nässe, Wind und Kälte schützt. Und wenn man auch durch nachträglich anbaubare Beinschutzschilde oder durch eine Windschutzscheibe – oder gar durch ein durchgehendes Bodenblech, wie es beim Leichtroller vorhanden ist – einen gewissen zusätzlichen Schmutz- und Wetterschutz erreichen kann – die Tatsache bleibt, daß der große Vorteil des Einspurfahrzeugs, die unmittelbare Verbundenheit mit dem Fahrtwind, mit dem Nachteil erkauft wird, daß man sich richtig anziehen muß, wenn man keinen Verdruß haben will.
Nun ist zwar das motorisierte Zweiradfahrzeug unserer Zeit nur noch in der geringeren Zahl der Fälle Ersatz für das Auto. Wer ein solches Zweirad fährt, der tut es nur selten unter dem finanziellen Zwang, sich nichts anderes leisten zu können – er tut es, weil es ihm Spaß macht. Wenn er fahren *muß*, dann benutzt er eben das ohnehin vorhandene Auto oder die öffentlichen Verkehrsmittel.
Aber nicht immer ist es ja so, daß schönes Wetter herrscht, vor allem in unseren Breiten – und nicht immer hält der Abend, was der Morgen versprach. Natürlich braucht man sich für eine Fahrt zum Vormittags-Einkauf im Supermarkt oder zum Tennisplatz bzw. zum Baden nicht wie ein Raumfahrer zu vermummen. Aber je schneller ein solches Einspurfahrzeug ist, um so mehr muß man daran denken, daß der Fahrtwind doch ganz schön bläst und daß man nur auf kürzeste Strecken im offenen Sporthemd und mit bloßem Kopf fahren sollte.
Früher wurde die fehlende Karosserie des Motorrades durch eine zwar sicher praktische – weil regen- und winddichte –

Allwetterbekleidung ersetzt, durch Lederhosen, Lederjakken, Ledermäntel und anderes im Aussehen tristes Zeug. Betrat man als Motorradfahrer (und noch mehr als dessen Sozia) mit solchen Klamotten eine Gastwirtschaft, so war man schon in der Tür als Sonderling abgestempelt und im allgemeinen auch nicht gern gesehen. Heute ist das anders geworden.

Zwar fährt der zünftige Motorradfahrer mit einer schnellen Maschine auch heute oft in Lederzeug (das noch immer den Nachteil hat, gegen Dauerregen nicht dicht genug zu sein, sodaß man eine spezielle zusätzliche Regenbekleidung mitführen muß) oder in wasserdicht imprägnierten, aber im Aussehen auch heute noch nicht viel schöneren Schutzanzügen, ein- oder zweiteilig ausgeführt. Aber zwischen offenem Hemd und Spezial-Geländeanzug à la Kradmelder gibt es heute wunderhübsche Sachen, die ebenso nett anzuschauen sind wie sie ausreichenden Schutz gegen Schmutz und Witterungsunbilden gewähren. Es sind farbige (und dadurch besser erkennbare, somit die Fahrsicherheit erhöhende) Anzüge, Hosen und Jacken, in denen auch ein Mädchen, das mit auf eine längere Fahrt am Wochenende oder im Urlaub gehen möchte, schick und adrett aussieht.

Die Auswahl, die Fachgeschäfte in solchen Bekleidungsstükken für motorisierte Zweiradfahrer bieten, ist heute beachtlich, und man kann sich ganz individuell ausstatten: nicht nur hinsichtlich der erwähnten ein- oder zweiteiligen Anzüge, die vor dem Betreten eines Lokals schnell abgelegt sind, sondern auch hinsichtlich zweckmäßiger und doch gut aussehender Stiefel, Gürtel, Schals – und Kopfbedeckungen.

In der Bundesrepublik Deutschland ist seit dem 1. Januar 1976 für Motorradfahrer und -beifahrer das Tragen eines Schutzhelms Pflicht. Fahren ohne Schutzhelm wird zwar nicht bestraft (nicht mit Bußgeld belegt), aber wenn es zu einem Unfall kommt, wird das Nichttragen eines Schutzhelms fast immer (auch wenn der Fahrer am Unfall schuldlos war) als Teilschuld angelastet werden, was bedeutet, daß die zur Zahlung verpflichtete Versicherungsgesellschaft eine entsprechende Minderung der Vergütungssummen vornehmen kann. Die Schutzhelm-Vorschrift gilt auch für Kleinkraftradfahrer und ihre Beifahrer, dagegen bisher (im Gegensatz zu anderen Ländern) nicht für die Fahrer von Mofas, Mopeds, Mokicks und Leichtrollern.

Wer einen Schutzhelm tragen muß (oder, falls nicht dazu verpflichtet, aus Gründen dadurch zweifellos wesentlich erhöhter Sicherheit freiwillig tragen möchte), sollte beim Kauf darauf achten, ein Modell zu kaufen, das (nachdem Schutzhelme bisher noch nicht der Bauartgenehmigungspflicht für den Hersteller unterliegen) der DIN-Norm 4848 für Schutzhelme entspricht – was durch einen Stempel im Helm zusammen mit der Herstellerangabe ausgewiesen sein muß.

Die Helmauswahl sollte man mit aller Sorgfalt treffen und darauf achten, daß man von einem sachverständigen Verkäufer beraten wird. Nicht die »poppige« Schutzhelmbemalung ist wichtig, sondern das richtige Material, die passende Kopfgröße, druckfreier Sitz, gute Sicht, ein weitgehend kratzfestes Visier und ganz allgemein eine sorgfältige Verarbeitung, was insbesondere auch die Ausführung des Kinnbandes und dessen Befestigung sowie Verstellmöglichkeit betrifft.

Aber nicht jeder, der dazu nicht vom Gesetz verpflichtet ist, mag mit Schutzhelm fahren. Für diese gibt es an praktischen Kopfbedeckungen für Männlein und Weiblein genügend Auswahl – und wenn man sich in ein Fachgeschäft bzw. in eine Fachabteilung begibt, dann wird man dort fast immer einen Verkäufer finden, der einen aus eigener Fahrpraxis bei der Auswahl der richtigen Bekleidung beraten kann.

PFLEGE SPART GELD UND ÄRGER

Schon bei den Hinweisen auf die Notwendigkeit richtiger Handhabung als eine der Voraussetzungen für Betriebssicherheit und lange Lebensdauer eines motorisierten Zweiradfahrzeugs war gesagt worden, daß die besonderen Betriebsbedingungen, unter denen solche Fahrzeuge arbeiten, auch ein wenig Sorgfalt seitens des Besitzers bzw. Fahrers erfordern, wenn er lange Freude an seinem Fahrzeug haben will. Aber es geht auch nicht ohne ein gewisses Maß von Pflege. Und das nicht nur, weil dadurch das Fahrzeug betriebsbereit und sicher erhalten wird – sondern auch deshalb, weil bei der Durchführung von Pflegearbeiten mancher ungewöhnliche Verschleiß, mancher sich anbahnende Schaden rechtzeitig entdeckt werden kann. Dann kann man ihn, sofern man dazu nicht selbst genügend fachliche Kenntnisse oder die erforderliche Zeit hat, in einer Fachwerkstatt beheben lassen und braucht nicht zu befürchten, daß er unterwegs zu einem Zeitpunkt eintritt, an dem die Abstellung viel schwieriger und kostspieliger ist.
Bei Licht besehen sind die erforderlichen Pflegearbeiten an einem kleinen motorisierten Zweirad alles andere als umfangreich – um so mehr sollte man es sich zur Aufgabe machen, sich ihnen zu unterziehen bzw. sie in seiner Werkstatt durchführen zu lassen.

Bremsen

Von der sicheren Funktion der Bremsen hängt unser Leben ab. Deshalb sollte man diese Funktion und den Zustand der zum Bremssystem gehörenden Teile regelmäßig kontrollieren.
Wichtig ist, daß die Bremsen rasch ansprechen. Dazu gehört,

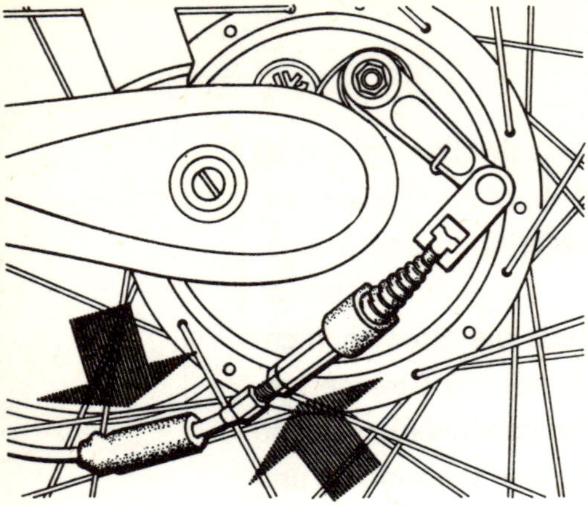

Bild 102: An dem Betätigungszug der Vorderradbremse befindet sich eine Nachstellmöglichkeit (Stellschraube mit Gegenmutter für die Seilzughülle).

daß sich in den Betätigungsorganen zwar ein geringfügiges Spiel (toter Gang) befindet, damit die Bremsen nicht etwa dauernd leicht schleifen – daß aber andererseits dieses Spiel nur sehr gering ist, damit eine kleine Bewegung des Fußes, ein kurzer Zug am Handhebel genügen, um die Backen zum Anliegen zu bringen.

Um das zu erreichen befinden sich an den Bremsen bzw. ihren Betätigungshebeln Nachstellvorrichtungen – an den Betätigungsgestängen bzw. am Fußbremshebel ebenso wie an den Bowdenzügen (bei manchen Modellen wird auch die Fußkraft über einen Bowdenzug auf die Hinterradbremse übertragen). Das Spiel in der Bremsbetätigung vergrößert sich im Laufe des Betriebes, deshalb muß es mit Hilfe der Nachstellschrauben wieder auf das richtige Maß verringert werden. Die vorgesehenen Gegenmuttern sind nach der Einstellung wieder anzuziehen.

Gelenke und Hebellagerungen in der Bremsbetätigung sind mit ein paar Tropfen Öl zu versorgen, der Bremszug muß von Zeit zu Zeit abgeschmiert werden, um seine Leichtgängigkeit sicherzustellen.

Bild 103: Zum Nachstellen der Fußbremse befindet sich entweder hinten am Gestänge eine Nachstellmöglichkeit – oder, bei Bowdenzugbetätigung, vorn am Fußbremshebel (oberer Pfeil). Außerdem ist (unterer Pfeil) oft eine verstellbare Anschlagschraube vorgesehen, mit der der Fußhebel genau der Fahrerposition angepaßt werden kann.

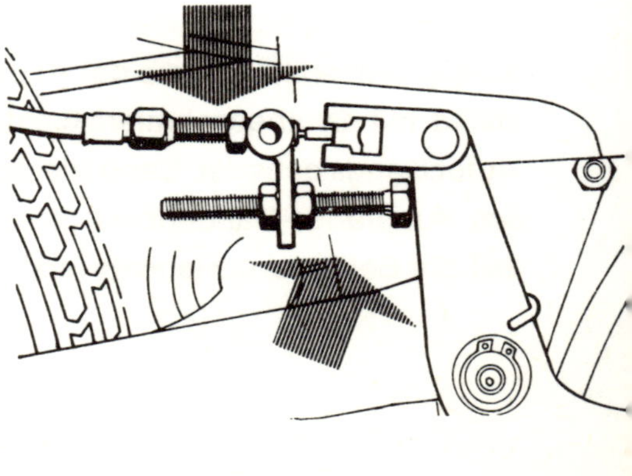

Leichtgängig muß auch die Bremsschlüsselwelle sein. Das ist die in der Bremsankerplatte gelagerte kurze Welle, auf der außen der Betätigungshebel sitzt und die innen den Bremsnocken trägt, der die Bremsbacken auseinanderspreizt. Wenn beim Loslassen des Bremshebels die Bremse nicht schlagartig (unter Einwirkung der innerhalb der Bremse vorgesehenen Rückzugfedern für die Bremsbacken) in seine Ausgangslage zurückgeht, muß die Bremse demontiert und die Bremsschlüsselwelle gangbar gemacht werden!
Von Zeit zu Zeit müssen die Bremsen ohnehin geöffnet werden, einmal, um sie von dem unvermeidlichen Abrieb und eingedrungenem Schmutz zu säubern, zum anderen um eventuellen Rostansatz zu beseitigen – vor allem aber, um den Zustand der Bremsbeläge sowie des Bremsrings in der Trommel zu prüfen. Sind Beläge lose oder stark abgenutzt, so müssen sie erneuert werden – und wenn die Reibfläche des Bremsrings stark riefig ist, so muß, falls ein Ausdrehen nicht möglich, die Nabe erneuert werden. Das ist natürlich eine kostspielige Sache – aber normalerweise zum Glück nur nach sehr langer Betriebszeit erforderlich.
Da man selbst den Grad des Bremsenverschleißes kaum beurteilen kann, empfiehlt es sich, diese Kontrollarbeit der versierten Fachwerkstatt zu überlassen.

Kupplung

Die Kupplung selbst braucht keine Pflege – ein Erneuern der Reibbelag-Lamellen als Folge von Verschleiß ist normalerweise nur in sehr großen Laufzeit-Intervallen nötig. Wichtig jedoch ist, daß sich in der Kupplungsbetätigung (die leichtgängig sein soll, weshalb der Kupplungs-Bowdenzug regelmäßig mit Öl abgeschmiert werden muß) ein sogenannter »toter Gang« befindet. Das bedeutet, daß der erste kurze Weg des Kupplungs-Handhebels die Kupplung noch nicht löst, daß die Betätigung vielmehr erst etwas später einsetzt. Das

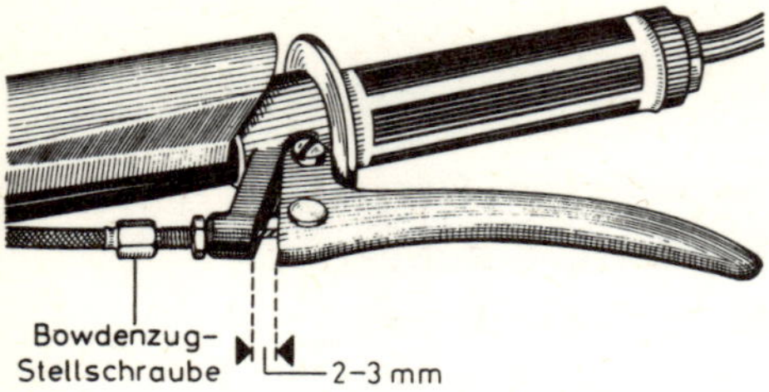

Bild 104: Am Kupplungshandhebel muß stets ein »Toter Gang« (Spiel) von 2 bis 3 mm an der Seileinhängung vorhanden sein, damit die Ausrückvorrichtung an der Kupplung selbst nicht vorzeitig verschlissen wird.

deshalb, damit nicht dauernd der Kupplungs-Druckstift (Pilz) an der Kupplung unter Druck steht, unnötig reibt oder gar die Kupplung leicht schleifen läßt. Deshalb muß darauf geachtet werden, daß oben an der Seileinhängung stets ein Spiel von 2–3 mm vorhanden ist. Die vorgesehene Einstellschraube am Hebel bzw. der Seilhülle gestattet leichtes Einstellen dieses Spiels (s. Bild 104).

Lenkung

Das Einspurfahrzeug stabilisiert sich nur dann einwandfrei bei Geradeaus- und Kurvenfahrt, wenn die Lenkungslagerung in Ordnung ist, d. h. wenn sie nicht unzulässiges Spiel hat oder klemmt.
Um das zu kontrollieren, muß von Zeit zu Zeit das Fahrzeug auf den Ständer gestellt und vorn so angehoben werden (am besten hält es eine zweite Person hinten am Boden), daß das Vorderrad frei ist und die Lenkung nach beiden Seiten eingeschwenkt werden kann.
Das geschieht dann auch – und dabei darf kein Knacken hörbar, kein Klemmen feststellbar sein. Unter ihrem eigenen Gewicht muß die Vordergabel samt dem Rad aus der Mittellage bei leichtem Anstoß beiderseits bis zum Anschlag fallen. Bewegt man die Vordergabel nach vorn und hinten, am Rad anfassend, so kann man an den Schalen der Lenkungslagerung unschwer, am besten durch Anlegen eines Fingers, feststellen, ob hier Spiel vorhanden ist. Das muß dann durch Nachstellen der Lagerung beseitigt werden, worauf wiederum eine Prüfung auf klemmfreien Gang und auf Geräuschfreiheit zu erfolgen hat. Auch diese Nachstellarbeiten, die sich nach einer evtl. Eigenkontrolle erforderlich machen, überläßt man

am besten der Werkstatt, weil nur sie, falls notwendig, die Auswechselung der Lenkungslager vornehmen kann.

Schraubverbindungen

Nicht alle Schraubverbindungen, die von außen am Fahr- und Triebwerk zugänglich sind, sind gesichert (durch Federringe oder, seltener, Splinte). Aber auch trotz mancher Sicherung können die unvermeidlichen Vibrationen im Fahrbetrieb doch zur Lockerung von Schraubverbindungen führen.
Von Zeit zu Zeit muß man deshalb alle äußerlich zugänglichen Verschraubungen auf festen Sitz prüfen. Das betrifft insbesondere die Achsmuttern, die Muttern und Schrauben der Motorblockbefestigung – aber auch die Befestigung der Bremswiderlager und der Schutzbleche sowie des hinteren Kennzeichens.

Hinterradkette

Die Mehrzahl aller 50 ccm-Fahrzeuge ist für die Kraftübertragung zwischen Motor bzw. Getriebe und Antriebsrad mit einer Rollenkette ausgerüstet. Sie arbeitet, weil sie nur mehr oder weniger gut gegen Schmutz und Nässe abgedeckt ist, unter sehr harten Betriebsbedingungen, und deshalb bedarf sie regelmäßiger Pflege, wenn ihre Lebensdauer nicht allzu gering sein soll.
Teilweise offenlaufende Ketten haben gegenüber ganz verschalten (und dennoch nicht schmutzdicht gekapselten) Ketten wenigstens den einen Vorzug, daß man ihren Durchhang ohne Schwierigkeiten beobachten bzw. kontrollieren kann. Dieser Durchhang soll – bei Modellen mit gefedertem Hinterrad unter Belastung der Maschine durch den Fahrer – in der

Bild 105: Ca. 25 mm muß man die Kette am unteren »Trum« auf und abbewegen können, dann stimmt der Kettendurchhang.

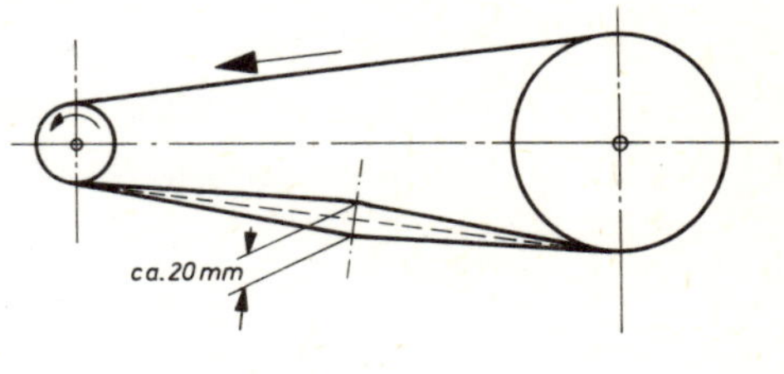

Mitte des unteren Kettentrums 15–25 mm betragen, wie Bild 105 zeigt. Ist der Durchhang geringer, so läuft die Kette zu stramm, was unnötigen Kraftverlust und erhöhte Beanspruchung bedeutet; ist er größer, so »peitscht« die Kette, schlägt dann auch meist irgendwo an, macht Geräusche und gerät schließlich sogar in die Gefahr, auf die Kettenradverzahnung »aufzusteigen« und evtl. gesprengt zu werden, was zu einem bösen Sturz führen kann.

Für die Korrektur des Durchhangs, also das »Nachspannen« der Kette, sind an der Hinterachse Kettenspanner vorgesehen, die meist den vom Fahrrad her bekannten ähneln, nur kräftiger ausgeführt sind. Nach Lockern der Achsmuttern können die Spannmuttern (in einzelnen Fällen die Spannschrauben) Gang für Gang so lange (und an beiden Seiten

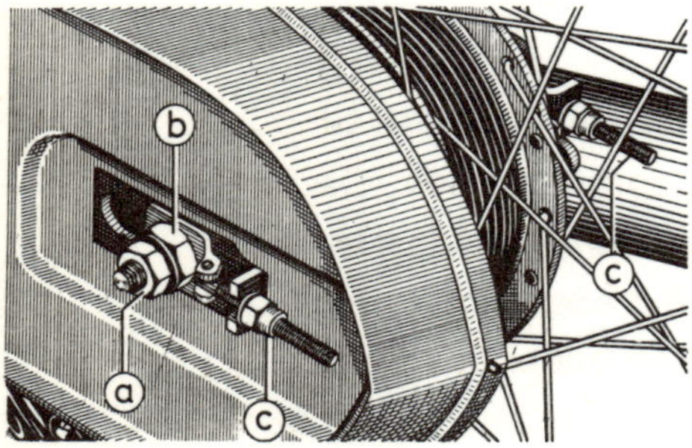

Bild 106: Nach Lösen der Achsmutter a bzw. der Haltemutter b für die Kettenradlagerung kann die Mutter c auf der Spannschraube gedreht und somit die Hinterachse zur Herstellung der richtigen Kettenspannung verschoben werden. Muttern wieder festziehen!

gleichmäßig!) nachgestellt werden, bis der Durchhang wieder stimmt. Wichtig ist – vorausgesetzt, daß die »Spur« der Räder stimmt, wovon im nächsten Kapitel die Rede sein wird –, daß das Nachstellen tatsächlich an beiden Seiten gleichmäßig erfolgt, daß nach der Durchhangkorrektur sowohl die beiden Achsmuttern als auch die Gegenmuttern der Kettenspanner, die vor der Nachstellung gelockert wurden, wieder festgezogen werden, damit sie nicht verloren gehen und die Ketteneinstellung sich dann im Betrieb wieder ändern kann.

Wie alle Gleitstellen bedürfen auch die Kettenglied-Gelenke der Schmierung. Auf Seite 167, bei der Besprechung der Be-

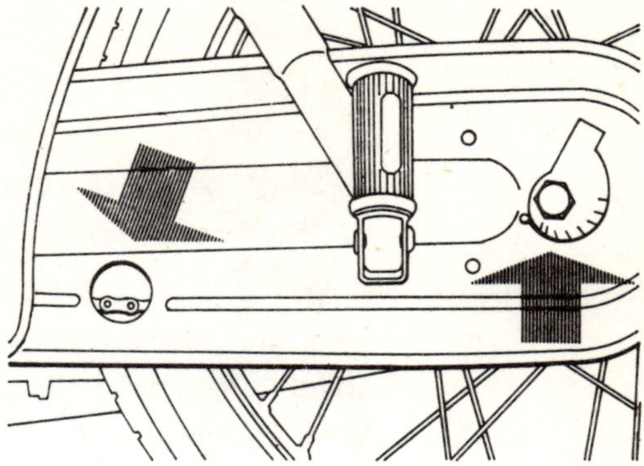

Bild 107: Durch ein Schauloch kann man, falls die Kette in einer Verschalung läuft (linker Pfeil), den Kettendurchhang prüfen. Der rechte Pfeil weist auf eine mit Gradmarkierung versehene Einstellscheibe für den Kettendurchhang – an beiden Seiten muß die Scheibe an derselben Markierung liegen!

triebsmittel, wurde bereits gesagt, auf welche Weise das geschehen kann – und wenn es auch, leider, etwas mühselig ist, so zahlt sich eben eine regelmäßige Versorgung der Kette mit Schmierstoff doch aus. Daß eine total gekapselte (nicht nur mit einem Blechkasten unzugänglich gemachte!) und im Dauerölbad laufende Kette die beste technische Lösung wäre – und es gibt sie –, ist klar. Aber eine solche Konstruktion ist teuer, und deshalb findet man sie nur bei einigen wenigen Motorradmodellen.

Beim Nachstellen und Abschmieren der Kette muß diese auch immer auf ihren Verschleißzustand geprüft werden. Dazu braucht man sie gar nicht abzunehmen. Es genügt, sie etwa in der Mitte des Stückes, das das hintere große Kettenrad umfängt (s. Bild 108) anzuheben. Kann man dabei das Kettenglied um mehr als die halbe Zahnhöhe hochheben, so ist der Verschleiß in den Gelenken bereits soweit fortgeschritten, daß man eine neue Kette einplanen muß. Durch den Verschleiß stimmt nämlich die »Kettenteilung«, d. h. der theoretische Mittenabstand zwischen zwei Kettengelenken, nicht mehr, und das kann dazu führen, daß die Kette, wie schon erwähnt, auf die Verzahnung »aufsteigt« und gesprengt wird.

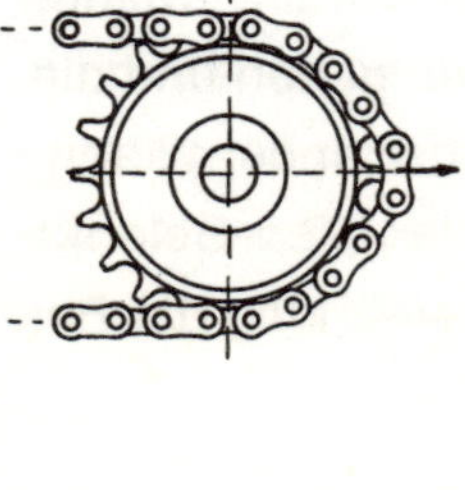

Bild 108: Wenn man die Kette am hinteren Kettenrad soweit abheben kann, ist eine neue fällig!

Bild 109: Wenn die Kettenräder in der Verzahnung so abgearbeitet sind wie beim oberen Kettenritzel (»Haifischzähne«), dann ist es zwecklos, auf solche Räder eine neue Kette aufzulegen – sie wäre in kurzer Zeit wieder zerstört. In solchem Fall muß man in den sauren Apfel beißen und mit der Kette auch die Kettenräder auswechseln lassen.

Beim Auflegen der Kette beachten, daß die Sicherungsfeder des Kettenschlosses richtig eingesetzt wird: sie muß mit dem geschlossenen Ende in Bewegungsrichtung der Kette weisen (s. Bild 110), und sie muß satt in die Nuten der Gelenkbolzen einschnappen.

Bild 110: Kettenschloß-Feder immer so auflegen, daß die geschlossene Seite in Laufrichtung weist!

Radspur prüfen

Wenn man im Straßenverkehr hinter Einspurfahrzeugen herfährt, so kann man feststellen, daß bei vielen die Räder nicht »spuren«, d. h. nicht genau hintereinander laufen. Manchmal stehen die beiden Räder leicht »X-beinig« – dann ist die Ursache meist ein verzogener Rahmen (vielleicht durch einen Sturz), eine verzogene Vordergabel oder Hinterradschwinge bei Modellen mit Hinterradfederung. In diesem Fall kann nur die fachkundige Werkstatt Abhilfe schaffen, die die entsprechenden Rahmenteile richtet. Häufiger wird es vorkommen, daß das Hinterrad schräg im Rahmen steht, also bei geradeaus stehendem Vorderrad nach links oder rechts weist. Solche Spurversetzungen bedeuten Kraftverlust, zusätzlichen

Reifen- (und Ketten-) Verschleiß – und sie bedeuten eine Verschlechterung der Fahreigenschaften: die Maschine zieht ständig nach einer Seite, und bei nasser Fahrbahn oder gar bei Eis neigt sie zum seitlichen Weggehen, d. h. zum Sturz. Insbesondere nach jedem Hinterradausbau, aber auch nach jedem Kettennachstellen, sollte man das Spuren der Räder prüfen. Dazu ist es am besten, wenn man einen Helfer dabei hat, der die Maschine hält und der auf Zuruf das Vorderrad genau geradeaus richten kann. Man stellt sich selbst mit dem Rücken zur Maschine breitbeinig einige Meter hinter ihr auf, bückt sich und schaut zwischen den Beinen durch auf das Hinterrad – unten, in Bodennähe. Dann kann man zunächst genau feststellen, ob der Helfer das Vorderrad richtig geradeaus hält – und wenn das der Fall ist, sieht man, an beiden Seiten des Hinterrades vorbeivisierend, ganz deutlich, ob auch das Hinterrad »in der Spur«, d. h. genau geradeaus steht. Abweichungen kann man dann mit Hilfe der Kettenspanner korrigieren.

Die Bereifung

Auf die Notwendigkeit des richtigen Luftdrucks und einer Luftdruckkorrektur bei Belastung mit zwei Personen wurde schon im Abschnitt »Betriebsmittel« hingewiesen. So penible Vorschriften klingen vielleicht allzu theoretisch – und mancher wird sagen, daß auch ohne solchen pingeligen Aufwand sein Moped bisher immer gut gelaufen sei. Aber wer sicher und sparsam fahren will, hat den Vorteil von ein bißchen Sorgfalt, die er der Bereifung und dem Reifenluftdruck zukommen läßt.
Fährt man mit erheblich zu geringem Luftdruck auf dem Antriebsrad, so rutscht der Reifen auf der Felge, stellt das Schlauchventil schräg und reißt es schließlich aus dem Schlauch! Deshalb auch auf schrägstehendes Ventil achten und evtl. nach Luftablassen geradestellen!

Nageldefekte sind heute selten geworden. Dennoch ist es nicht von Schaden, wenn man sich regelmäßig die Bereifung einmal daraufhin ansieht, ob sich da irgendein Fremdkörper gefangen hat – eine Zwecke etwa, die vielleicht noch nicht gleich bis zum Schlauch durchgestochen hat, die das aber auf den nächsten Fahrkilometern tun könnte. Und man wird bei dieser Gelegenheit auch feststellen, ob die Felgen noch einwandfrei sind, ob sie durch Überfahren eines Steines oder dergleichen eine Delle erhielten oder ob sie schlagen. Solche Schäden sollte man bei nächster Gelegenheit in der Werkstatt beheben lassen – ein schlagendes Rad beeinträchtigt die Fahrsicherheit.
Auch gelockerte Speichen entdeckt man bei einer solchen Kontrolle – und auch die müssen in der Werkstatt nachgezogen werden. Es selbst zu machen empfiehlt sich nicht, denn wenn die Arbeit einwandfrei sein soll, dann muß das Rad während des Speichennachziehens nachzentriert werden. Nur einfach den Nippel einer gelockerten Speiche anzuziehen, ist zwecklos – um so schneller werden dann andere lokker, und das Rad »eiert« hoffnungslos.
Übrigens: Mit einem heruntergefahrenen Hinterradreifen zu fahren, ist Leichtsinn. Nicht nur, weil das ein Strafmandat einbringen kann (nur wenige Zweiradfahrer wissen, daß die berühmte Minimaltiefe des Profils von 1 mm auch für Zweiradreifen gilt!) – ein glatter Reifen ist gefährlich bei Nässe und Schmiere – ein neuer ist billiger!

Unterbrecher

Pflegestellen gibt es aber nicht nur am Fahrwerk. Auch am Motor muß man sich regelmäßig um einiges kümmern, damit man nicht unterwegs Scherereien bekommt.
Unvermeidliches Pflegeteil ist – solange noch nicht allgemein die unterbrecherlose elektronische Zündung sich durchgesetzt hat – der Unterbrecher der Zündanlage. Der Unterbre-

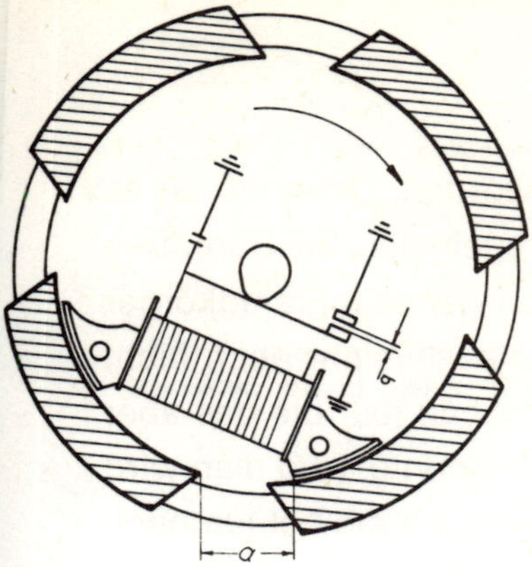

Bild 111: Der vorgeschriebene Kontaktabhub (0,4 mm) am Unterbrecher (b) muß immer an höchster Nockenstelle gemessen werden.

cherhammer muß auf seinem Lagerbolzen leichtgängig sein (man kann durch Anheben mit dem Finger sehr wohl merken, ob er eine Kleimmneigung zeigt bzw. trotz Federdruck zu schwer zurückgeht) – dann muß er abgenommen, Bolzen und Lagerbuchse müssen gesäubert und mit einem dafür erhältlichen Bosch-Spezialfett wieder montiert werden. Ein kleiner Schmierfilz, der ebenfalls mit Spezialfett getränkt ist, sorgt dafür, daß die Laufbahn des Unterbrechernockens auf der Schwungscheibennabe mit einem leichten Schmierfilm versehen ist, damit sich das Schleifklötzchen des Unterbrecherhammers nicht vorzeitig abnützt.

Verschleiß zeigt sich aber nicht nur an der Hebellagerung und am Schleifklötzchen, Verschleiß tritt vor allem an den Unterbrecherkontakten auf. Das zeigt sich daran, daß der zunächst auf 0,4 mm eingestellte Kontaktabhub (wenn das Schleifklötzchen auf der höchsten Nockenstelle steht) größer geworden ist. Zu großer Kontaktabhub aber bedeutet eine Schwächung des Zündfunkens (insbesondere bei höherer Drehzahl), er bedeutet auch eine Verschiebung des für Leistung und Verbrauch wichtigen Zündzeitpunkts. Deshalb muß der Kontaktabstand kontrolliert und wieder auf das rich-

Bild 112: Bei modernen Schwungradzündern wird der Unterbrecherkontaktabstand nicht mehr, wie früher, mittels Stellschraube eingestellt. Der Kontaktwinkel sitzt vielmehr auf einer Grundplatte, die nach Lösen einer Haltschraube geschwenkt werden kann. Das geschieht, wie hier gezeigt, mit Hilfe des Schraubenziehers, der in den vorgesehenen Schlitz in der Grundplatte und zwischen die ebenfalls sichtbaren Höcker gesteckt wird – auf diese Weise kann man »mit Gefühl« schwenken und den Abstand genau einstellen.

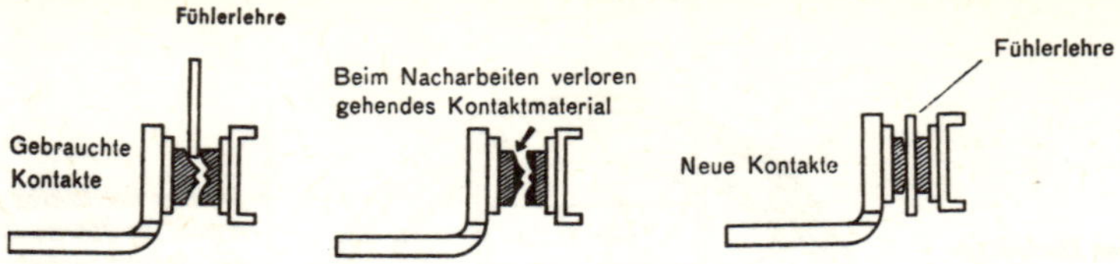

Bild 113: Geprüft wird der Kontaktabstand mit einer »Fühllehre«, einem Stahlband von 0,4 mm Stärke. Aber wie diese Skizzen zeigen, besteht bei verschlissenen Kontakten (mit Abbrand und Höckern) die Gefahr, daß ein falsches Maß ermittelt wird. Lieber die Kontakte mal gegen neue auswechseln, es lohnt sich!

tige Maß von 0,4 mm gebracht werden (der Kontaktträger des Unterbrechers ist zu diesem Zweck, Beispiel s. Bild 112, verstellbar).

Sind allerdings die Kontaktoberflächen nicht mehr plan bzw., wie von Haus aus, leicht ballig, so sollte man gar nicht erst versuchen, sie mit der traditionellen Kontaktfeile zu säubern und plan zu arbeiten. Die wirksame Kontaktmaterialauflage ist so dünn, daß man schnell durchgearbeitet hat, und damit sind die Kontakte ganz unbrauchbar. Es ist besser, den kompletten Kontaktsatz, d. h. den Kontaktträger und den Unterbrecherhammer, gegen Neuteile auszuwechseln. Da hat man dann gleich die Gewähr, daß auch der Verschleiß des Schleifklötzchens behoben ist.

Arbeiten am Unterbrecher kann man selbst machen – aber wer sie der Werkstatt überläßt, wenn er noch zu wenig Erfahrung oder keine Zeit zu solchen Arbeiten hat, braucht sich auch nicht zu schämen. Die Werkstatt kann nämlich gleich die ganze Zünd- und Lichtanlage durchprüfen, auch den Zündzeitpunkt kontrollieren und den Zustand des Kondensa-

Bild 114: Im Augenblick, in dem die Kontakttrennung am Unterbrecher erfolgt, befinden sich die Kanten der Polschuhe in einer Stellung zueinander, die durch das Abrißmaß gekennzeichnet ist. Bei der Trennung springt der Kraftlinienfluß in die Gegenrichtung um, und dieser jähe »Flußwechsel« bewirkt die kräftige Induktion in der Sekundärwicklung der Zündspule.

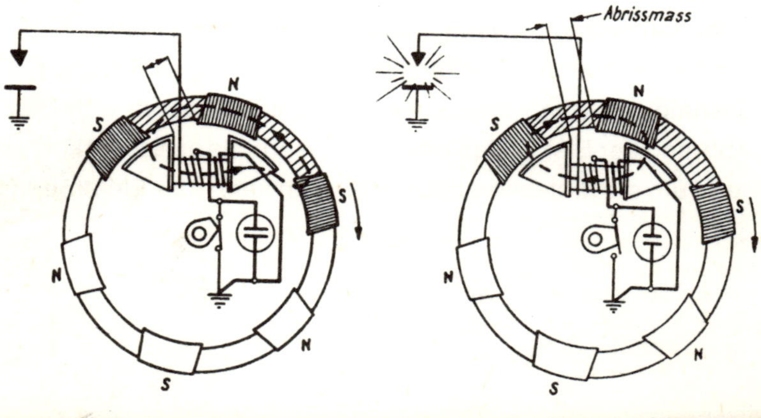

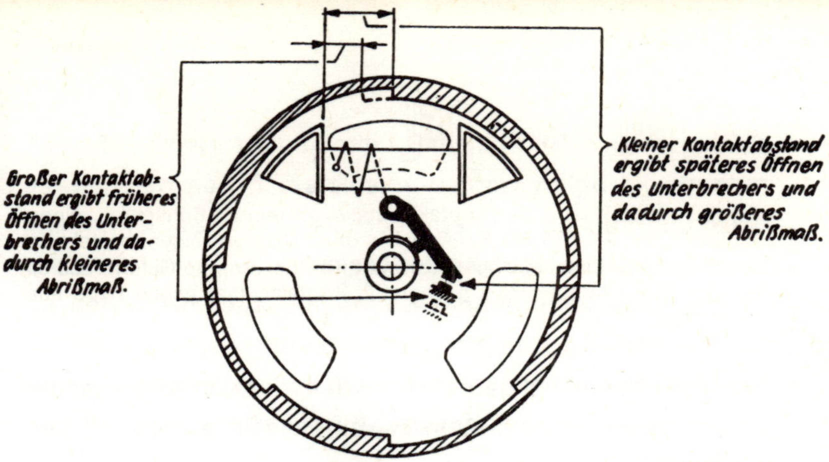

Bild 115: Kontaktabstand, Abrißmaß und Zündzeitpunkt stehen in Abhängigkeit voneinander. Falscher Kontaktabstand bringt schweres Anspringen, schlechte Leistung und evtl. erhöhten Verbrauch.

tors (der evtl. an frühzeitigem Kontaktverschleiß die Schuld tragen kann) – und man fährt dann mit dem beruhigenden Gefühl, daß einem von seiten der Hauptstörungsquelle eines Verbrennungsmotors, nämlich der Zündung, für die nächste Zeit nichts passieren kann.

Zündkerze

Von der Zündkerze – als dem Verschleiß unterworfenes Teil, das zu den Betriebsmitteln zu rechnen ist – wurde schon bei diesen gesprochen. Es wurde darauf hingewiesen, daß zu jedem Motortyp der geeignete Zündkerzentyp gehört – und man darf sich da nicht etwa durch ein billiges »Sonderangebot« verlocken lassen, etwas anderes als in der Betriebsanleitung vorgeschrieben zu kaufen. Auch dann nicht, wenn diese preiswerten Kerzen eine weltbekannte Marke tragen und originalverpackt sind. Ein Kleinkraftradmotor kann nicht mit einer Kerze betrieben werden, deren Wärmewert nur 95 oder 140 beträgt – wenn 240 vorgeschrieben sind!
Eine regelmäßige Zündkerzenkontrolle lohnt sich nicht nur deshalb, weil man dann ihren Verschleißzustand, d. h. den Abbrand der Elektroden und evtl. Ausbrüche am Isolierkörper rund um die Mittelelektrode, erkennen kann (der Elektroden-

abstand muß, s. Bild 42, auf 0,4 mm für Motoren mit Magnetzündung korrigiert werden – Isolatorschäden machen die Kerze unbrauchbar und erfordern den Einsatz einer neuen). Beim Betrachten des »Kerzengesichts«, d. s. die Innenteile der Kerze in Elektrodennähe, kann man auch feststellen, ob die Verbrennung ordnungsgemäß verläuft. Zu fettes Gemisch zeigt sich an einem nassen, verölten Kerzengesicht, Überhitzung an weißgebranntem Gesicht bzw. ebensolcher Masseelektrode.

Dem Fachmann gibt das Kerzengesicht Hinweise auf evtl. Störungen und ihre Quellen. So kommt »zu fett« nicht etwa nur von zu reichlichem Ölzusatz – es kann auch an zuviel Kraftstoff liegen. Und dieses Zuviel wieder ist nur in den seltensten Fällen durch eine zu große Hauptdüse verursacht (die ja auch im allgemeinen gar nicht gewechselt wurde), sondern durch falsche Düsennadelstellung, durch einen Schwimmerdefekt oder durch einen schiefsitzenden Vergaser, häufig durch ein verschmutztes Luftfilter. Andererseits sind die Gründe, die eine Kerze zu heiß und dadurch das Kerzengesicht zu hell werden lassen, ebenso mannigfaltig. Auf Seite 198ff. sind die wichtigsten Gründe aufgeführt.

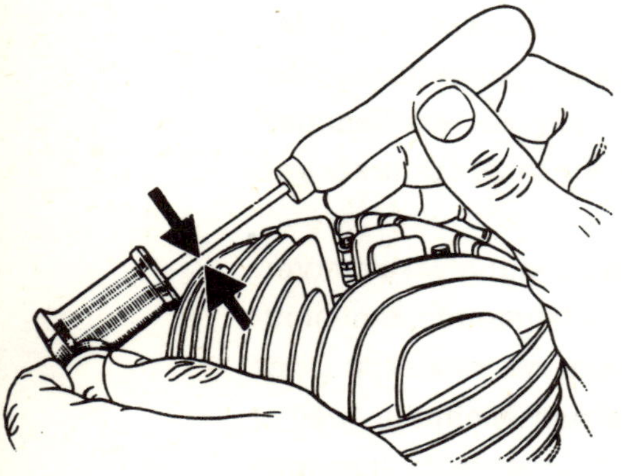

Bild 116: Die Zündkerze muß an das Zündkabel über einen Entstörstecker angeschlossen sein. Will man nun bei abgenommener Kerze prüfen, ob überhaupt ein Zündfunke geliefert wird, so ist das durch den Entstörstecker erschwert. So wie hier im Bild gezeigt muß man's machen: mittels eines Schraubenziehers, der in den Stecker geschoben wird – zwischen den Pfeilen muß dann der Funke zur Motormasse überspringen, wenn man die Magnetschwungscheibe probeweise durchdreht.

Vergaser und Filter

Früher war der Vergaser eine mindestens ebenso häufig auftretende Störungsursache wie die Zündung. Das ist er heute nicht mehr, mechanische Schäden sind wunderselten – aber er kann nur einwandfrei arbeiten, d. h. das richtige Kraftstoff/Luft-Gemisch liefern, wenn Luft und Kraftstoff, die ihm zugeführt werden, sauber sind, damit insbesondere die Düsendurchgänge sauber bleiben.

Deshalb besitzt jede moderne Maschine zunächst ein Filter für den Kraftstoff – meist innen, am Kraftstoffhahn, und das muß gelegentlich gesäubert werden, damit der volle Durchfluß wieder gewährleistet ist. Wichtig ist aber vor allem – im Hinblick auf die sehr große Luftmenge, die ständig angesaugt wird – eine Säuberung der Ansaugluft, und deshalb ist dem Vergaser, kombiniert mit dem Ansauggeräuschdämpfer, ein Luftfilter vorgeschaltet. Das ist entweder ein *Naßluftfilter* oder ein *Trockenfilter* – die konstruktiven Unterschiede wurden bereits auf Seite 65ff. erklärt. Das Naßluftfilter muß regelmäßig in Benzin ausgewaschen und dann wieder, damit es seine Funktion erfüllen kann, mit Motorenöl benetzt werden, das Trockenfilter darf weder ausgewaschen noch mit Öl oder anderen Flüssigkeiten (die es sofort unbrauchbar machen) in Berührung gebracht werden. Es wird lediglich ausgeklopft, bzw. muß der komplette Einsatz bei starker Verschmutzung erneuert werden.

Ein verschmutztes Filter erhöht die Drosselung vor dem Vergaser und damit die aus den Düsen austretende Kraftstoffmenge – die Wirkung ist zu fettes Gemisch im Motor. Ohne Filter darf der Motor nie gefahren werden. Nicht nur, weil er damit den ganzen schmirgelnden Straßenschmutz ansaugen würde, sondern auch deshalb, weil das Filter eine genau berücksichtigte feste Drosselwirkung für die Ansaugluft hat, auf die die Düseneinstellung des Vergasers abgestimmt ist. Fehlt

das Filter, so wird die Vergasereinstellung zu mager (zu knapp), Motorüberhitzung und evtl. Motorbeschädigung (Kolbenfresser) sind die Folgen.
Von Zeit zu Zeit soll, trotz der vorgeschalteten Filter, der Vergaser in der Werkstatt zerlegt und in allen Innenteilen (Düsenbohrungen) gereinigt werden. Dabei wird dann auch gleich festgestellt, ob evtl. Verschleißteile (Schieber, Düsennadel, Nadeldüse, Schwimmerventil) ausgewechselt werden müssen. Dieser Fall tritt aber erst nach sehr langer Laufzeit ein.

Entkohlen

Bei der Verbrennung entstehen im Motor und in der Auspuffanlage Verbrennungsrückstände – um so mehr, je mehr unnötige Mengen an Kraftstoff und Öl der Motor geschluckt hat. Alle Fehler also hinsichtlich Wahl der Betriebsmittel (falsches Mischungsverhältnis Öl/Kraftstoff z. B.) oder Pflege (verschmutztes Luftfilter), die ein zu fettes Gemisch in den Motor gelangen lassen, erhöhen die Rückstandsbildung.
Rückstände setzen sich an im Brennraum (Kolbenboden), an der Zündkerze, an den Kolbenringen und in den Ringnuten, in den Steuerschlitzen, vor allem im Auslaßschlitz, sowie im Auspuffrohr (Auspuffkrümmer) und im Auspufftopf.
Diese Rückstände behindern den Wärmeabfluß, verschlechtern (bei den Kolbenringen) die Abdichtung – und dadurch beeinträchtigen sie Anspringfreudigkeit, Leistung und Verbrauch. Von Zeit zu Zeit macht sich deshalb ein »Entkohlen« des Motors, als erstes meist der Auspuffanlage, erforderlich.

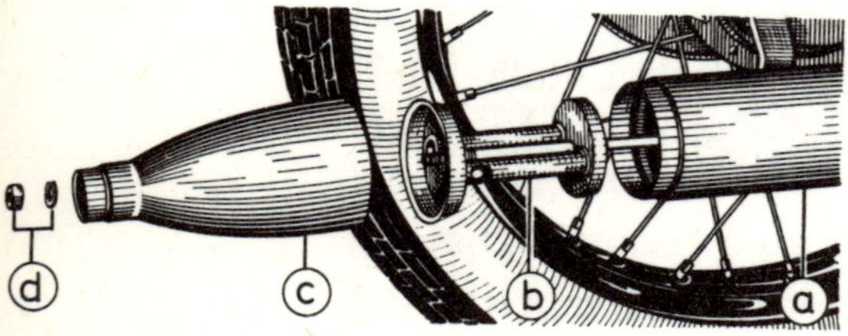

Bild 117: Reinigen des Auspufftopfs: die Rückstände sitzen vor allem in den dämpfenden Einsatzteilen des Endstücks, das deshalb demontiert werden muß. Vor allem die Bohrungen in den Röhrchen des Einsatzstückes b müssen gesäubert werden, da sitzt viel Ölkohle!

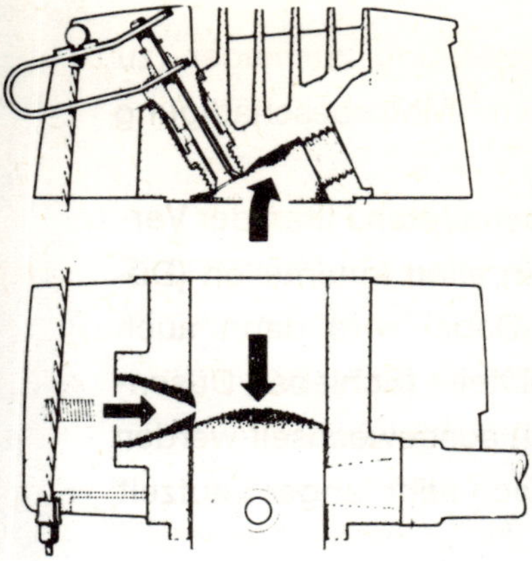

Bild 118: Ölkohle sitzt aber auch – nach längerer Betriebszeit und vor allem, wenn mit zuviel Öl in der Mischung gefahren wurde – auf dem Kolbenboden, im Zylinderkopf und im Auslaßkanal. Man kann die Reinigung selbst vornehmen – aber besser ist es, man betraut seine Werkstatt damit – mehr als einmal im Jahr ist es normalerweise sowieso nicht nötig. Aber wenn trotz Reinigung des Auspufftopfs (s. Bild 117) der Motor nicht mehr richtig ziehen will, dann kann man annehmen, daß Ölkohle auch im Motorinneren sich angesetzt hat und entfernt werden muß.

Es muß jedoch gesagt werden, daß sich keine festen Zeiten für diese Entkohlungsperioden angeben lassen. Sie hängen viel zu sehr von der Konstruktion des Motors, besonders aber von der Fahrweise und der Behandlung des Motors durch den Fahrer ab. Von der Fahrweise deshalb, weil beispielsweise ein ständig »im Viertakt« laufender Motor (man hört das oft gerade bei Mopeds!) natürlich viel schneller durch Überfettung Rückstände zeigt, als ein flottgefahrener und damit saubergebrannter, schnurrender Zweitakter.
Die Säuberung des Auspufftopfs (zunächst handelt es sich im allgemeinen nur um das leicht demontierbare Endstück (s. Bild 117) kann man auch als nicht sachkundiger Besitzer leicht selbst durchführen (Achtung, daß eine evtl. beigelegte Ringdichtung beim Zusammenbau nicht vergessen bzw. beschädigt wird!). Aber die Säuberung des Motorinneren, die eine Teildemontage erfordert, sollte man der Werkstatt überlassen. Man kann da nämlich, wenn man nicht Bescheid weiß und nicht über die notwendige handwerkliche Erfahrung verfügt, mehr kaputtmachen als die Werkstattarbeit kostet – z. B. beim unsachgemäßen Umgehen mit einem L-Kolbenring (s. Bild 6), wie ihn viele moderne Hochleistungszweitakter aufweisen.

WAS IST LOS, WENN - - -

Betriebsstörungen werden sich bei keinem Kraftfahrzeug jemals ganz vermeiden lassen – solange es Kraftfahrzeuge gibt, wird es auch Kraftfahrzeugpannen geben. Dem Fahrer unserer Tage geht es da bedeutend besser als denen zurückliegender Jahre, für die Pannen zum Alltäglichen gehörten, die heute zur Seltenheit geworden sind. Noch seltener aber sind Betriebsstörungen unterwegs, die so schwerwiegend sind, daß man sie nicht gleich beheben könnte. Allerdings spielen natürlich die Erfahrung, die man sich schon im Umgang mit seinem oder einem früher besessenen Fahrzeug erworben hat, eine Rolle – und das handwerkliche Geschick, das man besitzt. Voraussetzung aber für eine Störungsbehebung ist, daß man überhaupt erst mal weiß, wo man denn suchen muß, wo also die Ursache der Störung liegen könnte. Wer voller Nervosität planlos herumsucht und probiert, wird kaum zum Ziel kommen. Wer aber ruhig nachdenkt (und sich vielleicht dabei an manches erinnert, was er daheim in diesem Büchlein gelesen hat), der wird meist einer Störungsursache auch ohne Werkstatthilfe auf die Spur kommen.

Was aber kann los sein, wenn ...

... der Motor nicht anspringt?

1. Der Kraftstofftank kann leer sein.
2. Der Zündschlüssel wurde nicht eingesteckt bzw. die Zündung, falls ein Schlüssel dafür vorgesehen, nicht eingeschaltet.
3. Es kann nicht auf Reserve geschaltet bzw. der Kraftstoffhahn überhaupt geschlossen sein.
4. Das Sieb am Kraftstoffhahn (im Tank) kann verschmutzt sein.

5. Die Schwimmernadel im Vergaser kann klemmen.
6. Die Hauptdüse im Vergaser kann verschmutzt sein.
7. Bei kaltem Motor wurde der Kaltstarthebel (Kaltstarthilfe) nicht nach Vorschrift der Betriebsanleitung betätigt – bei warmem Motor wurde, entgegen ausdrücklicher Vorschrift, die Kaltstarthilfe eingeschaltet, sodaß der Motor nun »ersoffen« ist (Abhilfe: Kraftstoffhahn zu, Motor mit Kickstarter oder Pedalkurbeln bei voll geöffnetem Drehgriff und, falls vorhanden, geöffnetem Dekompressionsventil solange durchdrehen, bis Zündungen hörbar werden und nach Schließen des Dekoventils der Motor anspringt – erst dann Kraftstoffhahn wieder öffnen).
8. Die Zündkerze kann verschmutzt, ihr Elektrodenabstand zu groß, die Zündkerze kann auch durch Alterung ganz unbrauchbar sein.
9. Das Zündkabel kann defekt oder aus seinem Anschluß herausgezogen, der Kabelstecker (Entstörstecker) kann defekt sein.
10. Im Scheinwerfer bzw. an sonstiger Stelle in der Elektroanlage kann ein Kurzschluß vorliegen.
11. Die Unterbrecherkontakte können verschmutzt (verölt) sein.
12. Der Abhub der Unterbrecherkontakte kann infolge Verschleiß am Schleifklötzchen zu gering sein, der Unterbrecherhebel kann auf seiner Lagerung klemmen.
13. Kondensator oder Zündspule können defekt sein (selten).
14. Im Zündschalter kann ein Kurzschluß vorliegen.

... der Motor anspringt, aber gleich wieder stehenbleibt?

1. Der Motor kann noch zu kalt, der Drehgriff zu rasch geöffnet und die Kaltstarthilfe zu früh ausgeschaltet worden sein.
2. Es kann zu wenig Kraftstoff im Tank, der Kraftstoffhahn aber nicht auf Reserve geschaltet sein.

3. Der Kraftstoffzulauf kann durch teilweise Verstopfung ungenügend sein.
4. Die Tankbelüftung (Belüftungsöffnung im Tankdeckel) kann verstopft sein.
5. Die Zündkerze kann verölt sein.
6. Im Zündschalter kann sich ein Wackelkontakt gebildet haben, ebenso in einer Leitung der übrigen Zündanlage.

... der Motor keinen Leerlauf hat?

1. Die Leerlaufeinstellung des Vergasers kann mangelhaft sein.
2. Die Zündkerze kann nicht mehr einwandfrei sein (evtl. Elektrodenabstand zu groß).
3. Der Motor kann an einer beschädigten Dichtstelle falsche Luft ansaugen.

... der Motor »kein Gas annimmt«?

1. Der Motor kann noch zu kalt sein.
2. Der Kraftstoffzulauf kann an irgendeiner Stelle (auch an der Hauptdüse) behindert sein.

... der Motor durch den Vergaser »zurückpatscht«?

1. Der Motor kann noch zu kalt sein.
2. Die Kraftstoffzufuhr kann irgendwo behindert sein.
3. Die Einstellung der Zündung (Vorzündung und Unterbrecherkontaktabhub) kann nicht stimmen, insbesondere kann der Abhub der Kontakte zu gering sein.
4. Kondensator oder Zündspule können defekt sein.
5. Der Unterbrecherhammer kann klemmen.
6. Die Zündkerze kann verschmutzt sein.
7. Der Motor kann an einer beschädigten Dichtstelle falsche Luft ansaugen.

... der Motor »viertaktet«?

(er »schnurrt« dann nicht im gewohnten Zweitakt, sondern jeweils jede zweite Zündung setzt regelmäßig aus)

1. Das Luftfilter kann verschmutzt sein.
2. Das Schwimmerventil kann hängen, der Vergaser »überfluten«.
3. Die Zündeinstellung kann falsch sein (zu wenig Vorzündung), zu geringer Kontaktabstand.
4. Im Auslaßsystem können sich übermäßige Rückstande angesetzt haben, speziell im Auslaßschlitz oder im Einsatz des Auspufftopf-Endstücks.
5. Der Vergaser kann sich durch gelockerte Klemmung am Anschluß verdreht haben und schiefsitzen.

... der Motor klingelt?

1. Es kann schlechter Kraftstoff getankt worden sein.
2. Der Kraftstoffzulauf kann an irgendeiner Stelle behindert sein.
3. Die Rückstandsbildung im Motor (Brennraum, Kolbenringnuten) kann zu stark angewachsen sein.

... der Motor zu heiß wird?

1. Es kann zu wenig oder ungeeignetes Öl zum Mischen verwendet worden oder (beim Viertakter) der Ölstand zu tief abgesunken sein.
2. Die Rückstandsbildung im Motor oder in der Auspuffanlage kann schon zu stark angewachsen sein.
3. Die Zündeinstellung kann falsch sein (zuwenig oder zuviel Vorzündung).
4. Der Motor kann irgendwo falsche Luft ansaugen.
5. Die Kraftstoffzufuhr kann behindert sein.
6. Beim Viertakter kann das Ventilspiel zu knapp sein.

... der Motor plötzlich stehenbleibt?

1. Der Kraftstofftank kann leergefahren sein.
2. Die Belüftung im Tankdeckel kann verstopft sein.
3. Der Zündschalter kann versehentlich betätigt (ausgeschaltet) worden sein.
4. In der Zündanlage kann ein Kurzschluß oder eine Unterbrechung eingetreten sein.
5. Der Unterbrecherhammer kann gebrochen oder festgeklemmt, das Kontaktmaterial abgefallen sein.
6. Die Zündspule kann defekt sein.
7. Eine langsam zunehmende Verschmutzung im Kraftstoffzulauf bzw. im Vergaser kann sich so weit verstärkt haben, daß der Zulauf nun ganz unterbunden ist.

... die Motorleistung nachläßt?

1. Luftfilter oder Auspuffanlage können verschmutzt sein.
2. Die Zündung kann sich verstellt bzw. durch Verschleiß am Unterbrecher eine Veränderung erfahren haben.
3. Es kann sich Verschleiß an der Zylinderlaufbahn, an den Kolbenringen, an Lagern oder Dichtung bzw. an den Ventilsitzen bei Viertaktern auswirken.
4. Die Kupplung kann rutschen.
5. Die Bremsen können infolge zu knapper Spieleinstellung schleifen.

. . . die Kupplung rutscht? (bei handbetätigter Kupplung)

1. Der tote Gang am Handhebel oder unten am Betätigungshebel (am Getriebe) kann durch Verschleiß zu gering geworden sein.
2. Es kann ein Zusatz zum Getriebeöl verwendet worden sein, der die Reibung zwischen den Kupplungsscheiben vermindert.

3. Die Kupplungsscheiben können zu starken Verschleiß aufweisen, die Kupplungsfedern ermüdet sein.

... sich kein Gang einschalten läßt oder es beim Schalten »rattert«?

1. Die Kupplung rückt – wegen zu großem Spiel in der Betätigung – nicht genügend aus.
2. Im Getriebe ist ein Schaden eingetreten (Ziehkeil oder Schaltklauen).

... der Verbrauch höher als normal ist?

1. Es kann eine falsche Messung vorliegen.
2. Es kann Kraftstoff durch Leckstellen (oder Diebstahl!) verlorengegangen sein.
3. Die Belastung des Fahrzeugs mit einer zweiten Person wurde nicht berücksichtigt.
4. Die Beanspruchung des Motors kann – durch die gefahrene Geschwindigkeit bei ungedrosselten Motoren, durch überwiegenden Stadtbetrieb oder Fahrten im Gebirge höher als normal gewesen sein.
5. Alle Fehler, die zum Viertakten bei einem Zweitakter führen, können vorliegen und analog auch beim Viertakter den Verbrauch erhöhen.
6. Der Motor kann bereits einen beträchtlichen Verschleiß aufweisen.

... eine Leuchte versagt?

1. Die Glühlampe kann durchgebrannt sein.
2. Die Anlage-Kontaktstellen der Lampe können oxydiert sein.
3. Es kann ein Anschluß abgefallen sein.

4. Es kann ein Schalter defekt oder eine sonstige Leitungsunterbrechung eingetreten sein.

... das Signalhorn (Schnarre) versagt?

1. Es kann das Horn selbst defekt sein.
2. Es kann eine Leitungsunterbrechung vorliegen (Anschluß gelöst).
3. Der Signal-Druckknopf kann defekt sein.

... das Fahrzeug auf der Straße »schwimmt«?

1. Der Reifenluftdruck kann zu niedrig sein.
2. Die Belastung des Gepäckträgers (hinter der Sitzbank) kann zu hoch sein.
3. Die Lenkungslager können lose oder zu stramm eingestellt sein.
4. Die Radlager können Spiel haben.
5. Die Spur der Räder kann nicht stimmen.
6. Ein Reifen bzw. eine Felge können schlagen (Unwucht durch Fabrikationsfehler oder Vulkanisierstelle o. a.), Speichen können lose sein.
7. Das Fahrgestell (Vordergabel, Hauptrahmen, Hinterradschwinge bzw. Rahmenheckteil, Federbeine) können als Folge eines Sturzes o. ä. verzogen sein.
8. Es kann ein Fahrgestellbruch vorliegen.

STICHWORTVERZEICHNIS

Auch diese Bücher werden Sie beeindrucken

Leverkus
Schnell auf zwei Rädern
So fährt man Motorrad – Die Motorradfahrschule von „Klacks"
Dieses Buch ist die Voraussetzung für richtiges, schnelles und sicheres Fahren.
218 Seiten, 150 Abb., gebunden, DM 26,–

Agostini
Giacomo Agostini
Maschinen · Frauen · Konkurrenten
Hier wird die Laufbahn eines der besten Motorradfahrer der Welt geschildert.
304 Seiten, 45 (teils farbige) Abb., gebunden, DM 25,–

Poensgen
Sieger in allen Sätteln
Erwin Schmider / Rolf Witthöft
Weltspitze im Motorradsport
Leben · Erfolge · Erfahrungen.
174 Seiten, 71 Abb., gebunden, DM 28,–

Poensgen
Das große Handbuch für Motorradfahrer
Alles was man wissen muß:
Geschichte – Funktion – Fahren – Ausrüstung – Sport – Papierkrieg.
356 Seiten, 324 Abb., gebunden, DM 38,–

Tragatsch
Alle Motorräder 1894 bis heute
Eine Typengeschichte
2500 Marken aus 30 Ländern
472 Seiten, über 500 Abb., gebunden, DM 48,–

Jonzier
Der grüne Sport
Alles über Trial und Moto Cross
176 Seiten, mit zahlreichen Aktionsfotos, 4 ganzseitigen Farbtafeln und Zeichnungen, kartoniert, DM 25,–

Scharfenberg
Moto Cross in Deutschland
Die Geschichte des deutschen Moto-Cross-Sports 1951 bis heute. Das Buch schildert, wie die ersten Moto Cross-Veranstaltungen entstanden und zeigt die chronolog. Entwicklung auf.
284 Seiten, 163 Abb., gebunden, DM 28,–

Leverkus
Motorrad-Tricks für Sicherheit
Hier wird ausführlich erklärt, was zu tun ist, um sich gegen Unfälle und Stürze schützen zu können.
122 Seiten, 83 Abb., gebunden, DM 24,–

Lingnau
Motorradfahren – und alles was dazugehört
Kauf – Ausrüstung – Fahrtechnik – Reisen – Pflegen
Dieses reich bebilderte Handbuch vermittelt das Grundwissen über's Motorradfahren.
180 Seiten, 92 Abb., gebunden, DM 24,–

Crius
Sport mit Motorrädern
Trial, Gelände, Moto Cross, Straßenrennen
Eine Fibel des Motorradsports, in der Theorie und Praxis gleichermaßen zu Wort kommen.
164 Seiten, 69 Abb., gebunden, DM 24,–

Husák
Geländesport-Motorräder
Das Tuning von Serien-Zweitaktmaschinen für Gelände- und Moto Cross-Wettbewerbe
Dieses Buch handelt von jenen Motorrädern, die bei Gelände- und Moto Cross-Wettbewerben eingesetzt werden.
336 Seiten, ca. 200 Abb., gebunden, DM 32,–

Rauch
Motorrad-Weltmeisterschaft 1976
Dieses Jahrbuch stellt eine lückenlose Dokumentation dar. Es berichtet über alle Rennen der Saison 76.
168 Seiten, 110 Abb., gebunden, DM 22,–

Husák
Das große Buch vom Moto Cross
Historie – Maschinen – Technik
Hier wird die Geschichte der Moto Cross-Rennen und die Entwicklung der Motorräder dafür aufgezeigt.
320 Seiten, 224 Abb., gebunden, DM 28,–

Hüppen
Motorrad-Elektrik
Allgemeingültiges: Aufbau, Arbeitsweise, Tips
Mit diesem Standardwerk lernt der Motorradfahrer alles über die Motorradelektrik.
216 Seiten, 182 Abb., glanzkasch., DM 24,–

Tragatsch
Motorräder Deutschland – Österreich – Tschechoslowakei
Ein konkurrenzloses Nachschlagewerk, über das man nur in Superlativen sprechen kann.
506 Seiten, 583 Abb., gebunden, DM 46,–

Leverkus
Honda-Motoren CB 750/CB 450/CB 350 und 250
Dieses Handbuch für Pflege, Wartung und Reparaturen ist eine allgemeine Anleitung, die jedem Honda-Fahrer weiterhelfen soll.
80 Seiten, 107 Abb., glanzkasch., DM 18,–

MOTORBUCH-VERLAG
7 STUTTGART 1
POSTFACH 1370